"十四五"职业教育国家规划教材

化工设备机械基础

第四版

潘传九　主编

U0359861

化学工业出版社

·北京·

内 容 简 介

《化工设备机械基础》第四版分为设备基础篇和实训操作篇，以一线人员应具备的基本素质为出发点，较系统地介绍了化工设备基础知识、化工设备的结构及其管道、化工运转设备与传动，以及化工设备维护、维修、管理及材料方面的知识，并通过相关实验介绍及分析学习有关知识。实操训练内容可以作为初步入门训练的学习，也可作为后续与就业相关、与竞赛相关的深化学习。

本书体现了中国特色社会主义现代化人与自然和谐共生的发展理念。为了适应新技术的发展，配有 20 多个二维码，供学生扫描学习。

本书可作为各类职业院校的化工工艺类专业教材，也可供其他相关人员参考。

图书在版编目（CIP）数据

化工设备机械基础/潘传九主编. —4 版. —北京：化学工业出版社，2023.8（2025.2重印）
ISBN 978-7-122-40716-0

Ⅰ.①化…　Ⅱ.①潘…　Ⅲ.①化工设备-职业教育-教材②化工机械-职业教育-教材　Ⅳ.①TQ05

中国版本图书馆 CIP 数据核字（2022）第 019335 号

责任编辑：高　钰　　　　　　　　　　　装帧设计：刘丽华
责任校对：宋　玮

出版发行：化学工业出版社（北京市东城区青年湖南街 13 号　邮政编码 100011）
印　　装：北京云浩印刷有限责任公司
787mm×1092mm　1/16　印张 14½　彩插 4　字数 353 千字　2025 年 2 月北京第 4 版第 4 次印刷

购书咨询：010-64518888　　　　　　　　售后服务：010-64518899
网　　址：http://www.cip.com.cn

凡购买本书，如有缺损质量问题，本社销售中心负责调换。

定　　价：46.00 元

前言

追梦中国式现代化的征程中，越来越需要加强环境保护和资源有效利用；建设青山绿水，越来越需要我们建设好化工企业，搞好化工生产，维护好化工设备。现代世界离不开化工，人们日益增长的社会需求离不开化工，在人口巨大的国家建设共同富裕的人与自然和谐发展的中国特色社会主义现代化国家，更要求我们团结奋斗，适应和满足我国强国复兴的第二个百年目标对现代化工发展提出的新要求、对化工类职业教育提出的新要求。

本书前三版使用过程中受到了广大院校师生的欢迎，同时作为"十三五"职业教育国家规划教材，经过多年使用，应该进行修订以满足新需要。

本书第四版具有以下特点：

第一，保持实操训练和技能竞赛内容优势，将全国技能大赛的经典项目列入本书之中；

第二，加强标准意识、规范意识引导，将新的国家标准（至 2021 年为止）的相关内容和精神融入本书。

第三，融入二十大精神，加强人与自然和谐共生的环保意识教育。除加强标准规范意识、安全责任意识外，还宣传化工热利用和维护机械高效率，追求节能增效等方面的教育。

第四，适应信息技术发展，制作了若干微课视频动画，给出相应内容的相关性、扩展性，或另一视角的系统性提炼，供学生扫码学习；

第五，继续注重岗位实际需要，考虑学生学习过程和状态，将部分内容示以"＊"号，供学校和老师灵活安排；

第六，对于首次出现的部分机械方面的专业术语，用双引号标出，并在其后的括号中用仿宋字体给予简单说明，方便读者学习；

第七，适度有选择地加强前沿新技术的介绍。

本书分为设备基础篇和实操训练篇两部分，第一部分内容可以有选择地作为一般性教学，第二部分内容可以有选择地作为介绍或初步练习、观摩使用，也可供后续学习过程中的实操训练、技能竞赛使用，或者供与就业及其实习相关的实训使用。

我国地域广大，各地区产业发展的特点和需求不同，职业教育与产业对接、适应产业发展、服务产业需要的方式也会有区别，本书也考虑了这一因素，希望能给各地区各类职业院校的老师和同学有更多的选择余地。

本书内容已制作成用于多媒体教学的 PPT 课件，免费提供给采用本书作为教材的院校使用。需要者请发电子邮件至 cipedu@163.com 获取，或登录 www.cipedu.com.cn 免费下载。

本书由潘传九主编，仝源副主编，唐晓莲参加编写。感谢企业界江苏省石油和化工装备联合会、中石化扬子石化公司多位专家，南京科技职业学院魏龙等给予的大力支持！

限于编者水平，本书存在不足之处，敬请读者批评指正，编者在此表示真挚的感谢。

编　者

目 录

3　化工运转设备与传动 / 63

附录 压力容器与特种设备的安全管理 / 219

参考文献 / 221

绪论

在人类发展历程中，从简单工具制作中产生了简单机械；在金属冶炼、炼丹、豆腐制作、食品腌制中应用了若干化学原理，实现了若干化学过程，继而，在欧洲诞生了化学这门学科。化学从实验室走向工业化生产的过程就是将化学与机械相结合，借助于机械，建立化学工业的过程。现代化工生产是借助机械进行化学品的规模化工业生产，现代化工离不开机械，是建立在机械装置基础上的工业。

（1）化学工业与过程工业、化工机械与过程机械

化工机械是指用于化工生产的各种机械。广义的化学工业还包含炼油、石油化工、轻化工、农药、医药原料、涂料、橡胶、塑料、合成纤维以及各种精细化工行业。因此，化工机械是一个应用比较广泛的机械门类。

在很多工业生产中，处理的物料是流动性物料，如气体、液体、粉体等。在生产过程中，要对原材料、中间产物进行输送，并进行一系列化学、物理过程，以改变物质的状态、结构、性质，并得到最终产品。这种以流动性物料为主要处理对象、完成其生产过程的工业生产总称为过程工业。过程工业中各种化学、物理过程往往在密闭状态下连续进行，几乎遍及所有现代工业生产领域，而化学工业是最传统、最典型的过程工业。化肥、石油化工、生物化工、制药、农药、染料、食品、酿造、炼油、轻工、稀土、热电、核工业、公用工程、湿法冶金、环境保护等生产过程大多数处理的是流动性物料，处理过程中几乎都包含改变物质的状态、结构、性质的生产过程，这些工业都属于过程工业。过程工业的任何一个生产装置都需要使用多种机器、设备和管道，如各种形式的压缩机、泵、换热设备、反应设备、塔设备、干燥设备、分离设备、储罐、炉窑、管子、管件等，以完成生产过程中的各种化学反应、热交换、不同成分的分离、各种原料（包括中间产物）的传输、气体压缩、原料和产品的储存等，这些设备也是化工设备。因此，化工机械与过程机械也是关系最为密切，其内涵互相包容得最多。

（2）化工生产与化工机械

化工生产是在一定条件下使化工原料（物料、介质）发生化学变化和物理变化，进而得到所需要的新物质（产品）的生产过程。无论其生产过程相对简单还是复杂，都需要在一定的设备或由设备组成的装置中进行，就像化学实验要在试管、烧杯等玻璃器皿中进行，或在这些器皿组成的实验装置中进行一样。例如，合成氨生产中，由天然气（或石脑油、重油）为原料经裂解等反应得到 H_2、CO 等混合物料，氨（NH_3）的合成需要高纯度的 H_2，经过变换反应，将 CO 和加入的水蒸气变为 CO_2 和 H_2，再经过脱碳，将 CO_2 分离掉，如图 0-1 所示为 CO 变换工艺流程，图 0-2 所示为脱碳工艺流程。

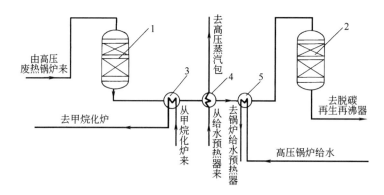

图 0-1 CO 变换工艺流程

1—高温 CO 变换炉；2—低温 CO 变换炉；3—甲烷化炉调整加热器；4，5—高压 BFW 预热器

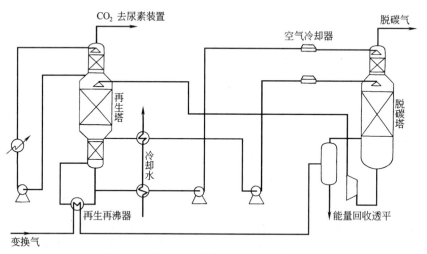

图 0-2 脱碳工艺流程

图 0-3 所示为管式炉乙烷裂解制乙烯生产流程。乙烯是重要的石油化工基础原料，主要用于生产聚乙烯、聚氯乙烯、苯乙烯、乙丙橡胶、乙醇、乙醛、环氧乙烷、乙二醇等。原料乙烷和循环乙烷经热水预热后，到裂解炉对流层，加入一定比例的稀释蒸气进一步预热，然后进入裂解炉辐射段裂解，裂解气到废热锅炉迅速冷却，再进入骤冷塔进一步冷却，其中水和重质成分冷凝成液体从塔底分出。冷却后的裂解气经离心式压缩机一、二、三段压缩，送碱洗塔除去酸性气体，再进乙炔转换塔除去乙炔，然后经压缩机四段增压后送入干燥塔除去水分，接下来到乙烯/丙烯冷冻系统，烃类物质降温冷凝，分出氢气，冷凝液先分出甲烷，再在碳二分馏塔得到乙烯产品，乙烷循环使用。碳三以上成为燃料。流程中使用的机器有离心式压缩机、风机，设备有裂解炉、废热锅炉和各种塔。所有机器、设备之间全部用管子、管件、阀门等连接。

随着工业的发展，工业生产产生的废气、废液、废渣越来越多，严重污染人类的生存环境。人类需要青山绿水，环境污染必须治理，"三废"治理受到广泛重视，已经逐步与主产品生产占据同等的重要位置，其中很多治理过程也往往是流程性的。图 0-4 所示为废有机氯化物中盐酸的回收流程。整个工艺包括燃烧、急冷、吸收和除害等工序。所用的设备主要是燃烧炉、塔设备、换热设备、泵和管道、阀门。

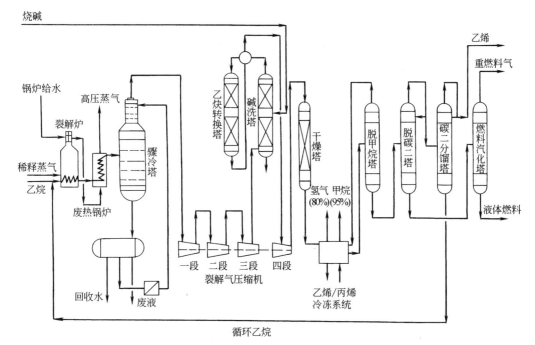

图 0-3　管式炉乙烷裂解制乙烯生产流程

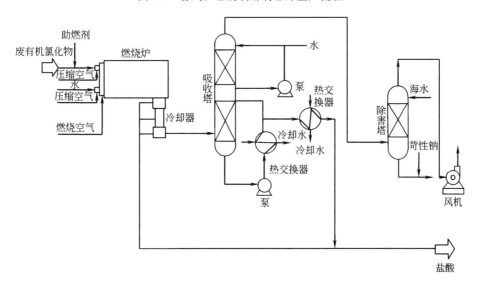

图 0-4　废有机氯化物中盐酸的回收流程

化工机械是各种化工生产中使用的各种机械设备的统称。化工生产离不开化工机械，化工机械是为化工生产服务的。现代化工生产追求安全、稳定、长周期、满负荷运行，并优化生产组合和产品结构，这就需要化工工艺和化工机械之间很好的配合，当然还有计算机和仪表控制在内。历史经验证明，新的化工工艺过程需要有性能优良的化工机械与之配合；反之，化工机械领域新的突破，能够促使化工生产跨上新台阶，出现新飞跃。为了密切配合，确保化工生产的"安、稳、长、满、优"，工艺人员必须具有一定的化工机械方面的知识和能力。

（3）化工机械与化工设备

在化工机械中，有一类机械依靠自身的运转进行工作，称为运转设备或转动设备（俗称动设备）；另一类机械工作时不运动，依靠特定的机械结构等条件，让物料通过机械内部自动完成工作任务，称为静止设备（俗称静设备）。为了便于化工机械的分类管理和学生的学习，通常将化工机械分为化工设备（即静设备）和化工机器（即动设备）两大部分。在化工厂里，往往在需要分清是静止的设备还是转动的设备时分别称为"设备"和"机器"，在不需要区分时统称"化工设备"，也就是说非机械人员往往将"化工设备"的概念扩展为整个化工机械。因此，要注意区分"设备"在特定情况下的特定含义。

按照不同的工艺作用，化工机械分类如下：

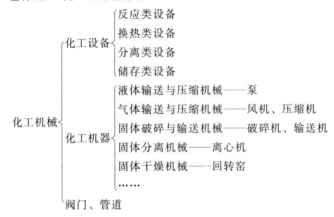

本课程所说的化工设备概念是指广义的化工设备，化工机器一般称为运转设备。本课程的内容以静止设备为主。图 0-5 所示为几种典型化工设备的直观图。

（4）化工生产操作和化工设备维护

化工操作工包括化学反应工、分离工、聚合工、化工司机工、化工司泵工等，其等级工技术标准中，直接与化工设备有关的要求见表 0-1。

表 0-1　化工操作工等级工技术标准中的有关内容

	初　级　工	中　级　工	高　级　工
应　知	本岗位设备、工艺管线的试压方法和耐压要求 本岗位设备、工艺管线的开、停车安全置换知识和规定 本岗位有关安全技术、消防、环保知识和规定	装置主要设备的结构、用途、工作原理、设备检修质量标准及验收要求 装置主要设备、工艺管线的大修安全知识和规定 装置一般生产管理知识（全面质量管理、经济核算等）	装置易发生重大事故的产生原因和防范措施 装置全部设备的结构、性能及安装技术要求 装置仪表、反应设备、机泵选用原则和技术要求 装置大修、停车、置换方案和大修计划修订要求 装置有关生产技术管理的知识（全面质量管理、经济活动分析、技术管理知识）
应　会	能及时处理本岗位事故，会紧急处理本岗位停水、电、汽、风等故障 会正确进行本岗位的设备清洗、防冻、试压、试漏等工作 会维护和保管本岗位设备，确保生产安全进行 熟练使用安全、消防急救器材	组织处理装置多岗位事故，并能进行分析和提出防范措施 组织装置大修后主要设备的质量验收和仪表检修安装后使用验收 组织装置主要设备检修前的准备工作 组织装置主要设备、管线大修后的安全检查 具有对初级工传授技能的能力 画装置多岗位带控制点的工艺流程图、识工艺管线施工图	组织处理现场事故和技术分析 提出装置的大修内容和改进方案 组织装置大修前后的安全检查和落实安全措施 具有对中级工传授技能的能力 画压缩机装配图、管线施工图

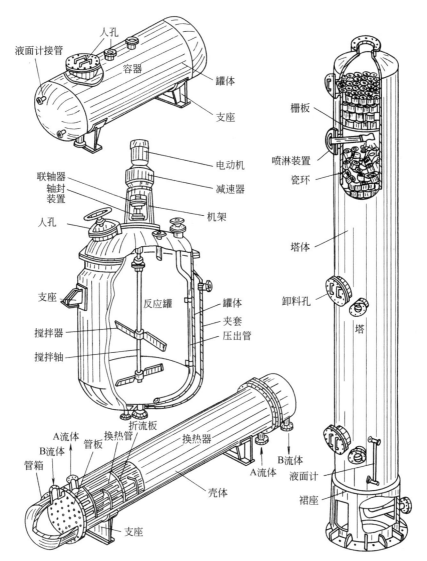

图 0-5　几种典型化工设备的直观图

对于机、泵岗位的操作工（指压缩机、泵等运转设备的操作工），还应具有相应的零配件、轴承、润滑等知识。通过仔细分析表 0-1，等级工标准中与设备有关的约占到 50%，而且中、高级工标准中对设备方面的要求更高，表中没有列出的其他条目大多数与化工设备间接有关。这就表明：化工工艺和化工设备是紧密相连的，化工生产操作的好坏是和化工设备状态的好坏密切相关的。因而，在化工生产操作中做好设备的维护管理确实非常重要，否则难保不出事故。

在化工生产厂，设备经检修、检验合格后交付使用，其使用过程包括以下几点。

① 启动（开车）：开车前准备，严格执行开车程序。

② 正常运行维护。

③ 异常情况处理：对某种异常的现象分析原因并进行处理。

④ 停车：正常停车；紧急停车（包括紧急全面停车和紧急局部停车）；停车后保护。

另外，要特别注意特殊设备的启动、开车安全守则和注意事项以及冷天（冬季）的防冻要求等。

在使用过程中，操作和维护始终是密不可分的。所以，要生产，要操作，就要了解设备、懂得设备；要操作得好，就要维护好设备。"安、稳、长、满、优"是现代化工企业追求的生产运行目标，实现这一目标的基础在于坚持优良的工艺操作和良好的设备维护。因此，学好本门课程是非常重要的。

（5）学习化工设备机械基础课程的目标与注意事项

① 化工生产离不开化工机械，化工厂的工艺人员必须具有一定的化工机械方面的知识和能力，以便更好地开展工作和与机械工作人员协调合作。

② 以化工厂中工艺人员常见的化工机械方面的问题为主要讨论对象（化工制图等已学内容除外），不按机械专业理论体系来安排学习内容。

③ 课程学习中，尽可能结合化工工艺实际，结合已具有的工业和机械知识，结合实习、参观与实物、模型，注意实际效果，注意实际能力的提高。

④ 可灵活安排学习内容，不追求理论的系统完整，注意实验后的讨论，以扩展知识结构。

⑤ 实操训练篇的内容是在对化工生产和化工设备具有一定认识基础上进一步学习和增强实践技能阶段的学习材料，可以在后续的实践环节（包括技能竞赛）中学习，或在与就业有关的实习实训等实践性过程中学习。

设备基础篇

化学工业是一个传统的工业，又是现代社会不可缺少的工业。随着科技进步和时代发展，化学工业不断在扩展和延伸，生物化工、材料化工、微电子化工、能源和资源化工、环境化工等新兴化工行业正在快速发展，新学科、新材料、高技术产业、互联网＋纷纷与化学工业建立了密切联系。同时，化学工业还是一个非常典型的过程工业。社会经济活动中的全部产品通常分为三类，即硬件产品、软件产品和流程性产品。而以气体、液体和粉粒体这些流程性材料为主要处理对象，通过改变物质的状况、结构和性质来生产产品的工业，都属于过程性工业，包括化学肥料、石油炼制、石油化工、煤化工、化学纤维、制药、染料、农药、食品、轻工、热电、核工业、稀土、湿法冶金、公用工程、生物工程、环境保护等工业过程。化学工业的工艺方法和机械设备在所有这些工业门类中具有很大的通用性。因此，化学工艺类专业在各种过程工业中具有很强的通用性、适用性。

化学工艺人才包括化工生产一线工作人员是运用化工设备进行化工生产等工作的，我们学习化工工艺就必须对工作中使用的设备具有足够的了解。

设备基础篇从一线工艺人员应具备的基本素质着手，以生产一线经常碰到的常识问题为重点，来安排学习内容。本篇主要内容包括：第一是化工生产中工艺与设备的关系、压力容器的概念、工艺流程中常用设备的结构和功能、化工设备的操作维护；第二是机械传动的基本知识和化工运转设备的基础知识，化工设备维修、管理的相关知识；第三是化工材料及其力学性能，以及设备构件的力学行为等。对于材料的力学性能、设备构件的力学行为，我们仅仅通过若干实验，进行简单、直观的讨论，引发思考，不进行深度分析；第四是通过阅读材料可简单了解学科前沿思想和有关技术。以"＊"号表示的内容，可作为选学内容。

1

化工设备基础知识

📖 学习目标

① 知晓化工容器的常见结构，认识化工容器的常用零部件。
② 明确化工容器的工艺作用、类型和安全管理等级分类。
③ 明确化工生产对化工设备的基本要求。
④ 深刻理解人民生命财产安全高于一切与我国特有的压力容器分类管理制度。

化工设备广泛地应用于化工、食品、医药、石油及其相关的其他工业部门。虽然它们服务的对象、操作条件、内部结构不同，但是它们都有一个外壳，这一外壳称为容器。

1.1 容器的基本结构

1.1.1 化工容器的结构

化工容器与其他行业的容器相比较有其自身的特点：它经常在高温、高压下工作，它里面的介质有可能是易燃、易爆、有毒、有害且具有腐蚀性。要保证化工容器能长期安全运转，化工容器必须具备足够的强度、密封性、耐蚀性及稳定性。

化工容器常见的结构形式如图 1-1 所示。通常情况下，它是一个钢制圆筒形结构，主要由钢制圆筒体和两端的封头组成，并设有各种化工工艺接管（如物料进口管、出口管、压力表接管、液面计接管等），以及为检修方便开设的人孔、手孔和为保护容器安全而设置的安全装置（如安全阀、爆破片）等，整个容器借助支座安放在基础上。

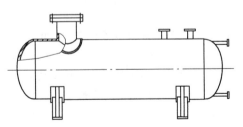

M1-1　化工容器

图 1-1　化工容器常见的结构形式

为了便于设计，有利于批量生产，提高质量，降低成本，我国有关部门制定了化工容器零部件标准（如封头、法兰、支座、人孔、手孔等都有相关的标准），设计时可直接选用。

1.1.2 化工容器的分类

M1-2　压力
容器的分类

化工容器通常都是在一定的压力下工作的，因而化工容器又称为压力容器。化工容器的种类很多。我国《固定式压力容器安全技术监察规程》（TSG 21—2016）对压力容器的品种及压力等级、类别作了如下划分。

（1）按照压力容器在生产过程中的作用分类

按照化工生产的过程来看，一般都要在一定的设备中进行化学反应，而化学反应过程总是需要在一定的温度和压力下进行，会存在热量的传递和交换过程，所以相应地需要各种传热设备。然后，要从反应后的混合物中分离出需要的产物，再储存到容器中。所以，按照压力容器在生产过程中的作用原理，可将压力容器分为以下四种。

① 反应压力容器（代号为 R）。它主要用于完成介质的物理、化学反应，如反应釜、分解塔、合成塔、变换炉、煤气发生炉等。

② 换热压力容器（代号为 E）。它主要完成介质的热量交换，如热交换器、冷凝器、蒸发器、冷却器等。

③ 分离类容器（代号为 S）。它主要完成介质的净化分离，如分离器、洗涤塔、过滤器、吸收塔、干燥塔等。

④ 储存类容器（代号为 C，其中球罐的代号为 B）。它主要用于储存或盛装生产用的原料气体、液体、液化气体等，如各种形式的储罐。

如果一种压力容器同时具备上述两种或两种以上容器的功能时，应根据其在工艺过程中的主要作用来划分。

（2）按照压力容器的压力等级分类

按压力容器的设计压力（p）将容器分为低压压力容器、中压压力容器、高压压力容器和超高压压力容器四个压力等级。

① 低压容器（代号为 L）：$0.1\text{MPa} \leq p < 1.6\text{MPa}$。

② 中压容器（代号为 M）：$1.6\text{MPa} \leq p < 10\text{MPa}$。

③ 高压容器（代号为 H）：$10\text{MPa} \leq p < 100\text{MPa}$。

④ 超高压容器（代号为 U）：$p \geq 100\text{MPa}$。

（3）按照压力容器的安全管理等级分类

化工生产的安全性非常重要，有道是"没有安全就没有生产"。现代化工企业的生产运行目标"安、稳、长、满、优"，将安全放在首位，是其他目标的基础。化工安全事关人民生命财产的安全，必须将化工容器特别是化工压力容器管理好。

为了有利于安全技术管理和监督检查，有利于安全生产，有利于压力容器的安全使用，我国根据容器所受压力的大小、介质的毒性和易燃、易爆程度以及压力和体积乘积的大小将压力容器分为三类进行管理，即一类压力容器、二类压力容器、三类压力容器，其中对第三类压力容器提出的安全保障性要求最高。确定压力容器安全管理类别的具体方法是：首先考虑介质的危害性，将毒性程度为极度危害、高度危害的化学介质、易爆介质、液化气体划归第一组介质，其余介质为第二组介质，然后按照介质组别查对应的压力容器分类图，计入压力、容积因素，在图中确定压力容器的类别。只有第二组介质且压力较低的容器才有可能被归入要求相对不严格的第一类压力容器。

另外，压力容器还有其他的分类方式，如按照容器的形状，可以将容器分为球形容器、圆筒形容器和矩形容器；按照相对壁厚，可以将容器分为薄壁容器和厚壁容器；按照制造容器所用的材料，可将容器分为碳钢容器、合金钢容器、不锈钢容器和钛合金容器等。

1.2　化工生产对化工设备的基本要求

化工设备在化工生产过程中起着非常重要的作用，一方面化工设备承担了化工生产的整个过程，另一方面化工设备的革新、发展又会促进化工生产技术的发展。

许多化工生产过程中的物料是有毒、有害、易燃、易爆的，如果发生了设备事故，其破坏和危害程度是极其严重的。为了保证化工生产能安全、正常进行，就必须使化工设备具有足够的安全可靠性，同时还需满足化工工艺条件、具有优良工艺性能以及满足经济性能方面的要求，这是化工生产对化工设备的基本要求。从机械角度，主要关注安全性能和经济性能。

1.2.1　安全方面的要求

化工设备在使用年限内，安全可靠是化工生产对其最基本的要求，要达到这一目的，就必须对化工设备提出以下几方面的要求。

（1）强度

化工设备的强度是指设备及其零部件抵抗外力破坏的能力，或在外力作用下不被破坏的能力。化工容器应具备足够的强度，若容器的强度不足，会引起塑性变形、断裂甚至爆炸，危害化工生产及现场工人的生命安全，后果极其严重。但是，盲目地提高强度也会使设备变得笨重，浪费材料，也是不合理的。

（2）刚度

刚度是指容器及其零部件抵抗外力作用下变形的能力。若容器在工作时，强度虽满足要求，但在外载荷的作用下发生较大变形，则也不能保证其正常运转。例如，常压容器的壁厚按照强度计算，需要的厚度是很小的，如按强度需要的厚度来制造，则在制造、运输及现场安装过程中会发生较大变形，故在这种情况下，应根据容器刚度要求来确定容器壁厚。

（3）稳定性

稳定性是指设备或零部件在外力作用下维持原有形状的能力。细长杆在受压时可能突然变弯，受外压的设备也可能出现突然被压瘪的情况，从而使得设备不能正常工作。故设备需要足够的稳定性，以保证不会突然发生较大变形。

（4）耐蚀性

耐蚀性是指容器抗腐蚀的能力，它对保证容器安全运转十分重要。化工厂里的许多介质或多或少地具有一些腐蚀性，它会使整个设备或某个局部区域减薄，致使设备的使用年限缩短。设备局部减薄还会引起突然的泄漏或爆炸，危害更大。选择合适的耐蚀材料并在制造和使用中采用正确的防腐措施，是提高设备耐蚀性的有效手段。

（5）密封性

密封性是指设备阻止介质泄漏的能力。化工设备必须具备良好的密封性，对于那些易燃、易爆、有毒的介质，若密封失效，会引起污染、中毒甚至燃烧或爆炸，造成极其严重的后果，所以必须引起足够的重视。

对于运转设备，还要求具有运转平稳、低振动、低噪声、易润滑等性能。

1.2.2　经济方面的要求

（1）尽量降低设备成本

在进行设备结构设计时，在安全合理的前提下，应注意节约钢材，尤其是节约昂贵的材料，以降低设备的材料成本。另外，在设备制造时，应优化加工工艺，采用简便、省时的加工方法，以降低设备的制造成本。只有这样，才能降低设备的总成本，获得经济效益。

（2）操作、维修方便

化工设备上除应开设常用的各种接管外，还应考虑维修所需的人孔、手孔；对于装有内件的化工设备，还必须考虑装拆、检修、清洗等问题。

产品成本低，操作、维修方便，是设备技术经济指标中最综合、最重要的指标。只有这样，产品在市场上才有竞争力。

 思考题

1. 化工容器的主要结构包括哪几部分？

2. 化工容器可以分为哪几类？除了课本介绍的几种分类方式外，你还知道哪些分类方式？请举例说明。

3. 化工生产对化工容器的基本要求有哪些？

4. 什么是强度？什么是刚度？化工容器除了有强度要求外，为什么还要有刚度要求？

5. 为什么耐蚀性和密封性也是化工设备必须保证的？

6. 在压力容器分类中，我国按一类、二类、三类压力分类管理，是最重要的一种分类，你同意吗？为什么？

2

化工设备结构与管道

学习目标

① 认识换热器的作用、列管式换热器的基本结构、主要类型及特点。

② 认识主要的列管式换热器元件及其连接，了解其他类型的换热器。

③ 知晓塔设备的作用和化工生产对塔设备的一般要求。

④ 认识板式塔设备的总体结构、塔盘结构和塔盘上的传质元件。

⑤ 认识填料塔的主要结构、填料种类和支撑、液体喷淋和再分布装置。

⑥ 了解反应设备的主要类型，认识典型反应设备——搅拌反应釜的整体结构与搅拌器形式。

⑦ 认识管式加热炉、废热锅炉，以及蒸发设备、干燥设备、结晶设备等。

⑧ 深入认识化工传热传质过程中的热能利用与节能环保的关系。

⑨ 认识化工管路和阀门。

化工生产过程是在用管道连接起来的各台设备中进行的，各台设备运行情况直接影响生产过程，影响产品的产量和质量，这必然涉及设备的工作原理与内部结构。

2.1 换 热 器

换热器是化工生产过程中主要的换热设备。在石油、化工生产中通常需要对流体加热或冷却，进行气体液化或蒸气冷凝，这些过程都有热量交换，因而都需要换热器。换热器的种类很多，结构形式也各不相同，但它们通常都应尽量满足下列要求：工艺条件所规定的要求；具有较高的传热效率，换热器所用的材料传热性能要好，传热面积足够且流体阻力要小；具有足够的机械强度和刚度，整体结构可靠，节省材料；此外，还应便于制造、安装及维修。

目前，换热器的种类主要有两大类，一类是板式换热器，另一类是管式换热器。本节主要介绍最具代表性的列管式换热器（也称为管壳式换热器）。

2.1.1 列管式换热器的基本结构形式

列管式换热器是圆筒形的设备，主要由管箱、管板、壳体、换热管、折流板及附件等组成，如图 2-1 所示。这种换热器有许多排列整齐的管子，称为换热管。图 2-1 中 B 流体从管内流过，A 流体从管外流过，由于两种流体存在温度差，于是它们通过管壁进行热量交换，

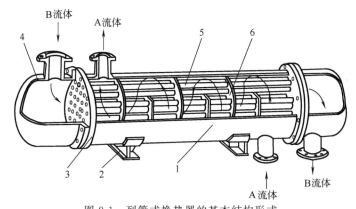

图 2-1　列管式换热器的基本结构形式

1—壳体；2—支座；3—管板；4—管箱；5—换热管；6—折流板

简称传热。从管内流过的流体所经过的路程或空间称为管程，从管外（壳体内）流过的流体所经过的路程或空间称为壳程。管箱是收集或分配管程流体的部件，它通过法兰连接或焊接连接的方式，与管板连接在一起；换热管通常通过"胀接"（在力的作用下使管子膨胀而增大直径并紧紧压在管板的孔上，称为胀接）或焊接与管板连接在一起，是换热器中主要的换热元件；很多换热器还设置了折流板，折流板可以使换热管外的流体（即壳程流体）改变流向，发生湍流，增强传热效果，还对换热管具有支承作用，防止换热管发生较大挠性变形。

2.1.2　列管式换热器的主要类型

由于管束、管板和壳体的结构和连接方式不同，列管式换热器又可分为固定管板式、浮头式、填料函式和 U 形管式四种。

2.1.2.1　固定管板式换热器

固定管板式换热器由换热管、管板和壳体组成。这类换热器的优点是结构紧凑、简单；在相同的壳径内分布的换热管数最多；更换或维修个别管子时不影响其他管子；管内清洗方便，但管外清洗较困难，因而壳程适宜通过清洁且不易结垢的流体。另外，管束两端的两块管板由管束支承，故列管式换热器管板最薄，造价也低，得到了较为广泛的应用。但是，这种换热器在管程与壳程换热介质的温度差较大时，换热管与壳体的温差也可能增大，使两者的热膨胀伸长量不同，从而会产生较大的"温差应力"（简单地说，应力是指材料内部单位面积上受到的材料相互之间的作用力，温差应力是由于温度改变而引起的应力）。改进的常用方法之一是在壳体上设置膨胀节，如图 2-2 所示。产生温差应力的原因分析和降低温差应力的方法如下。

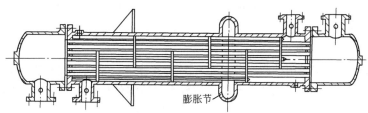

膨胀节

图 2-2　固定管板式换热器

（1）温差应力的产生

如图 2-3 所示，圆筒与管子在装配时的温度均为 T_o，此时两者的长度均为 L，如图 2-3（a）所示。在操作时，设壳体壁内的平均温度为 T_s，管壁内的平均温度为 T_t，由于壳程、管程所流的介质温度不同，因而 T_s 与 T_t 不相等。当 $T_t > T_s$ 时，则如图 2-3（b）所示，管子自由膨胀量 ΔL_t 比壳体自由膨胀量 ΔL_s 大；事实上，圆筒和管子是通过管板固定在一起的，它们的伸长量必须相等，都为 ΔL，如图 2-3（c）所示。圆筒除了自由膨胀量 ΔL_s 外还被拉长了（$\Delta L - L_s$），而管子被压缩了（$\Delta L_t - \Delta L$），这说明圆筒受到拉力作用，管子受到压力作用。当 $T_t < T_s$ 时，圆筒与管子的受力正好相反。这种由于圆筒与管子之间的温度变化不同，导致它们之间变形不协调而存在的相互之间的作用力 F，称为温差轴向力。圆筒（或管子）壁单位横截面上所受到的温差轴向力称为温差应力。

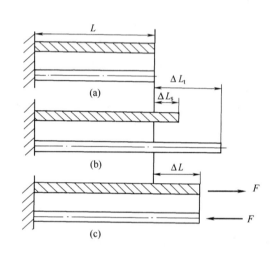

图 2-3　管子与壳体的温差应力示意图

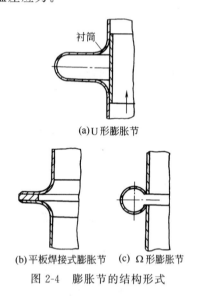

（a）U 形膨胀节

（b）平板焊接式膨胀节　　（c）Ω 形膨胀节

图 2-4　膨胀节的结构形式

（2）温差应力的补偿

在工程实际中，温差应力的危害是不容忽视的。如果管壁、壳壁受拉伸和压缩的总应力超过了材料允许的应力，管子或壳体就会失效。管子是胀接或焊接在管板上的，如果管子所受的轴向力过大，会使管子从管板连接处拉脱。另外，温差应力过大，还会使管板发生翘曲，破坏管板密封处的密封性。因而必须对温差应力予以适当的补偿，从而减小（或消除）温差应力的危害。常采用的措施有以下两种。

① 减小管束与壳体之间的膨胀差。因为管子和壳体的自由膨胀量与它们的材料和温度变化量有关，这就要求在进行设计和使用换热器时，尽量使它们的热膨胀系数和温度变化量相近，这样才能使它们在操作时膨胀量相近（或相等），以减小或消除温差应力。

② 设置膨胀节。膨胀节是装在固定管板式换热器壳体上的构件（它在轴向容易变形），当管子和壳体壁温不同而产生膨胀差时，由于膨胀节的变形，使总变形量容易趋于协调一致，可以大大减小温差应力。

固定管板式换热器中采用的膨胀节主要有 U 形膨胀节、平板焊接式膨胀节及 Ω 形膨胀节，如图 2-4 所示。最常用的 U 形膨胀节允许采用两个半波零件焊接而成，其波壳可以是单层板结构，也可以是多层板结构。当要求更大补偿量时可用多波膨胀节，多波膨胀节可以为整体成形结构，也可以由几个单波元件组焊而成。平板焊接式膨胀节结构简单，制造方便，但它们的刚性较大，补偿能力小，不常用。Ω形膨胀节适用于直径大、压力高的换热器。

由于需要膨胀节的壁厚比较薄，厚了变形能力差，因而膨胀节不能承受较大压力。当壳程介质压力较大，或换热管与壳体温差过大时，则可以改用其他结构形式的列管式换热器来消除温差应力。例如，可采用浮头式、U形管式、填料函式换热器代替固定管板式换热器。

2.1.2.2 浮头式换热器

固定管板式换热器存在轴向温差应力的原因是圆筒和管束在两端都用管板固定连接起来了，要变形必须同时变形，管束不能自由浮动，图2-5所示的浮头式换热器就改变了这种状况。这种换热器的一端管板通过法兰用螺栓固定，另一端可在壳体内自由移动，即所谓的"浮头"。这种结构使得管子和壳体在热膨胀时可自由伸长，相互不受影响，所以不会产生温差应力。浮头式换热器的管束可以从一端自由抽出，便于管外清洗。但是，它又产生了新的缺点，主要是结构较复杂，造价高，浮头处的密封要求较严，密封不严时会造成管内、外的流体相互混合，流体会从压力高的一边泄漏到压力低的一边，且泄漏量不大时不易觉察。

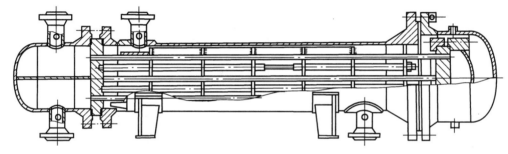

图 2-5　浮头式换热器

2.1.2.3 填料函式换热器

填料函式换热器的结构如图2-6所示。"填料函"是一种专门用来密封的结构物，依靠塞进像绳子一样的柔软物并压紧来密封流体。这种换热器的结构与浮头式换热器的结构相似，只是浮头伸到了壳外，且浮头与壳体之间采用了填料函式密封，所以又可称为外浮头式换热器。这种换热器相对于浮头式结构简单，加工制造方便，管束容易抽出进行检修、清洗。因而，这种换热器适用于管壳温差较大、介质不清洁或腐蚀严重、需经常清洗或更换管束的场合。但是，由于受到填料密封条件的限制，壳程介质不宜易燃、易爆、有毒，不宜用在直径较大、压力较高的场合，这是它的缺点。

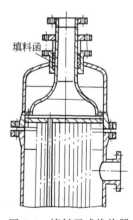

填料函

图 2-6　填料函式换热器

2.1.2.4 U形管式换热器

U形管式换热器的结构如图2-7所示。这种换热器只有一块管板，换热管被弯成U形，管子两端固定在同一块管板上。因此，管子在受热时可以自由膨胀，消除了温差应力。而且管束可以抽出来，因而管外清洗方便。由于省掉了一个管板和管箱，所以当管内压力较高时，可以节省许多材料。在这种情况下，U形管式换热器的优点就比较突出。但由于管子被弯成U形，管内清洗困难，管子拆修更换不便。此外，管子弯曲时有一定的弯曲半径，使得管间距离较大，管板上布管数较少，结构不紧凑，管束中心部分存在空隙，减小了换热面积，而且管外流体容易走短路，影响传热效率。

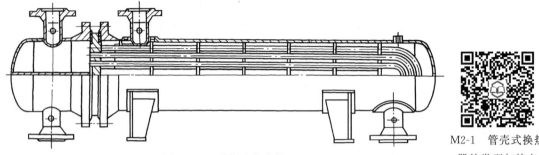

图 2-7　U 形管式换热器

综上所述，固定管板式换热器适用于壳程介质清洁，不易结垢，管、壳温差比较小的场合；浮头式换热器适用于管、壳温差较大，介质不清洁，需经常清洗的场合；填料函式换热器适用于管、壳温差较大，介质不清洁或腐蚀严重，需经常清洗或更换管束的场合，由于受到填料密封条件的限制，不宜用在直径较大、壳程压力较高且介质易燃易爆有毒的场合；U 形管式换热器适用于管、壳温差较大，管内走清洁介质且管内压力较高或很高的场合。填料函式换热器的管程是单数管程，浮头式、U 形管式换热器的管程是双数管程。

2.1.3　列管式换热器的组成元件及其连接

2.1.3.1　换热管

换热管是换热器的主要换热元件，主要通过管壁的内、外表面来进行传热。管子的直径、长度、数量和材料是影响换热管传热的几个因素。管子的直径、长度和数量是由换热器的换热面积决定的，采用小直径管子，换热器单位体积内的换热面积会大一些，设备紧凑，传热系数高，但制造麻烦，管内容易结垢，清洗不便，流体压力降大，多

用于清洁的流体。大直径管子的管内清洗较方便，多用于黏性大或较污浊的流体。

换热管在管板上的排列有正六角形（或称正三角形）、正方形和同心圆三种，如图 2-8 所示。正六角形排列使用最多，其优点是在同样的管板面积上，排管数最多，但不易清洗管子的外表面。对于需要经常清洗管外的换热器可采用正方形排列，其优点是清刷管外方便，但排管数量比正六角形排列要少得多。同心圆排列在靠近壳体的地方布管均匀，在小直径的换热器中排管数较多，但制造中管板钻孔前划线麻烦。

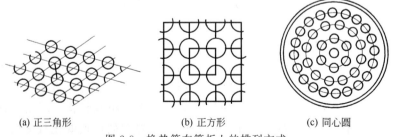

(a) 正三角形　　　　　　　　(b) 正方形　　　　　　　　(c) 同心圆

图 2-8　换热管在管板上的排列方式

2.1.3.2　管子与管板的连接

管子与管板的连接部位如果结合不紧密，往往会在此处引起泄漏。泄漏量小时，不易被

发现，会造成一定的危害。因而，管子在管板上的连接是列管式换热器制造中的关键。常用的连接方法有胀接、焊接和胀焊结合等。

（1）胀接

胀接是利用胀管器挤压伸入管板孔中的管子的端部，使管端产生"塑性变形"，同时使管板产生"弹性变形"（解除外力以后，能够恢复原来形状和长度的变形是弹性变形，不能恢复原来状态的是塑性变形），这时管端直径增大而紧贴在管板孔壁上。取出胀管器，管板孔弹性收缩，使管板与管子间产生一定的挤压力而紧紧贴合在一起。这种方法劳动量较大，效率较低。用液压胀管和爆破胀管的方法使管子与管板连接牢固，是较新的制造技术。它具有生产效率高、劳动强度低、密封性能好等优点，在胀接技术中已得到广泛应用。

采用胀接时，换热管材料的硬度值一般需低于管板的硬度值。为提高连接强度和密封性，可在孔壁上开槽，以便胀管后管子发生塑性变形，管壁被嵌入小槽中，如图2-9所示。

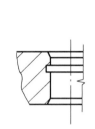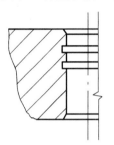

(a) 用于管板厚度δ≤25mm　　(b) 用于管板厚度δ>25mm

图 2-9　换热管的胀接结构

由于胀接主要是靠挤压来实现连接的，为防止温度过高产生"高温蠕变"（指在高温下随着时间的延长，材料缓慢地增加塑性变形的现象），使得胀接部位松脱，故其使用范围应限制在设计压力 $p \leqslant 4$MPa，设计温度 $t \leqslant 300$℃。

（2）焊接

管子与管板之间采用焊接，应用较为广泛。它连接可靠，具有良好的"气密性"（指密封住气体使其不漏的性能），承受压力的能力高，且在高温、高压下也能保证连接的紧密性和抗拉脱能力。为了保证焊接质量，管板孔边上应开斜口，称为焊接坡口。由于制造和检验技术的进步，焊接连接使用得越来越多。焊接连接的主要缺点是管子与管板孔之间往往存在微小间隙，当壳程存在液体时易形成"缝隙腐蚀"（指因为缝隙中液体缺少流动使浓度逐步增加而造成的腐蚀）；当管壁和管板厚度相差很大时，由于焊接后冷却速度不同会产生热应力。

（3）胀焊结合

单独采用胀接或焊接都有一定的局限性，当胀、焊结构不能满足要求时，可采用胀焊结合。胀焊结合有两种形式：一种是强度胀加密封焊，另一种是强度焊加密封胀。前者是胀接承受作用力，而密封则由焊接保证（焊接高度一般为1～2mm，不影响胀接强度）；后者是焊接承受作用力，而胀接只消除间隙，防止发生泄漏和缝隙腐蚀。胀焊结合适用于密封要求高、承受振动、有缝隙腐蚀及采用复合钢板的场合。

2.1.3.3　管板与壳体的连接

管板与换热器壳体的连接方式与换热器的结构形式有关，固定管板式换热器的管板与壳体的连接采用不可拆连接，而浮头式、填料函式及U形管式换热器的管板与壳体的连接则采用可拆连接。

（1）不可拆连接结构

固定管板式换热器两端管板通常直接焊在壳体上，并兼作"法兰"（法兰是用于管道或化工设备上可以多次拆卸且起密封作用的连接构件），如图 2-10 所示。其中结构（a）采用的是角焊缝，壳体对中容易，施焊方便，但不易焊透，适用于壳程设计压力 $p_s \leqslant 1\text{MPa}$、物料危害不大的场合；结构（b）采用单面对接焊缝，焊接质量提高，但焊接时难以调整，适用于 $1\text{MPa} < p_s \leqslant 4\text{MPa}$ 的场合；结构（c）采用带衬环的单面对接焊缝，焊接质量高，适用于 $1\text{MPa} < p_s \leqslant 4\text{MPa}$ 的场合。

管板也可不兼作法兰，如图 2-11 所示。

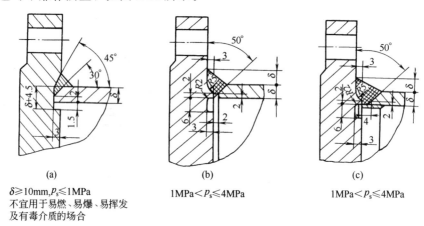

(a)

$\delta \geqslant 10\text{mm}, p_s \leqslant 1\text{MPa}$
不宜用于易燃、易爆、易挥发及有毒介质的场合

(b)

$1\text{MPa} < p_s \leqslant 4\text{MPa}$

(c)

$1\text{MPa} < p_s \leqslant 4\text{MPa}$

图 2-10　兼作法兰的管板与壳体的连接

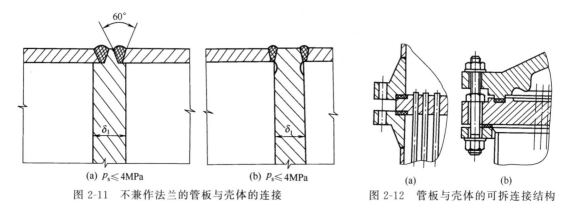

(a) $p_s \leqslant 4\text{MPa}$　　(b) $p_s \leqslant 4\text{MPa}$

图 2-11　不兼作法兰的管板与壳体的连接

(a)　(b)

图 2-12　管板与壳体的可拆连接结构

（2）可拆连接结构

浮头式、填料函式及 U 形管式换热器有一块管板是与壳体固定连接在一起的。为了能使管束从壳体中抽出进行清洗，将固定端管板做成可拆连接，即将管板夹于壳体法兰与管箱法兰之间，如图 2-12 所示。图 2-12（a）所示为卸下管箱后就可把管板连同管束从壳体中抽出的结构。如使用中只需经常卸下管箱，不必抽出管束，则可采用图 2-12（b）所示结构。

2.1.3.4　管箱、折流板、支持板及拉杆

管箱位于换热器的两端，其作用是使进入换热器中的管程流体均匀分布到各换热管中，或把管内的流体汇集一起送出。在多管程换热器中，管箱还起到分隔管程、改变流向的作用。

垂直于轴线方向安装的挡板称为横向折流板，它可以提高壳程内流体的流速，增加介质的湍流程度，提高传热效率；另外它还起到支承管束的作用。

常用的弓形折流板有单弓形、双弓形和三弓形三种，各种折流板的结构形式及流体的走

向如图 2-13 所示。单弓形折流板［图 2-13（a）］流体只经折流板的圆缺部分而垂直流过管束，结构简单，加工方便，应用较广泛。单弓形折流板一般应按等距离布置，其最小间距应不小于圆筒内径的 1/5，且不小于 50mm；其最大间距应不大于圆筒内径，且管束两端折流板尽可能靠近进、出口接管。

单弓形折流板在板间距较大时，液体绕到折流板后会在这里滞流，形成滞流死区，影响传热效果。为了消除滞流死区通常可采用双弓形和三弓形折流板［图 2-13（b）、（c）］。

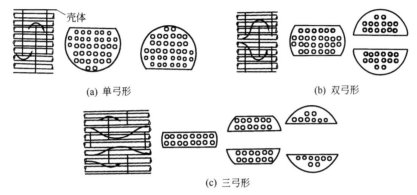

(a) 单弓形   (b) 双弓形

(c) 三弓形

图 2-13　折流板的结构形式及流体走向

折流板既起折流作用，又起支承作用。当工艺要求无折流板而管子又比较细长时，应考虑设置一定数量的支持板，防止管子产生较大变形。支持板的形状有弓形、双弓形和三弓形，其形状与弓形折流板相同。

在列管式换热器中，折流板和支持板的固定是通过拉杆和定距管来实现的。图 2-14（a）所示结构适用于换热管外径大于或等于 19mm 的管束，此拉杆两端都带有螺纹，一端用螺纹拧入管板，折流板用定距管定位，最后一块折流板用两螺母固定。对于换热管外径小于或等于 14mm 的管束，可采用焊接结构，如图 2-14（b）所示。拉杆一端插入管板中焊接，每块折流板均与拉杆点焊固定。

2.1.3.5　壳程接管

壳程流体进、出口，对换热器的传热效率和换热管的使用寿命都有很大影响。尤其是流体进、出口速度较高或流体内夹杂有固体颗粒时，会对换热管产生剧烈冲刷。为了克服这一现象，可在进口处装有缓冲挡板和缓冲接管等。

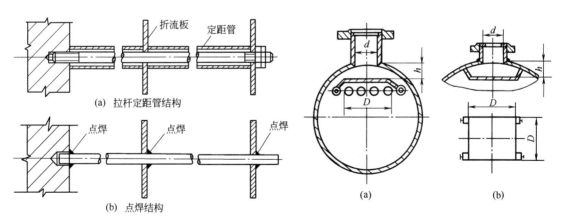

(a) 拉杆定距管结构

(b) 点焊结构

图 2-14　拉杆在管板上的固定

图 2-15　平板形缓冲挡板

（1）缓冲挡板

图 2-15 所示为平板形缓冲挡板。为了减小流体阻力，挡板与换热器内壁的距离 h 一般为接管直径的 0.25～0.3。

（2）缓冲接管

图 2-16 所示为缓冲接管。它将接管在入口处加以扩大，做成喇叭口，以降低入口处的流速，起到缓冲作用。

（3）导流筒

图 2-17 所示为导流筒。在流体进管处加上一个圆筒，目的是将流体导至靠近管板处才进入管束间，消除了接管至管板段的滞流死区，更充分地利用了换热面积。

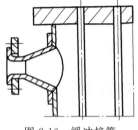

图 2-16　缓冲接管

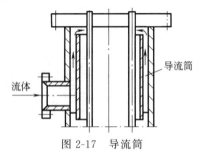

图 2-17　导流筒

2.1.4　其他类型的换热器

在化工厂内遇到的换热问题是错综复杂的，为了适合各种换热要求，出现了多种形式的换热器。

（1）套管式换热器

套管式换热器由两种大小不同的管子组成同心圆套筒，内管与外管之间采用填料函式连接或焊接。根据换热的要求，可适当增减套筒的数目来组成换热器。每一段套筒称为一程，每程的内管依次与下一程的内管用 U 形短接管连接，而外管之间也用管子连接，如图 2-18 所示。这种换热器的程数可以根据所需传热面积来确定，一般都是上下排列固定于管架上。若所需的传热面积较大，可用数排并列，每排与总管相连。进行热量交换时，一种介质在管内流动，另一种介质在套管的环隙中流动，冷、热流体一般呈逆流流动。这种设备均由管子构

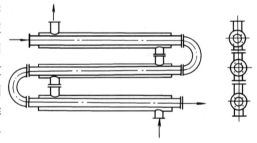

图 2-18　套管式换热器

成，所以能耐较高的压力，制造也方便，传热面易于增减；其主要缺点是金属消耗量大，占地面积大。所以，套管式换热器适用于高压、中或小流量、传热面积要求不大的场合。

（2）翅片管式换热器

翅片管式换热器的结构如图 2-19 所示。翅片管式换热器特点是换热管内、外有许多金属翅片，常见的翅片如图 2-20 所示。翅片的使用既增加了传热面积，又增强了介质流动时的湍流程度，增强了传热效率。原来国内主要将翅片管应用于空气冷却器（简称空冷器）。

（3）螺旋板式换热器

螺旋板式换热器是由两块薄金属板位于中心的一块挡板上，并卷成螺旋形而构成的，因而在换热器内构成两条螺旋形通道，分别走冷、热两股流体，其结构如图 2-21 所示。这种

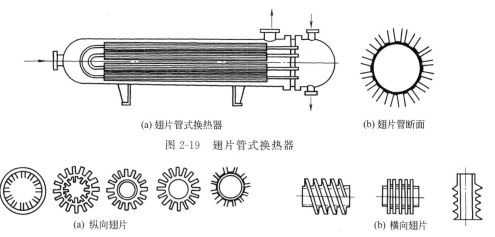

(a) 翅片管式换热器　　　　　　　　(b) 翅片管断面

图 2-19　翅片管式换热器

(a) 纵向翅片　　　　　　　　　　　　　　　　　(b) 横向翅片

图 2-20　常见的几种翅片形式

换热器传热面是螺旋板面,因而传热面积较大,传热效率高,有自清洗作用,不易结垢。但由于板面承压性能差,因而它适用于压力不高的场合。

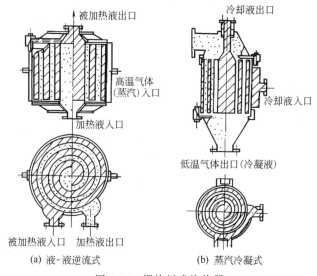

(a) 液-液逆流式　　　　　　　　　　(b) 蒸汽冷凝式

图 2-21　螺旋板式换热器

 阅读材料

高效换热管和高效换热器的开发应用

　　换热器的换热管结构一般为光滑管。为了强化传热过程,提高传热效率,科技工作者将光滑管进行了适当的改进。最初的改进主要是在管外,如在管外轧制各种形状的外翅片、车制螺纹或者在管外设置螺旋线等,这些措施不仅增大了冷、热流体的传热面积,增加了介质的湍流程度,而且可以减轻换热管的振动。随着换热器设计技术的发展,又先后研制出了内螺纹管、内翅片管以及带有内插件(如麻花片、螺旋线、螺旋片等)的换热管等;还有对管内外同时进行改进,研制出了横槽纹管(即在与管子轴线呈90°的方向上轧制槽纹,在管内形成一圈圈突出圆环)、缩放管(它是由依次交替的收缩段和扩张段组成的波形管道)或者将上述改进管内外的

方法进行组合而制成的各种异形管。这些高效特型换热管的运用，使传热系数大幅度提高，尤其在有相变的场合，甚至提高到 10 倍以上。这样，就显著提高了传热效率，同时减少了换热器的尺寸或台数，降低投资，减小占地空间，节约能源。

　　一些高新技术企业进一步结合壳程结构改造，例如在壳程使用折流杆、螺旋折流板等，降低壳程压力降，进一步提高壳程的传热效率及防结垢能力，开发了内波外螺纹管换热器、波纹管换热器、内凹槽管换热器、T 型槽管换热器、螺旋折流板高效换热器、折流杆高效换热器等，在化工企业节能改造、扩能改造、进口设备国产化等方面优势明显，在扬子石化、上海石化、宝钢等大型企业得到广泛应用和好评，并出口到俄罗斯等国家。

2.2　塔　设　备

　　在石油、化工、轻工等生产部门，塔设备主要用在气相与液相或液相与液相之间传质或传热过程，如萃取、精馏、解吸、吸收及吸附等过程。要较好地完成上述过程，化工生产对塔设备的一般要求是：塔设备内部必须提供使气-液两相或液-液两相尽可能充分接触的时间、面积及两相分离的空间；在操作过程中要尽可能减小塔内的动力和热量消耗；另外，还应使塔具有较大的操作弹性，较简单的结构，易于制造及安装维修等。要同时满足上述要求是很难的。因此，一般塔设备根据实际的传质及操作条件来具体对待，针对主要问题，采用合理的塔设备结构。

M2-4　塔设备应用发展与要求

　　化工生产中工艺条件是千差万别的，因而与之相适应的塔设备的种类也多种多样。按在生产操作过程中的作用来分，塔设备可分为精馏塔、解吸塔、吸收塔和萃取塔等；按塔设备内部的压力来分，可分为"加压塔"（即塔设备内部的压力大于外界的大气压力）、"常压塔"（即塔设备内部的压力等于外界的大气压力）和"减压塔"（即塔设备内部的压力小于外界的大气压力）；按塔设备的内件来分，可分为板式塔和填料塔，这也是塔设备通用的分类方式。无论是哪一种塔设备，都是圆柱形直立设备，比较高大，一般放置在室外。

2.2.1　板式塔

2.2.1.1　板式塔的总体结构

　　板式塔的总体结构如图 2-22 所示，由以下几部分组成。

　　（1）塔顶部分

　　塔顶是气液分离段。为了使气液分离充分，必须使塔顶部具有较大的空间，以降低气体上升速度，便于液滴从气体中分离出来。为此，有些塔还常在塔顶安装一些除沫装置，常用的有惯性分离器、离心分离器和丝网除沫器等。塔顶通常装有气体出口接管。

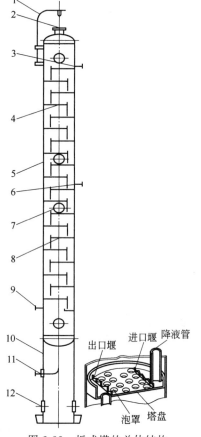

图 2-22　板式塔的总体结构

1—吊柱；2—气体出口；3—回流液入口；
4—精馏段塔盘；5—壳；6—料液进口；
7—人孔；8—提馏段塔盘；9—气体入口；
10—裙座；11—釜液出口；12—出入口

（2）塔体部分

塔体内部装有板式塔的主要结构元件之一——塔盘，气-液或液-液两相在塔盘上充分接触，达到传质和传热的目的。塔盘上设有溢流装置，包括溢流堰、降液管和受液盘。塔体外表面上安装有进出物料管、人孔、视孔和各种仪表接管等。另外，为了便于人上塔操作（包括检修），在塔外侧还设有扶梯和平台；塔内流体温度不是接近常温状态时，往往还需要在塔的外表面安装保温层，设有保温层支持圈等。

（3）裙座部分

塔体的最下部分是裙式支座，它是塔体的支承件（也称支座，简称裙座）。它的上端与塔体下封头焊接在一起，下端通过地脚螺栓固定在基础上。

2.2.1.2 板式塔传质元件的种类

板式塔按塔盘上传质元件的特性和结构又可分为泡罩塔、浮阀塔和筛板塔等。

（1）泡罩塔

泡罩塔是工业生产上最早出现的典型板式塔，它最主要的传质元件是泡罩。图 2-23 所示为应用最广泛的一种圆筒形泡罩，其直径在 100mm 左右。它由升气管和带有梯形齿缝的圆筒形泡罩组成，升气管下端固定在塔盘上，而泡罩则由弯曲 90°的螺柱和螺母固定在升气管上。气体（或蒸汽）由下一层塔板上升进入升气管，通过泡罩齿缝进入塔板上的液层，在液体中会鼓泡，与液体充分接触，进行传质或传热。

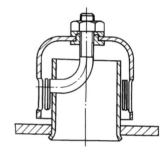

图 2-23　圆筒形泡罩

泡罩塔在生产中被广泛地应用于精馏、吸收、解吸等传质过程中，其气液接触比较充分，塔板效率较高；塔的操作弹性大，便于操作，气速很低时也不会严重漏液；具有较高的生产能力，可适用于大型生产。但随着技术的进步，出现了各种新型高效的板式塔，与它们相比较泡罩塔主要缺点是结构复杂、造价较高、安装维修麻烦、气相压力降较大等，因而限制了它的使用范围，逐渐被其他新的塔型取代（老塔还在用，新建装置已不用泡罩塔了）。

（2）浮阀塔

浮阀塔是 20 世纪 50 年代发展起来的一种塔盘结构，大型浮阀塔直径可达 10m，塔高达 83m，塔板可有数百块，目前在化工生产中应用最广泛。浮阀的类型也很多，有盘形浮阀和条形浮阀，其中盘形浮阀应用最广，而 F-1 型盘形浮阀最常用。

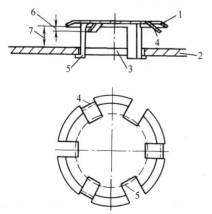

图 2-24　F-1 型浮阀
1—门件；2—塔板；3—阀孔；4—定距片；
5—阀腿；6—最小开度；7—最大开度

F-1 型浮阀（国外通称 V-1 型）的结构如图 2-24 所示。它是用钢板冲压而成的圆形阀片，把三条阀腿装入塔板的阀孔之后，用工具将阀腿的脚扭转 90°，则浮阀就被限制在阀孔内，只能上下运动而不能脱离塔板。当气速大时，浮阀被吹起，达到最大开度；当气速减小时，气体的动压头小于浮阀的自重，于是浮阀下落；当气速再小时，浮阀周边上三个朝下倾斜的定距片与塔板接触，此时开度最小。定距片的作用是保证最小气速时还有一定的开度，使气体与塔板液体均匀地鼓泡，避免浮阀与塔板粘住。浮阀的开度随塔内气相负荷的大小自动调节，可以增强传质的效果。

由生产实践证明，浮阀塔具有以下优点：由于浮阀的开度大小可以自动调节，因此它的操作弹性大，适用于产量波动和变化的情况；浮阀不断上下运动，阀孔不易被脏物或黏性物料堵塞，塔板的清洗也比较容易；与泡罩塔相比，生产能力、塔板效率高，操作周期也长，并且结构简单，安装容易，节省材料，制造和维修费用比泡罩塔低。

（3）筛板塔

筛板塔的结构与浮阀塔相类似，不同之处是塔板上不是开设装置浮阀的阀孔，而只是在塔板上开设许多直径 3～5mm 的筛孔，因此结构非常简单。当塔内上升气体的气速很低时，因为通过筛孔的气体的动压头很小，所以塔板上回流液全部由筛孔漏下，塔板上无法维持液层，使气相和液相无法进行充分接触；当气速逐渐增大，通过筛孔的气体动压头达到一定的数值时，回流液在塔板上便形成液层；随着气速的增加，液层的高度也不断增加，液体就开始越过溢流堰从降液管流到下一层塔板，此时气相和液相通过鼓泡进行传质和传热。图 2-25 所示为筛板塔简单的操作和非操作时的示意图。

筛板塔与泡罩塔相比较有下列优点：生产能力比泡罩塔大 10%～15%；塔板效率比泡罩塔高 15%；金属材料消耗量仅是泡罩塔的 60%；结构简单，制造、安装和检修都比较容易。筛板塔的主要缺点是筛孔容易生锈或被脏物堵塞，堵塞后筛孔便失效。

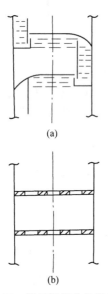

图 2-25　筛板塔简单的操作与
非操作状态示意

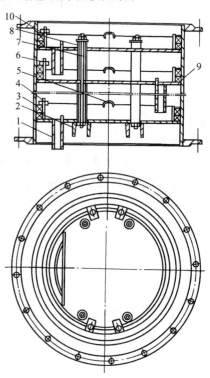

图 2-26　整块式塔盘
1—降液管；2—支座；3—密封填料；4—压
紧装置；5—吊耳；6—塔盘圈；7—拉杆；
8—定距管；9—塔盘板；10—压圈

2.2.1.3　塔盘的结构

塔盘应具有一定的刚度，这样在承受一定液体重量时才能保持水平；塔盘与塔壁之间应有一定的密封，以避免气、液短路；塔盘应便于制造、安装和维修，并且造价要低。

塔盘的结构主要有两种形式：整块式和分块式。整块式塔盘通常用在直径 800～

900mm 的小直径塔内，分块式塔盘一般用在直径 1000mm 以上的大直径塔内。

（1）整块式塔盘

整块式塔盘的结构如图 2-26 所示，因为塔径较小，人无法进入安装，所以整个塔由若干个塔节组成，各塔节用法兰和螺栓连接。每个塔节装有几层塔盘，塔盘之间用定距管和拉杆固定。为装配方便，塔盘与塔壁之间留有一定的间隙，每装完一层塔盘要用填料（一般采用直径为 10～12mm 石棉绳放置 2～3 层）填满间隙，用螺母拧紧压板，使压圈压紧填料，保证密封。

每个塔节的两端法兰密封面一定要保持平行和对中心轴线的垂直度，这样才能保证整个塔体的垂直度和每层塔板的水平。

（2）分块式塔盘

在直径较大的板式塔中，为了便于安装检修和增大塔板的刚度，将塔盘分为若干块塔板，再由塔板拼装成一整块塔盘，这种塔盘称为分块式塔盘。分块式塔盘中的塔板根据装配的位置不同分为矩形板、弓形板和通道板三种。其中通道板在安装时最后安装，拆卸时最先拆除。为了增大塔板的刚度，每块塔板冲压出折边，一般有两种形式——自身梁式和槽式，分别如图 2-27（a）、（b）所示。

分块式塔盘安装时将各块塔板从人孔送入塔内，拼装在焊于塔壁上的支承圈上。支承圈一般用扁钢或角钢按塔内径煨弯而成。为了便于工作人员进入塔内对塔盘进行清洗和维修，每层塔盘上的分块式塔板之间的连接以及塔板与支承圈的连接等多采用可拆连接结构。与分块式塔盘相对应，塔体不再分塔节，而是焊接成设有人孔的整体圆筒。

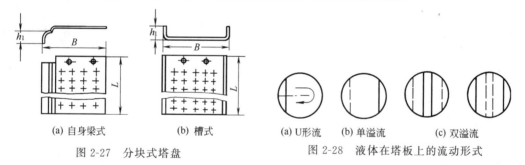

(a) 自身梁式　　　(b) 槽式　　　　　(a) U形流　(b) 单溢流　(c) 双溢流

图 2-27　分块式塔盘　　　　　图 2-28　液体在塔板上的流动形式

2.2.1.4　溢流装置

根据液体的回流量和气液比，液体在塔板上的流动常采取三种不同的形式，如图 2-28 所示。当回流量较小、塔径也较小时，为了延长气相和液相在塔板上的接触时间，常采用 U 形流动；当回流量较大而塔径较小时，则采用单溢流动；当回流量较大、塔径较大时，为了缩短塔盘上液体的停留时间，常采用双溢流动，甚至采用四溢流动。表 2-1 给出了在一定的塔径下，常采用的液体的流量和溢流形式。

表 2-1　液体的流量和溢流形式

塔径/m	液体流量/(m³/h)		塔径/m	液体流量/(m³/h)	
	单溢流	双溢流		单溢流	双溢流
0.6	5～25		2.4	11～110	110～180
0.8～1.0	7～50		3.0		110～200
1.2	9～70		4.0		110～230
1.6	11～80		5.0		110～250
2.0	11～110	110～160			

板式塔内溢流装置包括溢流堰、降液管和受液盘等。当回流量较大时，溢流堰的高度应低些，长度应大些，这样可以减小溢流堰上的回流液层高度，降低气体通过液层时的塔板

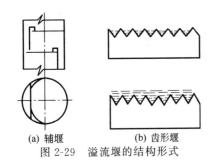

(a) 辅堰　　(b) 齿形堰
图 2-29　溢流堰的结构形式

压力降。回流量较大时也可用增加辅堰的方法减小堰上液层的高度，同时还可减小沿塔盘边缘流动路程，使回流液在塔盘上停留的时间均匀。辅堰的结构如图 2-29 (a) 所示。当回流量较小时，为了使回流液均匀地由塔盘流入降液管，采用齿形堰的结构形式以减小溢流堰的有效长度，如图 2-29 (b) 所示。

降液管的形式和大小也与回流量有关，同时还取决于液体在降液管内的停留时间。为了更好地分离气泡，一般取液体在降液管内的停留时间为 2～5s，由此决定降液管的尺寸。常采用的降液管为弓形，如图 2-30 所示。

受液盘有平板形和凹形两种结构形式，一般采用凹形，因为凹形受液盘不仅可以缓冲降液管流下的液体冲击，减小因冲击而造成的液体飞溅，而且当回流量较小时也具有较好的"液封"（即用一定高度的液层封住气体，使气体不能通过）作用，同时可以使回流液均匀地流入鼓泡区。受液盘的结构如图 2-31 所示，在凹形受液盘上常开有 2～3 个泪孔，其作用是在检修前停止操作后，可以在半小时内使凹形受液盘里的液体流净。

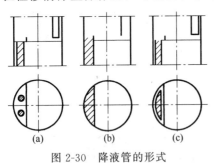

(a)　　(b)　　(c)
图 2-30　降液管的形式

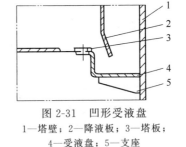

图 2-31　凹形受液盘
1—塔壁；2—降液板；3—塔板；
4—受液盘；5—支座

M2-5　填料种类与选用

2.2.2　填料塔

板式塔气相和液相主要是在塔盘上进行传质的，而填料塔气相和液相的传质过程主要是在填料内、外表面上进行的。填料塔的主要结构如图 2-32 所示，它主要由塔体、喷淋装置、填料、再分布器、栅板等组成。气体由塔底进入塔内，经填料上升，液体由喷淋装置喷出后，洒在填料上并沿填料表面往下流，气、液两相在填料上充分接触，从而达到传质的目的。因此要求填料的表面积要尽量大，操作时要使液体充分湿润填料的表面，形成液膜。

2.2.2.1　填料的种类

填料塔所用的填料可分为实体填料和网体填料两大类。实体填料包括拉西环及其衍生型如鲍尔环、鞍形填料等，网体填料则包括由丝网体制成的各种填料如鞍形网等。

（1）拉西环

拉西环是所有填料当中使用最早的一种，其形状如图 2-33 (a) 所示。它通常是外径与高相等的圆筒体，其壁厚在满足强度要求的前提下，可尽量薄。

拉西环常用的材质是陶瓷，也可采用金属或塑料制造。拉西环在塔内的填充方式有两种：乱堆和整砌。为了提高抗压能力，一般在填料的底层采用外径较大的填料整砌，而在填料的上层则采用外径较小的填料乱堆。

（2）鲍尔环

鲍尔环的材料有金属、塑料、陶瓷几种。它是在拉西环的壁上开一排或两排长方形小窗（一般直径小于 25mm 的环开一排窗）。鲍尔环的结构如图 2-33（b）所示，小窗的叶片向环中心弯入，在中心处相搭，上下两排小窗的位置相错。由于开了窗，增加了气液两相接触的机会，使气液分布更均匀，提高了塔的传质效率和生产能力，降低了塔内的压力降。因此它的应用比拉西环更广泛。

（3）鞍形填料

鞍形填料有两种形式——矩鞍形及弧鞍形，分别如图 2-33（c）、（d）所示。这两种填料都是敞开式的，表面利用率较高，压力降小，传质效率高。矩鞍形填料是对称式的，容易重合，会使下面的填料得不到充分利用；弧鞍形填料则避免了上述缺点，因而后者更具有发展潜力。

（4）阶梯环

阶梯环的形状如图 2-33（e）所示，是对鲍尔环进一步改进的结果。它的一端为圆筒形鲍尔环，另一端为喇叭圆筒形。这种填料由于两端形状不对称，装入塔内可以减小填料之间相互重叠，使表面得以充分利用，同时增大了它们之间的空隙，使压力降降低，传质效率提高。

以上介绍了几种较典型的散装填料。应指出，随着化工技术的发展，不断有新型填料开发出来。这些填料构型独特，均有各自的特点，如图 2-33（f）所示的共轭环填料和图 2-33（g）所示的海尔环填料等。

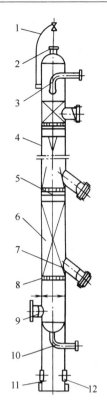

图 2-32　填料塔的主要结构
1—吊柱；2—气体出口；3—喷淋装置；4—壳体；5—液体再分布器；6—填料；7—卸填料人孔；8—支承装置；9—气体入口；10—釜液出口；11—裙座；12—出入口

(a) 拉西环　　(b) 鲍尔环　　(c) 矩鞍形填料　　(d) 弧鞍形填料

(e) 阶梯环　　(f) 共轭环填料　　(g) 海尔环填料

图 2-33　填料的种类

另外，除了散装填料以外，现在已开发出多种整块式填料，类似于板式塔中整块式塔盘的塔板整块整块地装入塔内，或像分块式塔盘中的塔板一样，一块块由人孔送入塔内拼装成整块，并一层一层叠加。

2.2.2.2 **液体喷淋装置**

塔顶的液体喷淋装置也称液体分布装置，作用是将液体均匀地喷洒在塔顶填料上，使填料表面能够全部被淋湿。喷淋装置的类型很多，常用的有喷洒型、溢流型和冲击型等。

（1）喷洒型

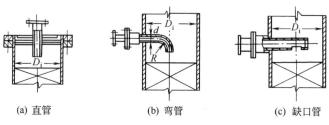

(a) 直管　　　　　　　　(b) 弯管　　　　　　　　(c) 缺口管

图 2-34　管式喷洒器

对于直径较小的填料塔使用管式喷洒器，如图 2-34 所示。由塔顶进料管的出口或缺口（可以是直管、弯管或缺口管等）直接喷洒在填料上。该结构虽简单，但喷淋面积小而且不均匀。对于直径较大的塔体，可采用多支管（或排管）喷洒器、环管多孔喷洒器（图 2-35），甚至多圈环管，以及莲蓬头喷洒器（图 2-36）。这几种喷洒器结构比较简单，都在管子上开有喷洒孔，喷洒比较均匀，但要求喷淋液不能含固体颗粒，否则容易填塞喷洒器小孔；另外，操作时液体压力必须维持在恒定值，否则喷淋半径会改变，造成喷洒不均匀。

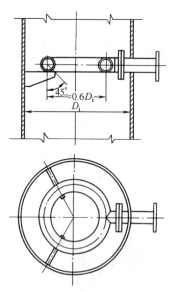

图 2-35　环管多孔喷洒器

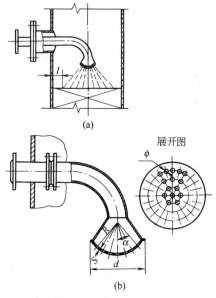

图 2-36　莲蓬头喷洒器

（2）溢流型

溢流型喷洒器有两种形式：一种是中央进料式的盘式分布器（图 2-37），液体由进料管加到喷淋盘内，然后从均布在分布板上的降液管矩形或齿形缺口处均匀往下喷淋，分布板上钻有泪孔，以便在停工检修时排净板上的液体；另一种是分布槽（图 2-38），液体由顶槽进入各分槽，然后沿分槽的开口溢流，喷洒在填料上。

近年来出现了一种新的槽盘式分布器，将上述盘式分布器和分布槽的优点结合在了一起。

（3）冲击型

图 2-39 所示为常用的反射板式喷淋器，具有一定速度的液体从管内流出，冲击在反射板（有平圆形、凸球面或圆锥形）上使液体向四周飞溅，达到均匀喷淋的目的。反射板中央钻有一些小孔，以便部分液体由小孔流出，喷淋中央部分的填料。

2.2.2.3 液体再分布器

气体沿塔体上升时，速度按塔的横截面积分布是不均匀的，中央的速度大，靠近塔壁的速度小，这样对向下流的液体作用力也就不一样；液体向下流动时，沿着壳体内壁流动比在填料中流动更容易，阻力更小。这两种因素都使得液体流经填料层时有向塔壁倾斜流动的现象，称为壁流。这样在填料层下部的一定高度内，中心部分的填料便不能被充分淋湿，使得气、液两相不能充分接触，降低了传质效果，甚至出现"干锥"现象。因此，要采用液体再分布器使液体流经一定高度填料后再重新分布。

在常见的液体再分布器中，分配锥（图 2-40）是最简单的。将分配锥直接焊接在塔壁上，沿壁流下的液体被分配锥导向塔体的中央部分。此种结构适用于小直径的塔设备，对于大直径的塔设备可采用槽形再分布器，如图 2-41 所示。

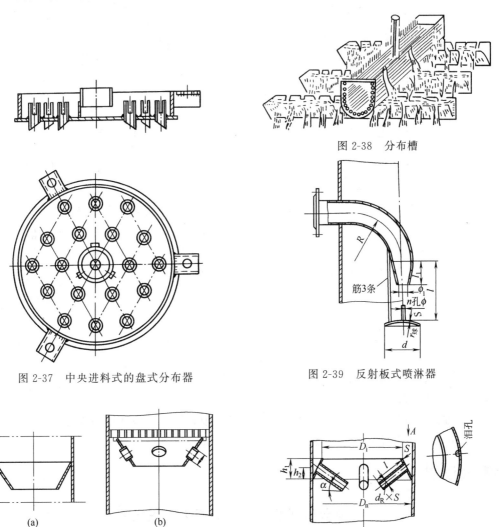

图 2-38 分布槽

图 2-37 中央进料式的盘式分布器

图 2-39 反射板式喷淋器

图 2-40 分配锥

图 2-41 槽形再分布器

2.2.2.4 填料的支承结构

填料的支承结构不仅要支承全部湿填料的重量，还必须使上升的气体能够顺利通过。因此，不但要求它具有足够的强度和刚度，还必须具有足够的自由截面积，使在支承处不致发生液泛。

化工生产中常见的栅板支承结构如图 2-42 所示。栅板的板条间距为填料外径的 60%～80%，才能保证填料堆放。对于孔隙率比较大的填料，相应地增大栅板的自由横截面积，这时可采用开孔波形板支承结构，如图 2-43 所示。因为波形板的波纹侧面和底面均开孔，自由截面积较栅板支承结构大，有利于气体通过。

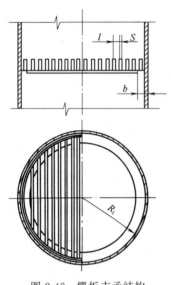

图 2-42 栅板支承结构

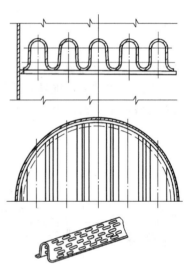

图 2-43 开孔波形板支承结构

2.2.2.5 裙式支座和吊柱

无论是填料塔还是板式塔，塔体都是由裙式支座支承并安装固定在混凝土基础上的，常采用的裙座有圆筒形裙座和圆锥形裙座两种。圆筒形裙座通常用在承受风载荷和地震载荷不大的塔上；圆锥形裙座的稳定性比圆筒形裙座要好，因而它通常用于承受风载荷和地震载荷较大的高塔。

对于室外无框架的塔，为了方便在安装、检修时起吊塔板、填料及其他零部件，一般会在塔顶设置可转动的吊柱，如图 2-44 所示。吊柱的位置应能使吊钩的垂直中心线可以转到塔壁人孔附近，以便于零件从人孔进出时起吊。

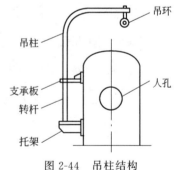

图 2-44 吊柱结构

2.2.2.6 其他部分

为了防止气量较大时将塔内液体（液沫）带出填料塔，一般在塔顶内部设置除沫器；为了防止气量较大时将塔内填料吹翻，可以在填料上面设置填料压紧装置。

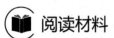 阅读材料

一项分离新技术——超重力工程技术

目前，以板式塔为主要分离手段的蒸馏技术仍是工业上使用最广泛的一种分离混合物的方

法，但并不是对于所有混合物的分离，蒸馏技术都是适用的或是最好的方法，即使是对于最适合的场合，也还有一个提高分离效率和节能降耗的问题。所以，人们在继续开发新型塔板的同时，又着眼于开发新的化学工程，以寻求新的特殊的蒸馏方法，而超重力工程技术就是其中之一。这一技术诞生的标志是20世纪70年代末至80年代初英国帝国化学工业公司（ICI）设计的"旋转填料床——Higee蒸馏装置"以及后续提出的有关多项专利。Higee蒸馏装置是为了强化热质分离，即用于流体混合物的分离而开发的。它首次将离心力场作为一项特定手段用于传质过程的强化，引起了工业界的重视。它的工作机理是，通过对蒸馏环境施加一个离心力，气体流速会大大增加，所增加的能量会大大提高处理能力。同时，高度的湍流和大量增加的每个离心元件的比表面积将极大地改进质和量的传递，从而可使设备尺寸设计得很小。由于它适用性广，设备精小安全，产品质量高，因此被公认为是强化传递和多相反应过程的一项突破性技术，被誉为"化学工业的晶体管"和"跨世纪技术"。

2.3　反应设备

反应设备是化工生产中实现化学反应的主要设备。按照参加化学反应物料的物态不同（气体或液体）、操作条件的不同（压力、温度以及物料静止还是流动）、反应的热效应不同（吸热反应还是放热反应），反应设备可以有很多种类和结构。例如，合成氨工厂的氨合成塔、炼油厂的加氢反应器、烯烃厂的裂解炉、合成橡胶厂的反应釜、化纤厂的聚合反应釜和抗生素厂的发酵反应釜等，这些反应设备有的需要耐高压，有的需要耐介质的腐蚀，有的还根据操作要求设置各种内件，如催化剂支承装置、换热装置和搅拌装置等。

搅拌反应釜是一种典型的反应设备，广泛应用于化工、轻工、化纤、医药等工业。它是在一定的压力和温度下，将一定容积的两种或多种液态物料搅拌混合，促进其化学反应的设备；通常伴有热效应，由换热装置输入或移出热量。

M2-6　反应器的
主要类型和要求

2.3.1　反应釜的主要部件及其用途

搅拌反应釜的结构如图2-45所示，它主要由以下几部分组成。

（1）釜体

釜体是一个容器，为物料进行化学反应提供一定的空间。釜体通常由圆筒形筒体及上、下封头（大多为椭圆形，为卸料方便也有用锥形下封头的）组成，反应釜的直径和高度由生产能力和反应要求决定。由于化学反应物料可能易燃、易爆或有毒，而且常常要保持一定的操作温度、压力（或真空）等，所以反应釜大多是密闭的（在常压、无毒及反应过程允许的条件下也可以是敞开的）。

M2-7　反应
釜体尺寸

（2）传热装置

由于化学反应过程一般都伴有热效应，即反应过程中吸收热量或放出热量，因此在釜体的外部或内部需要设置供加热或冷却用的传热装置。加热或冷却都是为了使釜内温度控制在反应所需范围内。常用的传热装置是在釜体外部设置夹套，有时同时在釜体内部设置蛇管。

（3）搅拌装置

为了使参加反应的各种物料混合均匀，接触良好，以加速反应的进行和便于反应控制，需要在釜体内设置搅拌装置。搅拌装置由搅拌轴和搅拌器组成，搅拌装置的转动一般由电动机经减速器减到搅拌器所需转速后，再通过联轴器来带动。搅拌轴一般是悬臂的，需要时也可在釜内设置中间轴承或底轴承（有关传动构件可参考 4.2 及 4.3 两节内容）。

（4）轴封装置

由于搅拌轴是转动的，而釜体封头是静止的，在搅拌轴伸出封头之处必然有间隙，介质会由此泄漏或空气漏入釜内，因此必须进行密封，称为"轴封"（对轴伸出装置外部的位置进行的密封称为轴封），以保持设备内的压力（或真空度），防止反应物料逸出和杂质的渗入。通常采用填料密封或机械密封。

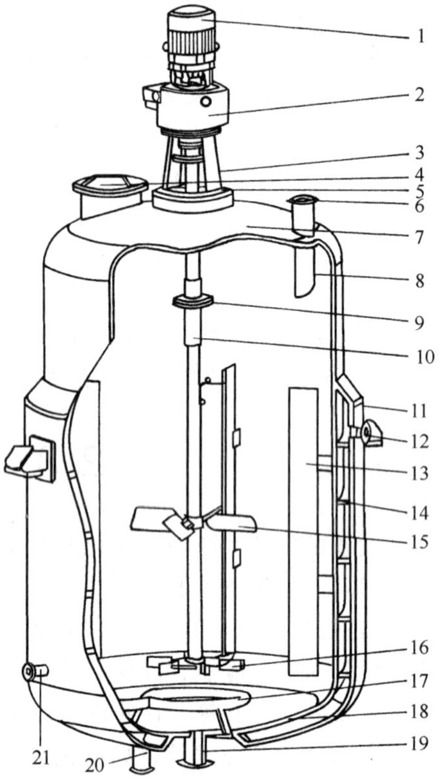

被装在搅拌轴和填料函之间环隙中的填料，多数用纤维填料，如浸渍石墨的石棉纤维填料。填料在压盖压力作用下，对搅拌轴表面产生径向压紧力。由于填料中含有润滑剂，因此在对搅拌轴产生径向压紧力的同时形成一层极薄的液膜（它一方面使搅拌轴得到润滑，另一方面阻止设备内流体逸出或外部流体渗入）。

机械密封是用垂直于轴的两个密封元件的平面相互贴合（依靠介质压力或弹簧力），并作相对运动达到密封目的的装置，又称端面密封。它具有功耗小、泄漏率低、密封性能可靠和使用寿命长的优点。机械密封主要用于在腐蚀、易燃、易爆、剧毒及带有固体颗粒的介质中工作的有压设备和真空设备，包括搅拌反应釜的轴封。

（5）其他结构

除上述几部分主要结构外，为了便于检修内件及加料、排料，还需装焊人孔、手孔和各种接管。为了操作过程中有效地监视和控制物料的温度、压力并确保安全，还要安装温度计、压力表、视镜、安全泄放装置等。

图 2-45　搅拌反应釜的结构

1—电动机；2—减速器；3—机架；4—人孔；5—密封装置；6—进料口；7—上封头；8—筒体；9—联轴器；10—搅拌轴；11—夹套；12—载热介质出口；13—挡板；14—螺旋导流板；15—轴向流搅拌器；16—径向流搅拌器；17—气体分布器；18—下封头；19—出料口；20—载热介质进口；21—气体进口

2.3.2　反应釜的夹套传热及其结构

搅拌反应釜最常用的传热方式为夹套传热和蛇管传热。在釜体外侧，以焊接或法兰连接的方法装设各种形状的外套，与釜体外表面形成密闭的空间，在此空间内通入蒸汽或冷水等，用来加热或冷却釜内的物料，维持物料的温度在规定的范围，这种结构称为夹套。

常用的夹套形式为整体夹套，其结构类型如图 2-46 所示。图 2-46（a）所示仅为圆筒的一部分有夹套，用于需要加热面积不大的场合。图 2-46（b）所示为圆筒的一部分和下封头包有夹套，是最常用的典型结构。图 2-46（c）所示适用于筒体细长的场合，考虑到筒体承受外压，为了增加筒体的稳定性或者是釜内反应的需要，在筒体的上下不同位置上分段设置夹套，各段夹套之间设置加强圈或采用能够起到加强圈作用的夹套封口件。图 2-46（d）所示为全包式夹套，与前三种比较，传热面积最大。

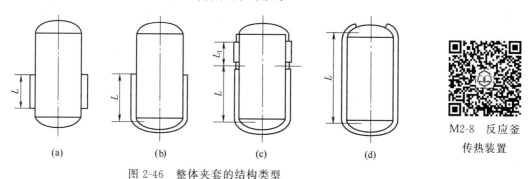

图 2-46 整体夹套的结构类型

M2-8 反应釜
传热装置

整体夹套与筒体的连接方式有可拆卸式和不可拆卸式两种，分别如图 2-47 和图 2-48 所示。不可拆卸式夹套结构简单，密封可靠。"碳钢"夹套可以直接和"碳钢"（碳钢是钢材中最普通的一类材料，主要由铁和少量的碳两种元素组成，全称碳素结构钢，常用于一般工程结构）釜体焊接；图 2-48 所示为用"不锈钢"（能抵抗大气和一般酸、碱、盐腐蚀的钢材）釜体配碳钢夹套时两者之间的连接结构，其特点是避免了不锈钢釜体直接和碳钢件焊接，以防止不锈钢中的合金元素在焊接时有损失。如果釜体与夹套用不同材料制造，两种材料又不适合焊接连接，或者反应操作条件恶劣而要求定期检查釜体表面，应采用可拆卸式连接。

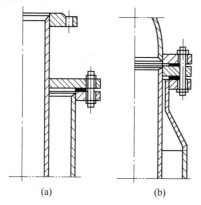

图 2-47 可拆卸式整体夹套结构

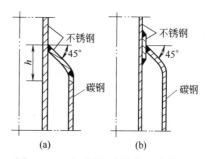

图 2-48 不可拆卸式整体夹套结构

整体夹套内的介质压力一般不能超过 1MPa，否则釜体壁厚太大，增加制造困难。夹套内的介质压力大时，可采用焊接半圆管夹套、"型钢"（指轧钢厂轧制、市场有售的横截面为特定形状的钢材，如角钢、圆钢、扁钢等）夹套和蜂窝夹套，不但能提高传热介质的流速，改善传热效果，而且能提高筒体承受外压的能力，但是上述结构焊接工作量过大，给制造带来很大麻烦。

2.3.3 反应釜的蛇管传热及其结构

当需要传热面积较大、夹套传热不能满足要求时，可采用蛇管传热。密集排列的蛇管沉浸在物料中,热量损失小,传热效果好,同时还能起到导流筒的作用,可以改变流体的流动状况,减小旋涡,强化搅拌程度,但检修较麻烦。蛇管允许的操作温度范围为 -30~280℃,公称压力系列为 0.4MPa、0.6MPa、1.0MPa、1.6MPa。

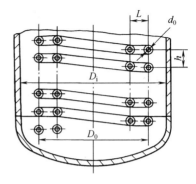

蛇管的长度不宜过长,否则因冷凝液积聚而降低传热效果,而且在很长的蛇管中排出蒸汽所夹带的惰性气体也是很困难的。

如果要求传热面积很大,可以制成几个并联的同心圆蛇管组。蛇管的排列如图 2-49 所示。

图 2-49 蛇管的排列

蛇管的固定形式较多,如果蛇管的中心圆直径较小或圈数不多、重量不大时可以利用蛇管进、出口接管固定在顶盖上,不再另设支架固定蛇管。当蛇管中心圆直径较大、比较笨重或搅拌有振动时,则需要装支架以增加蛇管的刚性。

蛇管的进、出口一般都设置在顶盖上,有可拆结构和固定结构两类:可拆结构用于蛇管需要经常拆卸清洗的场合;固定结构的蛇管可以和封头一起抽出。

2.3.4 反应釜搅拌器的形式

搅拌器的形式很多,它的形状、尺寸、结构与被搅拌液体的性质以及要求实现的流型有关。常用的搅拌器按结构来分,可分为桨式搅拌器、框式和锚式搅拌器、推进式搅拌器、涡轮式搅拌器等;按流体的流动形态来分,可分为轴向流搅拌器、径向流搅拌器和混合流搅拌器。搅拌器的径向、轴向和混合流的图谱如图 2-50 所示。

M2-9 反应釜
搅拌装置

(1) 桨式搅拌器

桨式搅拌器结构最为简单,如图 2-51 所示。其桨叶用扁钢制造,当搅拌的物料对钢材有显著腐蚀时,桨叶可用合金钢或有色金属制作,也可采用钢制外包橡胶或环氧树脂、酚醛玻璃布等。

桨叶形式有平直叶和折叶两种。平直叶就是叶面与旋转方向互相垂直,折叶则是叶面与旋转方向成一倾斜角度(一般为 45°或 60°)。平直叶主要使物料产生切线方向的流动,加挡板后可产生一定的轴向搅拌效果。折叶与平直叶相比轴向分流略多。

在料液层比较高的情况下,为了将物料搅拌均匀,常装有几层桨叶,相邻两层桨叶常交叉成 90°安装。

桨叶与轴的连接有两种情况:当搅拌轴直径 $d<50mm$ 时,除用螺栓对夹外,再用紧固螺钉固定;当搅拌轴直径 $d \geqslant 50mm$ 时,除用螺栓对夹外,再用穿轴螺栓或圆柱销固定。桨式搅拌器的搅拌力度不大,转速较低(一般为 20~100r/min),圆周速度在 1.0~5.0m/s 范围内,广泛用于促进传热、溶解、混合等操作。

(2) 框式和锚式搅拌器

锚式搅拌器结构简单(图 2-52),它适用于黏度在 100Pa·s 以下的流体搅拌;当流体的黏度在 10~100Pa·s 时,可在锚式桨中间加一横桨叶,即为框式搅拌器,以增加容器中部的混合。为了增大对高黏度物料的搅拌范围以及提高桨叶的刚性,还常常要在框式、锚式搅拌器上加一些立叶和横梁,这样使得框式、锚式搅拌器的结构形式更多。

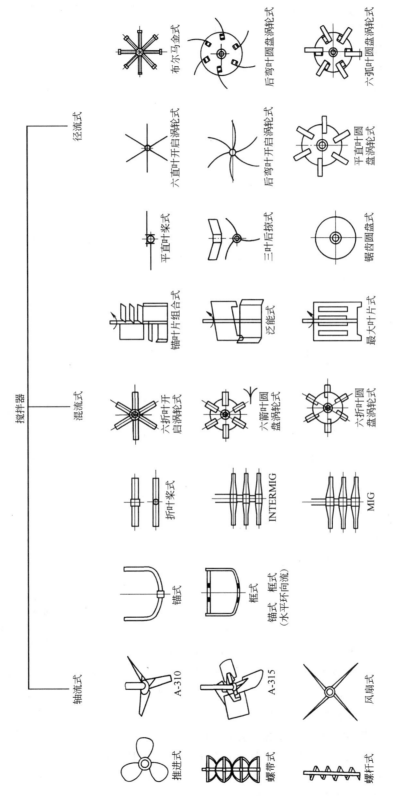

图 2-50　搅拌器形式分类图谱

　　框式、锚式搅拌器桨叶与搅拌轴的连接方式与桨式搅拌器类似。这两种搅拌器由于桨叶的外廓尺寸大，为了便于装拆，桨叶之间多数用螺栓连接，只有小型的才采用铸造或焊接。当搅拌有腐蚀性的物料时，可在其外表面进行搪瓷、覆胶或覆盖其他保护层。

　　框式、锚式搅拌器的转速也不高（一般为 20～100r/min），线速度为 1.0～5.0m/s。

　　(3) 推进式搅拌器

　　推进式搅拌器也称旋桨式搅拌器，如图 2-53 所示。标准的推进式搅拌器有三瓣叶片，其螺距与桨叶直径相等。搅拌时，流体由桨叶上方吸入，下方以圆筒状螺旋形排出，流体至容器底部再沿壁面返至桨叶上方，形成轴向流动。推进式搅拌器在进行搅拌时，流体的湍流程度不高，但循环量大，上下翻腾效果好，适用于液体黏度低、流量大的场合，常被应用于固体溶解、结晶、悬浮等操作中。

　　(4) 涡轮式搅拌器

　　涡轮式搅拌器与桨式搅拌器相比，只是桨叶数量多、种类多，桨的转速高，可使流体均匀地由垂直方向运动改变为水平方向运动，自涡轮流出的高速液流沿圆周运动的切线方向散开，从而在整个液体内得到激烈搅动。它是应用较广的一种搅拌器，能有效地完成几乎所有的搅拌操作，并且能处理的流体黏度范围很广。图 2-54 给出了一种典型的涡轮式搅拌器结构。

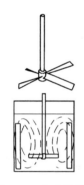
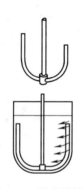
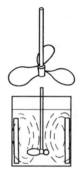
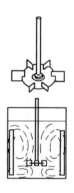

图 2-51　桨式搅拌器　　图 2-52　锚式搅拌器　　图 2-53　推进式搅拌器　　图 2-54　涡轮式搅拌器

　　涡轮式搅拌器形式很多，有开启式和圆盘式。桨叶又分为平直叶、弯叶和折叶。这类搅拌器和推进式搅拌器相似，搅拌速度也较高（为 10～300r/min），搅拌器直径约为反应釜筒体内径的 1/3，叶数以 6 叶为多，桨叶的厚度一般由强度计算确定。

2.3.5　其他反应类设备

　　(1) 固定床反应器

M2-10　反应器类型结构与应用

　　固定床反应器多用于大规模气相反应。固定床是指设备内静止不动的固体颗粒层，在这里是指反应器内的固体催化剂层。在一些场合反应器内装有许多根管子，故也称管式反应器。固定床反应器的外形有圆筒式 ［图 2-55 (a)］ 和列管式 ［图 2-55 (b)］。参加反应的物料以预定的方向运动，各点的流体间没有沿流动方向的混合。这类反应器可以在一个圆柱壳体内装催化剂，或者在圆柱壳体内安装许多平行的管子（就像列管式换热器管束一样），管外或管内装催化剂，参加反应的气体通过静止的催化剂层进行反应，氨合成塔、乙烯裂解炉等就属于此种结构。固定床反应器广泛用于催化反应。

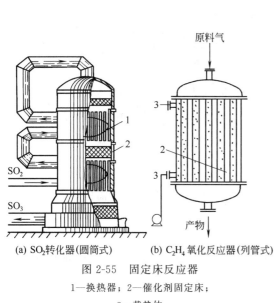

(a) SO₂转化器(圆筒式)   (b) C₂H₄氧化反应器(列管式)

图 2-55   固定床反应器

1—换热器；2—催化剂固定床；

3—载热体

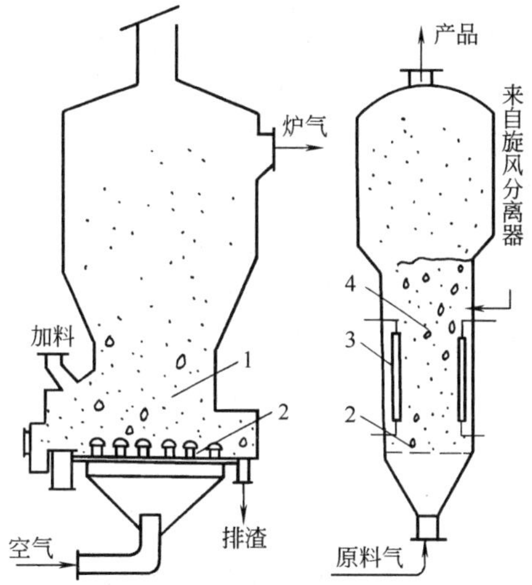

(a) 沸腾焙烧炉   (b) 流化床催化反应器

图 2-56   流化床反应器

1—原料沸腾床；2—气体分布板；

3—换热器；4—催化剂流化床

（2）流化床反应器

流化床反应器多用于固体和气体参加的反应，其结构如图 2-56 所示。在这类反应器中，细颗粒状的固体物料装填在一个垂直的圆筒形容器的多孔板上，气体通过多孔板向上通过颗粒层，以足够大的速度使颗粒浮起呈沸腾状态，但流速也不宜过高，以防止流化床中的颗粒被气体夹带出去。颗粒快速运动的结果，使床层温度非常均匀，因而避免了固定床反应器中可能出现的过热点，这对在绝热条件下进行的反应过程是一个很大的优点。这类反应器的缺点是固体颗粒快速运动会造成催化剂的磨损；另外，排出气流中含有大量的粉尘，增加了后处理难度。

（3）鼓泡反应器

在这种反应器中，由于液体中含有溶解了的非挥发性催化剂或其他反应物料，反应气体可以鼓泡，通过液体进行反应，产物可由气流从反应器中带出。在这种情况下，由传质过程控制反应速率。乙烯氧化生产乙醛就是在这种反应器中进行反应的。

（4）流动床反应器

在这种反应器中，固体从床层顶部加入，并向下移，自器底取出，流体向上通过填充层。这种反应器已用于二甲苯的催化异构反应以及离子交换法的连续水处理过程。

另外，在有些有机反应中，如丙烯高压水合制取异丙醇反应中，用到了滴流床反应器。在这种反应器中，固体催化剂并不呈流化状态而是作为固定床，两种能部分互溶的液体作为反应物料并流或逆流通过反应床进行反应。

用于化工生产的反应器很多，在实际使用过程中，应根据实际生产的需求，选用适合的反应器类型，并有针对性地进行设计。

2.4   管式加热炉和废热锅炉

2.4.1   管式加热炉

随着化学工业的迅速发展，加热炉越来越受到人们的重视。现代化工生产中通常使用的加热炉是管式加热炉。管式加热炉不仅消耗着大量能量，而且在石油裂解、转化或合成氨反应中起到核心设备的作用，支配着整个工厂产品的质量、效率、能耗和操作周期等。因而，了解其结构，懂得如何选择以及如何使管式加热炉处于最佳的工作状态，对化工行业的工作者有着十分重要的意义。

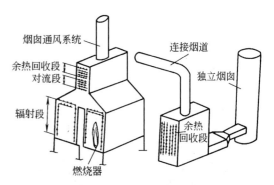

图 2-57 管式加热炉的一般结构

管式加热炉是利用燃料在炉膛内燃烧时产生的高温火焰与烟气作为热源，加热在炉管内高速流动的物料，使其在管内进行化学反应，或达到后续工艺过程中所需的温度。管式加热炉已成为近代炼油工业和石油化学工业中必不可少的工艺设备之一。

2.4.1.1 管式加热炉的一般结构

管式加热炉一般由辐射室、对流室、余热回收系统、燃烧器及通风系统组成，如图 2-57 所示。其结构通常包括钢结构、炉墙（内衬）、炉管、燃烧器、孔类配件等。

（1）辐射室

辐射室是通过火焰或高温烟气进行辐射传热的部分，也是加热炉进行热交换的主要场所。辐射室的温度高达 600～1600℃，热负荷占全炉的 70%～80%，是全炉的最重要部位。烃蒸气转化炉、乙烯裂解炉等，其反应和裂解过程全都由辐射室来完成。可以这样认为，一台加热炉的优劣主要以辐射室的性能好坏来判断。

在辐射室内，火焰或高温烟气通过炉管进行传热加热炉管内介质。由于以辐射热为主，故称炉管为辐射管。辐射室内的炉管直接承受火焰辐射冲刷，温度高，要求材料应具有足够的高温强度和高温化学稳定性。

（2）对流室

对流室是紧接辐射室依靠由辐射室排出的高温烟气与物料对流进行传热的部分。烟气以较高速度冲刷炉管的管壁，进行有效的对流传热，其热负荷占全炉的 20%～30%。对流室一般布置在辐射室之上。有的则单独放置在地面上，如大型方炉。为了尽量提高传热效果，多数加热炉在对流室采用钉头管和翅片管。

严格地讲，在对流室中也有一部分辐射热交换存在，而且有时还占有较大的比例（但是，就其比例而言，还是对流传热起支配作用）。

（3）余热回收系统

余热回收系统指从离开对流室的烟气中进一步回收余热的部分。余热回收方法有两类：一类是靠预热燃烧用空气来回收热量，这些回收的热量被热空气再次带回炉中；另一类是采用与本炉子完全无关的另一系统的流体来回收排烟的余热。前者称为空气预热方式；后者通常采用水回收，称为废热锅炉方式。空气预热方式有直接安装在对流室上面的固定管式空气预热器和单独放在地面上的回转式空气预热器等形式。

余热回收系统中的新技术之一是将空气预热器设置为非冷凝式和冷凝式两段。在冷凝段中实现烟气中含酸水蒸气的部分冷凝，不但回收烟气低温显热，还回收冷凝时的潜热，提高加热炉热效率，节约能源。其排烟温度可降低到 100℃ 左右。

（4）燃烧器

燃烧器的作用是完成燃料的燃烧过程，为加热炉的热交换提供热量，是加热炉的重要组成部分。管式加热炉只燃烧燃料气和燃料油，所以不需要像烧煤的加热炉那样配有复杂的辅助系统，其结构较为简单。

燃烧器由燃料喷嘴、配风器、燃烧道三部分组成。燃烧器按所用燃料不同可分为三类：燃油燃烧器、燃气燃烧器和油-气联合燃烧器。燃烧器的性能直接影响燃烧的质量和加热炉的热效率。操作时，应特别注意火焰要保持刚直有力，调整火嘴尽可能使炉膛受热均匀，避免火焰舔及炉管，并实现低氧燃烧。

为保证燃烧质量和热效率，还必须配置可靠的燃料供应系统和良好的空气预热系统。

（5）通风系统

通风系统的任务是将燃烧用的空气导入燃烧器，并将废烟气引出加热炉。它分为自然通风方式和强制通风方式两种。前者依靠烟囱本身形成的抽力，不消耗机械能；后者要使用风机，消耗机械能。

过去，大多数加热炉都采用自然通风方式，烟囱通常安装在炉顶。后来，随着加热炉结构的复杂化，炉内烟气阻力增大，加之提高热效率的需要，采用强制通风的方式日趋普遍。

（6）主要结构

① 钢结构。钢结构是管式加热炉的承载骨架。其基本元件是各种型钢，通过焊接或螺栓连接构成管式加热炉的骨架。其他辅助构件则依附于钢结构。

② 炉墙。管式加热炉的炉墙结构主要有三种类型：耐火砖结构、耐火混凝土结构和耐火纤维结构。其中耐火砖结构又分为砌砖炉墙、挂砖炉墙和拉砖炉墙三种。砌砖炉墙是按照一定的要求将耐火砖、保温砖、红砖等进行整体砌筑的炉墙。挂砖炉墙是利用挂砖架分段承重的结构，炉墙较薄，其高度不受限制。拉砖炉墙是将炉墙砖结构与炉墙钢结构拉接起来的一种结构形式，得到了广泛应用，尤其是温度较高的管式加热炉，如裂解炉和转化炉。

③ 炉管。管式加热炉的炉管是物料摄取热量的媒介。根据受热方式不同可分为辐射炉管和对流炉管，前者设置在辐射室内，后者设置在对流室内。为强化传热，对流管往往采用翅片管或钉头管，其安装方式多采用水平安装。

④ 其他配件。管式加热炉的配件较多，主要有看火孔、点火孔、炉用人孔、防爆门、吹灰器、烟囱挡板等。

2.4.1.2　管式加热炉的类型

各种管式加热炉通常可按外形和用途来分类。

2.4.1.2.1　按外形分类

按管式加热炉的外形大致可分为四类：箱式炉、立式炉、圆筒炉、大型方炉。这种划分方法按辐射室的外观形状区分，而与对流室无关。箱式炉的辐射室为一箱子状的六面体。立式炉的辐射室为直立状的六面体，但宽度要窄一些，通常两侧墙的间距与炉膛高度之比约为1∶2。

（1）箱式炉

① 横管大型箱式炉和立管大型箱式炉。如图 2-58、图 2-59 所示，这两种炉型结构基本一致，只是一为横管、一为立管。它们的优点是只要增加中央的隔墙数目，即可在炉膛体积强度不变的前提下，"积木组合式"地把加热炉尺寸放大。该炉型适合用于大型炉；其主要缺点是敷管率低，炉管需要用合金材料吊挂，造价高，需要独立设置烟囱。

② 顶烧式炉。如图 2-60 所示，这种炉型的燃烧器和辐射炉管呈交错排列，单排炉管承受双面辐射，管子沿圆周各方向的热分布均匀。燃烧器设置在加热炉的顶部，而对流室和烟囱则设置在地面上。其缺点是加热炉体积大，造价较高，若用在单纯的加热工艺上是很不经

济的。合成氨厂常用它作为大型烃蒸气转化炉的炉型，其运转情况良好。

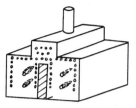  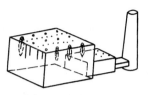

图 2-58　横管大型箱式炉　　　图 2-59　立管大型箱式炉　　　图 2-60　顶烧式炉

（2）立式炉

① 底烧横管立式炉。如图 2-61 所示，其传热方式与条式炉相似，只是在造型上采用了立式炉的特点。其结构设计为：炉管布置在两侧壁上，而中间部分则布置一列底烧的燃烧器，烟气由辐射室经对流室和烟囱一直上行。其燃烧器的能量较小，数量较多，间距较小，从而在加热炉中央形成一道火焰膜，以增强辐射传热效果。当今使用的立式炉多数采用这一形式。

② 附墙火焰立式炉。如图 2-62 所示，这种立式炉炉膛中有一道火墙，火焰附墙而上，把墙壁烧红，从而增加了炉膛内热辐射体的辐射面积，提高炉管的受热强度。从辐射传热效果而言，它比底烧横管立式炉传热均匀。同时，中央火墙将辐射室分为两室，因此每室可各走一路油品，可以分别调节温度。

图 2-61　底烧横管立式炉　　　图 2-62　附墙火焰立式炉　　　图 2-63　环形管立式炉

③ 环形管立式炉。如图 2-63 所示，这种加热炉的内部结构是用多根 U 形炉管把火焰包围起来，因而适用于炉管路数多且要求管内压力降小的场合。当加热炉的热负荷增大时，可设计成图 2-64 所示的由两个甚至三个 U 形管组成的结构。

④ 立管立式炉。如图 2-65 所示，这是我国首创的炉型。该炉型的炉管沿墙直立排列，因而与横管立式炉相比，可节省大量的高铬镍材料的管架，同时又保留了立式炉的优点，常作为大热负荷加热炉的炉型。

⑤ 无焰燃烧炉。如图 2-66 所示，这种炉型属于单排管双面辐射炉型。无焰燃烧炉的侧壁装有许多小能量的气体无焰燃烧器，使整个侧壁成为均匀的辐射墙面，因而有优越的加热均匀性，并可分区调节温度，它是乙烯裂解和烃类蒸气转化最合适的炉型之一。但是其造价昂贵，若用于纯加热工艺上非常不经济。另一缺点是该炉型只能烧气体燃料。

（3）圆管炉

① 螺旋管式炉、纯辐射式炉。这种炉型主要应用在加热炉热负荷很小、效率要求不高的场合，其结构最简单，造价也最便宜。

图 2-67 所示为螺旋管式炉，其炉管盘绕成螺旋状。它虽属于立式炉型，但由于螺旋管的开角不大，因而其管内特性更接近于水平管，管内物料能完全排空，且管内流体阻力较小。这种加热炉的主要优点是便于制造，被加热介质通常只在一连续的螺旋管内流动，即管程数为 1。

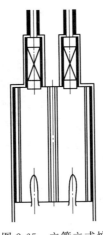

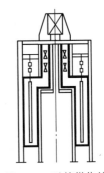

图 2-64　多个环形管立式炉　　　　图 2-65　立管立式炉　　　　图 2-66　无焰燃烧炉

图 2-68 所示为纯辐射式炉，该炉膛内没有设置对流室，燃烧器安放在炉底，炉管沿炉墙直立排成一圈。这种加热炉结构简单，重量较轻，但热效率低。

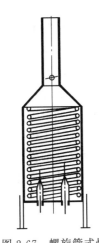

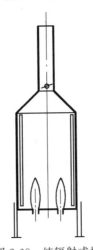

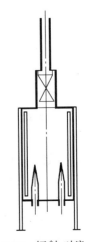

图 2-67　螺旋管式炉　　　　图 2-68　纯辐射式炉　　　　图 2-69　辐射-对流式炉

② 辐射-对流式炉。如图 2-69 所示，是普遍采用的炉型。其结构特点是在辐射室的顶部增设了水平管式对流室，采用钉头管和翅片管，故热效率较高。其制造及施工简单、造价低，是管式加热炉中应用最广泛的炉型。但该炉型不适合用于大型炉的结构，其原因是放大之后的炉膛内部过于空旷，导致炉膛体积发热强度急剧下降。为了克服这一缺点，最好的方法是在炉膛内增添炉管，以提高炉膛内部空间的利用率。

（4）大型方炉

图 2-70 所示为大型方炉，这种加热炉用两排炉管把炉膛分成若干小间，每间内设置一或两个大容量高强燃烧器。炉膛可以沿两个方向进行分隔，称为十字交叉分隔法。该炉型在结构设计时通常是把对流室单独设置在地面上，把几台加热炉的烟气用烟道汇集起来，然后送进一个公共的对流室或废热锅炉。这种加热炉结构简单，节省占地，便于回收余热，容易实现多炉集中排烟，减轻大气污染。该炉型是专为超大型加热炉而开发的。

2.4.1.2.2　按用途分类

管式加热炉按用途可大致分为以下几类。

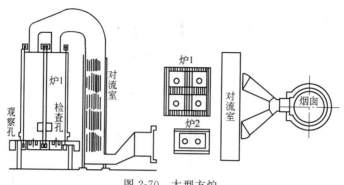

图 2-70　大型方炉

（1）炉管内进行化学反应的加热炉

这种加热炉的管内发生吸热化学反应。按复杂程度来讲，它代表了加热炉技术的最高水平。属于这种加热炉的有两种：炉管内装有催化剂，如烃类蒸气转化炉；炉管内不装催化剂，如乙烯裂解炉。无论是哪一种，它不仅要求从炉内取热，而且要满足各段管道化学反应及正常运行的各种条件，如温度、压力、流量和热输入量等。

（2）加热液体的加热炉

① 管内无相变化，是单纯的液体加热炉。这种炉子只把工艺液体加热到其沸点以下（如温水加热、液相载热体加热等），它加热的终温低，管内结焦的腐蚀也小，操作容易。

② 炉管入口为液相、出口为气液混相的加热炉。这种工况多数出现在炼油过程中，此时往往要求被加工的流体以气、液混相的状态进入蒸馏塔等。在全部的工艺加热炉中，它的数量最大。其关键的参数是吸热量、汽化率、压力降和温度等。

③ 管子进口为液相、出口全部气化的加热炉。这种加热炉是反应器的进料加热炉，它把液体完全汽化，并加热至一定温度，然后送入后续反应器中。由于反应器的操作条件在运转期间将随催化剂活性而发生变化，故这种加热炉的操作温度和压力等也往往变化很大，必须掌握操作规律，以防止裂解和结炭发生。

（3）气体加热炉

这种加热炉主要用于水蒸气的过热和工艺气体的预热。它是纯气相，多在较高温度下操作，因而在一般情况下结焦的可能性不大。该炉型在结构设计上要注意的是当气体量很大时，炉管的路数很多，应保证各路气体流动均匀、防止偏流。

（4）加热混相流的加热炉

这种加热炉常用于加氢精制、加氢裂化等装置的反应器进料加热。由于管内流体从加热炉的入口端起就是气、液混相，故与上述纯气体加热炉相比更难保证各路流量的均匀。在使用中更要重视管径、管内质量流速、盘管道数的影响，以及管内流动状态的判断等技术。

2.4.2　废热锅炉

化工生产中的能耗很大，如何提高能量的有效利用率是化工生产中的一个重要问题。无论从企业生存、技术进步、行业发展还是国家战略、国际竞争哪个角度看，都必须持续推进节能降耗。GB 21344—2015《合成氨单位产品能源消耗限额》对不同原料生产合成氨的能耗给出了限定值，对新建企业提出了更严格的准入值，还给出了先进值，提出了节能管理、节能技术等，就是从多方面入手继续降低能耗。

影响能量有效利用率的因素是多方面的，从技术上看，其中主要原因之一是由于工序间操作条件的改变，部分能量在工艺物料的降温、降压过程中释放出来，从而成为"废热"和"废功"。如果这部分热量散失于周围环境中，不仅浪费了大量的能量，而且对环境的热污染也非常严重。因而这部分"废热"和"废功"必须进行回收。

化工生产中最常用最简单的方法就是利用锅炉来回收工艺物流中的余热，生产蒸气。通常这种回收余热生产蒸气的锅炉称为废热锅炉，也称为余热锅炉。

废热锅炉较早用来产生一些低压蒸气，回收的热量有限，只是作为生产的一般辅助性设备。随着生产技术的发展，废热锅炉的参数逐渐提高，废热锅炉由生产低压蒸气的工艺锅炉转变为生产高压蒸气的动力锅炉。废热锅炉在整个装置中已逐渐成为动力源，其运行状况直接关系到整个生产过程，甚至已经利用高压蒸汽发电且并入电网。因此，在这种情况下，废热锅炉往往成为整个装置不可分割的关键性设备之一。生产过程对于废热锅炉的依赖性也日益增大，人们对废热锅炉的重视程度也相应地增加。GB 21344—2015 中就有一条：推广热电联产，提高热电机组的利用率。

2.4.2.1 废热锅炉分类

在废热锅炉中进行的是热量传递的过程，因此废热锅炉的基本结构也是一个具有一定传热表面的换热设备。但是由于化工生产中，各种工艺条件和要求差别很大，因此化工用的废热锅炉结构类型也是多种多样的。

（1）按炉管位置分类

按照炉管是水平还是垂直放置，废热锅炉可以分为卧式和立式两大类。

① 卧式锅炉大都采用火管式，即管内走高温工艺气体，而管外走饱和水和水蒸气。这种锅炉的特点是管内清扫灰垢特别方便，而且结构也比较简单。但是这种锅炉的蒸发量小，蒸汽压力低，水侧循环速度慢，传热速率也较低，通常用于中、小型废热锅炉。

② 立式锅炉通常比卧式锅炉水循环速度快，传热速率较高，蒸汽空间也比较大，因此这种锅炉蒸发量大。在大型化工装置中，当回收热负荷较多、蒸汽压力较高的情况下，通常采用立式水管锅炉。

（2）按压力分类

按照锅炉操作压力的大小，废热锅炉可以分为低压、中压和高压三大类。

通常把蒸汽压力在 2.5MPa 以下的称为低压废热锅炉，其容量较小，一般不超过20t/h。蒸汽压力在 2.5～6.0MPa 范围内的称为中压废热锅炉。蒸汽压力在 6.0MPa 以上的称为高压废热锅炉。

（3）按结构和工艺用途分类

① 按照炉管的结构形式不同，废热锅炉可以分为列管式、U 形管式、刺刀管式、螺旋盘管式以及双套管式等。

② 按照生产工艺或使用的场合不同，废热锅炉可以分为重油气化废热锅炉、乙烯生产裂解气急冷废热锅炉及合成氨前置式、中置式或后置式废热锅炉等。

2.4.2.2 废热锅炉结构

化工厂里常用的废热锅炉形式有固定管式、U 形管式、烟道式及螺旋管式等。

（1）固定平管板式废热锅炉

这种结构的废热锅炉内部结构与固定管板式换器的结构基本相同，通常采用卧式，管内是高温工艺气体，而管外是饱和水和水蒸气。锅炉的两块平管板直接焊于壳体上，管束由炉

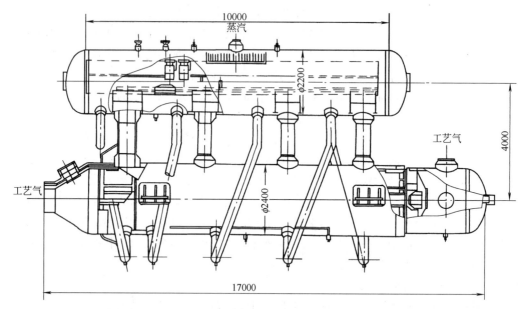

图 2-71　固定平管板式废热锅炉

管及中心旁通管组成。中心旁通管的作用是调节高温气出口温度。中心管出口端有调节阀，开启调节阀相当于使部分高温气体短路，废热锅炉的排气温度可随之提高。

饱和水由下降管导入壳体下部并在壳程内流动，汽、水混合物由壳体上部通过上升管进入汽包。由于循环系统阻力较小，汽包往往可以直接搁置于锅炉上面，结构比较紧凑，如图 2-71 所示。

高温工艺气从进口分配箱进入炉管，为了保护进口分配箱和进口管板避免超温过热，在进口分配箱和进口管板上都衬有耐火材料。这种废热锅炉通常可用于以天然气为原料生产合成氨的二段转化炉后，回收转化气中的余热。

（2）U 形管式废热锅炉

U 形管式废热锅炉为直立水管式锅炉，从外形上看上小下大，外部几何形状像个酒瓶，其基本结构如图 2-72 所示。

① 高压管箱。锅炉壳体分为高压和中压两部分，管板以上的管箱部分承受高压，管板以下的壳体部分承受中压。

锅炉顶部为半球形封头，是高压管箱的组成部分，管箱内用隔板分隔为上下两部分。汽包中的高压饱和水通过下降管从半球形封头上的接管进入上管箱。在进入管的入口处装有导向板和均布板，导向板和均布板的作用是把水均匀地分布到各 U 形管的入口中去。水在 U 形管内受热沸腾后，汽、水混合物从 U 形管的另一侧上升汇聚到下管箱中。下管箱的出口连接上升管并将汽、水混合物送到顶上的高位汽包中去。汽包标高 32m，这个高度用来保证自然循环所需的液位。

管箱壳体上开有人孔，供维护检修之用。管箱内部的分隔板上也同样开设一个内部人孔，以便检修时能从上管箱中进入到下管箱。这样，在锅炉中、小修时可以不必整体吊出管束。

② 管束。锅炉的管束由 U 形管和一块平管板组成。管板上侧有一圈凸缘与高压管箱壳体焊成一体，管板的外围兼作法兰。U 形炉管的两端用胀焊结合的方法固定在管板上。这种结构不仅可以保证高压空间密闭性好，而且在大修时 U 形管束可随同高压管箱一起吊出，

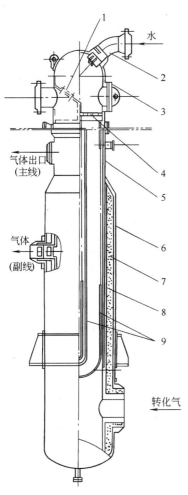

图 2-72　U 形管式废热锅炉

1—内人孔；2—进水管；3—人孔；4—进水均布板；

5—外壳上段；6—外壳下段；7—耐热层；

8—衬里；9—U 形管

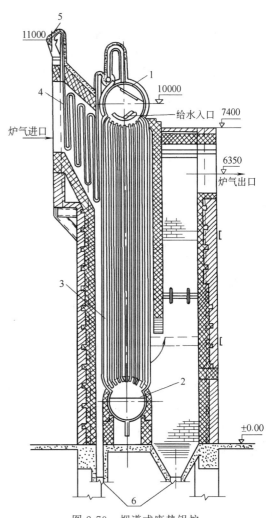

图 2-73　烟道式废热锅炉

1—上汽包；2—下汽包；3—管束；4—过热器；

5—过热器出口联箱；6—出灰口

便于清洗或检修。

③ 中压壳体。由二段转化炉出来的高温工艺气体，从壳体的下部侧向进入壳体，与炉管换热后从上部出去。为了防止壳体过热，壳体下段内侧衬有高铝低硅的耐火水泥和低铁绝热水泥。壳体上段由于排气温度较低，没有耐火混凝土衬里，壳体外部没有水夹套。为了保护耐火水泥衬里以及便于管束的装拆，在耐火水泥的表面上衬有衬套，以防止高温气流的冲刷或机械损伤。

壳体底部为了避免高温气体在进入壳程后发生偏流，留出了一段空间作为缓冲区。缓冲区的作用在于降低气流速度，消除气体的入口动能，从而达到使气体在 U 形管间均匀分布的目的。缓冲区内也可以安装气体分布器以进一步均布气流。

壳体中部装有调节温度用的副线出口，通过这个出口可以使部分高温气体短路，从而达到调节转化气出口温度的目的。这种废热锅炉能产生压力为 10MPa 的高压蒸汽，用于一些年产 30×10^4 t 合成氨等装置中。

（3）烟道式废热锅炉

① 基本结构。烟道式废热锅炉与普通燃烧锅炉很类似，其结构如图 2-73 所示。它是双汽包自然循环式废热锅炉，整个管束放在用耐火砖砌成的气室内。高温工艺气在气室内流动时扫过传热管束，使管束内的饱和水受热后产生蒸汽。汽、水混合物沿管束上升进入上汽包，并分离出其中的蒸汽，然后饱和水重新沿不受热的下降管进入下汽包，从而构成一个自然循环的循环回路。

这种废热锅炉的操作压力为 3.5～3.7MPa，过热蒸汽温度为 350℃，锅炉出口处的排气温度为 450℃。这种废热锅炉除了采用自然循环方式外也可采用强制循环方式。

② 主要特点。烟道式废热锅炉主要用于硫酸生产中，采用这种结构形式的原因是高温气体具有以下一些特点：炉气的压力低于大气压（负压），因此即使砖砌的气室密封不严，也不会有高温气的漏损；高温炉气中含有大量二氧化硫和三氧化硫等腐蚀性气体，一旦冷凝下来将对金属产生严重腐蚀；高温炉气中含有大量矿尘，从沸腾焙烧炉出来的炉气的含尘量高达 200～250g/m³，对金属会造成严重的磨损；硫铁矿焙烧后产生的高温气体温度高达 800～900℃。

这种废热锅炉除了用于硫酸生产中矿料焙烧后的炉气冷却、一氧化碳燃烧气冷却等以外，在动力、冶金、陶瓷等工业中也有应用。

（4）螺旋管式废热锅炉

这种废热锅炉的炉管不是直管束，而采用了螺旋管，其结构如图 2-74 所示。高温工艺气体从锅炉的底部进入螺旋管，在螺旋管中传递热量，将管外的锅炉给水加热为蒸汽，经降温后的工艺气体从锅炉的顶部排出；循环的饱和水从锅炉中心降下并获取热量，经过底部后由螺旋管的外侧上升，汽、水混合物从锅炉的顶部引出。

螺旋管式废热锅炉主要用于含有烟灰的高温工艺气体中，这种高温气体在直的锅炉管束中会引起烟灰的严重沉积，而沉积在管壁上的烟灰将降低传热效果并出现"局部热点"（指局部高温、超温区域）。采用螺旋管后，由于在管内可保持较高且比较均匀的气流速度，又没有死角，因此即使运行很长时间也不会发生烟灰沉积。螺旋管内少量灰垢的清洗，可采用蒸汽加喷钢砂。

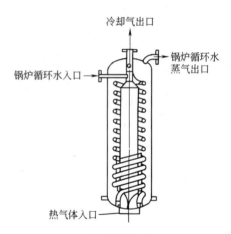

图 2-74　螺旋管式废热锅炉

螺旋管的结构类似于弹簧，能利用本身的挠曲变形来吸收管子与壳体间的热膨胀差，因此这种结构适用于压力较高、管壳之间热膨胀差较大的场合。螺旋管式废热锅炉大都用于重油裂化气的废热回收。

2.5　其他设备

2.5.1　蒸发设备

在化工生产过程中，蒸发是指将不挥发性物质的稀溶液加热沸腾，使部分溶液汽化，以提高溶液浓度的单元操作。从蒸发的过程来看，它是一个热量传递的过程。它可以完成以下三方面的操作：使溶液增浓，制取浓溶液，如电解法制烧碱；回收固体溶质，制取固体产品，如蔗糖、食盐的精制；除去不挥发性物质，制取纯净溶剂，如海水的淡化（就是利用蒸发的方法，将海水中的不挥发性杂质分离出去，制成淡水）。进行蒸发的设备称为蒸发器。

2.5.1.1　蒸发器的基本结构

蒸发器是一种特殊类型的换热器，由加热室和分离室两部分组成，如图 2-75 所示。

（1）加热室

加热室内装有直立的管束作为加热管，一般情况下用水蒸气作为加热介质，从壳程通过，在加热室外壁装有蒸汽入口管和冷凝水排出管。蒸汽中的不凝性气体应及时排除。当蒸汽压力高于大气压时，可间歇地将排气管与大气相通来排除不凝性气体；当蒸汽压力低于大气压时，可将排气管与分离室或真空装置相通来排除不凝性气体。

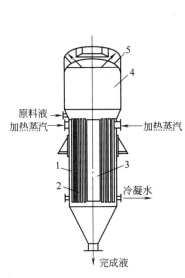

图 2-75　蒸发器的基本结构
1—外壳；2—直管加热室；3—中央循环管；
4—分离室；5—除沫器

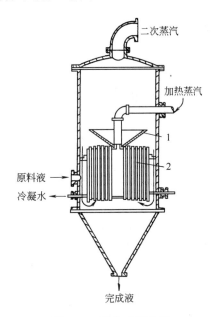

图 2-76　悬筐式蒸发器
1—除沫器；2—加热室

（2）分离室

分离室是蒸发器中溶液和蒸汽分离的空间。分离室的分离效率大小直接影响蒸发操作是否良好。若分离效率低，会造成产品损失，污染环境，堵塞通道。

2.5.1.2　蒸发器的类型

化工生产中常用的蒸发器的类型有以下几种。

（1）悬筐式蒸发器

如图 2-76 所示，加热室悬吊在蒸发器壳体下部中央，像一个吊着的筐。加热蒸汽从上部进入壳体内，并进入加热室的壳程。溶液在加热管内被加热后沸腾上升，出换热管后在除沫器部位进行气液分离，蒸汽从蒸发器顶部排出，溶液沿着加热室外壁与蒸发器壳体内壁之间的环行通道下降回流。由于蒸发器外壳接触的是循环溶液，其温度比加热蒸汽低，故外壳温度较低，热量损失较小。这种蒸发器检修方便，但装置复杂，金属消耗量较大，常用来处理易结晶的溶液。

（2）外加热式蒸发器

如图 2-77 所示，它的特点是把管束较长的加热室与蒸发室分开，中间以管道连接，这样一方面降低了整个设备的高度，另一方面也加快了溶液的自然循环速度。

（3）强制循环式蒸发器

强制循环式蒸发器的结构如图 2-78 所示。蒸发器内的溶液依靠泵的作用，沿着一定的方向强制循环，故溶液的循环速度大，传热效率高，生产强度大大提高。在生产任务相同的条件下，蒸发器的传热面积较小。这种蒸发器主要用于黏度较大或易析出结晶的溶液的处理，它的缺点是动力消耗较大。

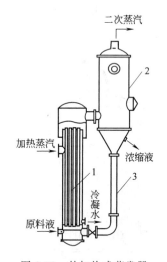

图 2-77 外加热式蒸发器

1—加热室；2—分离室；3—循环管

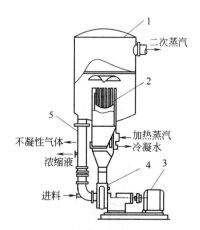

图 2-78 强制循环式蒸发器

1—分离室；2—加热室；3—电动机；
4—泵；5—循环管

对于热敏性物料，上述蒸发器的使用效果不好，原因是溶液在设备内的停留时间过长，容易发生分解或变质。解决方法是加强加热蒸发效率，缩短热敏性溶液在蒸发器中的停留时间。经过多年研究开发和使用验证，目前国内外已广泛采用先进高效的膜式蒸发器，如升膜式、降膜式、刮板式等各种膜式蒸发器，其特点是溶液在加热管壁（或壳壁）上呈薄膜状，因此传热效率高，蒸发速度快（几秒至数十秒），溶液只需经过一次加热管，不用循环。

2.5.2 干燥设备

利用加热除去固体物料中水分或其他溶剂的单元操作，称为干燥。生产中所提到的干燥如不特别说明，即指固体干燥。干燥是化工生产中经常使用的一种去湿的单元操作，它的主要作用有：保证产品质量，固体产品的一项重要指标就是含水量，为达到这项指标，就要进行有效的干燥处理；有些工序要求物料干燥后方可加工，如染料工艺中的拼混工序，因而干燥为下一道工序提供符合要求的物料。

2.5.2.1 干燥设备的分类

按照加热方式的不同，干燥设备（又称为干燥器）可分为以下四类。

① 对流干燥器：其特点是气流与物料直接接触加热，如厢式干燥器、气流干燥器、沸

腾干燥器、喷雾干燥器、转筒干燥器等。

②传导干燥器：其特点是通过固体壁面加热，如真空耙式干燥器、滚筒干燥器等。

③辐射干燥器：其特点是以辐射方式将热量传给物料，如红外线干燥器。

④介电加热干燥器：其特点是物料在高频电场内被加热，如微波干燥器。

2.5.2.2 常用干燥器介绍

（1）厢式干燥器

厢式干燥器是常压间歇干燥操作经常使用的典型设备。通常，小型的称为烘厢，大型的称为烘房。厢式干燥器的结构如图 2-79 所示，在外壁绝热的干燥室 1 内有一个带多层支架的小车 2，每层架上放料盘。空气从干燥室的右上角引入，在与空气预热器 4 相遇时被加热。空气按箭头方向从盘间和盘上流过，最后从右上角排出。空气预热器 5、6 的作用是在干燥过程中继续加热空气，使空气保持一定温度。为控制空气湿度，可将一部分吸湿的空气循环使用。

厢式干燥器的优点是结构简单，制造容易，操作方便，适用范围广。由于物料在干燥过程中处于静止状态，特别适用于不允许破碎的脆性物料。缺点是间歇操作，干燥时间长，干燥不均匀，人工装卸料，劳动强度大。尽管如此，它仍是中、小型企业普遍使用的一种干燥器。

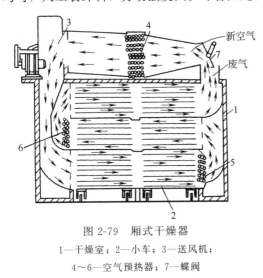

图 2-79 厢式干燥器

1—干燥室；2—小车；3—送风机；
4～6—空气预热器；7—蝶阀

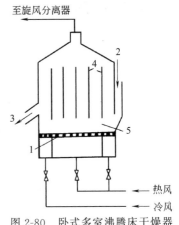

图 2-80 卧式多室沸腾床干燥器

1—多孔分布板；2—加料口；3—出料口；
4—挡板；5—物料通道

（2）沸腾床干燥器

沸腾床干燥器的工作原理是热气流以一定的速度从沸腾干燥器的多孔分布板底部送入，均匀地通过物料层，物料颗粒在气流中悬浮，上下翻动，形成沸腾状态，气固之间接触面积很大，传质和传热速率显著增大，使物料迅速、均匀地得到干燥。

沸腾床干燥器分为立式和卧式两类，立式又有单层和多层之分。现简单介绍较常用的卧式多室沸腾床干燥器（图 2-80）。该干燥器外形为长方形，器内用挡板分隔成 4～8 室，挡板下端与多孔分布板之间有一定间隙，使物料可以逐室通过，最后越过出口堰板排出。由于热空气分别通到各室内，可以根据各室含水量的不同来调节需用的热空气量，使各室的干燥程度保持均衡。

沸腾床干燥器中的物料在干燥器内停留的时间较长，停留时间可以调节，热效率高，干燥快，干燥程度高；空气流速较小，物料磨损较轻；设备高度低，造价也较低。它主要适用于处理颗粒状物料（粒径 0.003～6mm），对易黏结、成团的和含水量较高、流动性差的物料不适合。

（3）喷雾干燥器

当被干燥物料不是固体颗粒状湿物料，而是含水量（质量分数）为75％～80％的浆状物料或乳浊液时，就要采用喷雾干燥。喷雾干燥器（图2-81）用喷雾器将液状的稀物料喷成细雾滴分散在热气流中，使水分迅速蒸发来达到干燥的目的。操作时，高压的浆料从喷嘴呈雾状喷出，由于喷嘴随同十字管转动，雾状浆料较均匀地分布于干燥室中，热空气从干燥室的上端进入，把汽化的水分带走，经过滤器回收所带的粉状物料后，从废气排出管排出。干燥物料下降后由螺旋输送器（卸料器）送出。

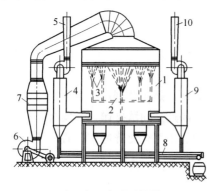

图 2-81　喷雾干燥器

1—操作室；2—旋转十字管；3—喷嘴；
4，9—袋式过滤器；5，10—废气排出口；
6—送风机；7—空气预蒸器；8—螺旋卸料器

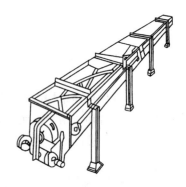

图 2-82　长槽搅拌连续式结晶器

喷雾干燥器的优点是干燥时间极短，特别适用于牛奶、蛋粉、洗涤剂、染料、抗菌素等热敏性物料，并可从料液中直接获得粉末状产品，省去了蒸发、结晶、分离等过程；其操作稳定，可连续生产，便于实现自动化。但此种设备容积较大，耗能大，热效率较低。

此外，真空耙式干燥器和滚筒干燥器也曾被广泛使用，但已逐步被各种新型干燥器所替代。

2.5.3　结晶设备

结晶是指使溶于液体中的固体溶质从溶液中析出的单元操作。它在化工生产中的应用主要是分离和提纯，它不仅能从溶液中提取固体溶质，而且能使溶质与杂质分离，提高纯度。结晶操作的主要设备是结晶器，常用的结晶器主要有以下几种。

（1）长槽搅拌连续式结晶器

长槽搅拌连续式结晶器也称带式结晶器，以半圆形底的长槽为主体，槽外装有夹套冷却装置，槽内装有低速带式搅拌器，如图2-82所示。热而浓的溶液由结晶槽进入并沿槽沟流动，在与夹套中的冷却水逆向流动过程中实现过饱和并析出结晶，最后由槽的另一端排出。该结晶槽生产能力大，占地面积小，但机械传动部分和搅拌部分结构繁琐，冷却面积受到限制，溶液过饱和度不易控制。它适于处理高黏度的液体。

（2）循环式蒸发结晶器

循环式蒸发结晶器能控制晶粒度的大小，循环式蒸发结晶器有多种，较常用的为真空蒸发-冷却型循环式结晶器。图2-83所示的循环式蒸发结晶器就是常用的一种类型，它具有蒸发与冷却同时作用的效果。原料液经外部换热器预热之后，在蒸发器内迅速被蒸发，溶剂被抽走，同时起到制冷作用，使溶液迅速进入亚稳区内而析出结晶。

（3）真空结晶器

真空结晶器的原理是结晶器中热的饱和溶液在真空绝热条件下溶剂迅速蒸发，同时吸收溶液的热量使溶液的温度下降。这样，既除去了溶剂又使溶液冷却，很快达到过饱和而结晶。这种结晶器有间歇式和连续式两种，图 2-84 所示为连续式真空结晶器。料液从进料口连续加入，晶体与部分母液用泵连续排出，循环泵迫使溶液沿循环管均匀混合，并维持一定的过饱和度。蒸发后的溶剂自结晶器顶部抽出，在高位槽冷凝器中冷凝。双级蒸汽喷射泵的作用是使冷凝器和结晶器内处于真空状态。

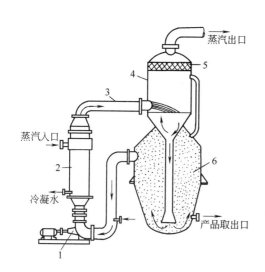

图 2-83　循环式蒸发结晶器
1—循环泵；2—加热室；3—回流管；4—蒸发室；
5—网状分离器；6—晶体生长段

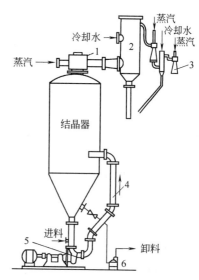

图 2-84　连续式真空结晶器
1—蒸汽喷射泵；2—冷凝器；3—双级蒸汽喷射泵；
4—循环管；5—循环泵；6—卸料泵

（4）釜式结晶器

釜式结晶器的结构与搅拌反应釜几乎相同，可以说是将搅拌反应釜这种设备应用于结晶操作（其实搅拌反应釜还可以用于混合、溶解、蒸发等单元操作中）。

 阅读材料

与化工设备工作时相关联的"热"

各种化工设备和管路阀门都是在化工生产过程中，或者说在工艺流程中担任着一定的"职责"，完成着自己特定的"任务"，并且，在其完成工作任务的过程中都是与温度变化、热量传递相互关联的。例如，换热器、加热炉、废热锅炉的主要功能就是传递热量；反应设备以及塔设备、蒸发器、干燥器等分离设备，在完成主要工作任务的过程中大多具有热量传递需求和功能；在一定温度下工作的化工管道和阀门，也要有良好的保温措施，以防止热量（冷量）的消耗。

可见，化工生产中的传热过程是很多的，有效利用生产中的各种热量，防止热量损耗，多回收"废热"，不但能够提高经济效益，还能节省能量，有利于环境保护。化工企业的"提质增效"、"升级换代"就是采用先进的生产技术、生产工艺，在工艺流程设计的时候就要充分考虑

技术先进，包括对热量的充分利用；在设备设计与选择时采用先进技术，使用先进设备，并在制造安装中确保达标；在生产运行过程中还可以根据生产流程的实际运行情况进行技术改造、技术革新，包括进一步提升热能回收和利用效率。另外，也需要我们在生产操作过程中，充分关注设备运行时与热量相关联的任务，做好这部分与"热"相关的结构与功能的维护，提升热量传递效率，使设备的传热功能得到充分发挥。

化工生产中的"热"不断地作用于化工设备，有摄氏几百度、零下几十度的，更有 1000℃以上和 −180℃以下的，这些温度下的"热"必须由化工设备所用的材料和结构来承受，就是说化工设备及其材料必须长年累月在这种极端温度下经受考验。

2.6　化工管道

化工生产中所用的各种管道总称为化工管道，它是化工生产装置中不可缺少的一部分。化工管道的功用是按工艺流程把各个化工设备和机器连接起来，以输送各种介质，如高温、高压、低温、低压、有爆炸性、可燃性、毒害性和腐蚀性的介质等。因此，化工管道种类繁多。化工管道由管子、管件、管道附件和阀门等零部件组成。管道组成以及各种机械通用件、常用装置都已有国家标准或行业标准，应当严格遵循。

2.6.1　化工用管的种类

2.6.1.1　金属管的种类

在石油化工生产中，金属管占有相当大的比例，常用的金属管介绍如下。

（1）有缝钢管

有缝钢管可分为水煤气钢管和电焊钢管两类。

① 水煤气钢管。其一般用普通碳素钢制成，按其表面质量分为镀锌管和不镀锌管两种。镀锌的水煤气管习惯上称为白铁管，不镀锌的习惯上称为黑铁管。按管壁厚度又可分为普通的、加厚的和薄壁的三种。它主要应用在水煤气管道上，所以称为"水煤气管"（水煤气管是水管、煤气管的统称）。

② 电焊钢管。它是用低碳薄钢板卷成管形后电焊而成的。电焊钢管按焊缝形式不同有直焊缝和螺旋焊缝两种。直焊缝主要用于压力不大和温度不太高的流体管道，螺旋焊缝主要用于煤气、天然气、冷凝水管道。石油输送管道多采用螺旋焊缝电焊钢管。

（2）无缝钢管

无缝钢管按制造方法不同，主要有热轧无缝钢管和冷拔无缝钢管两类。无缝钢管的品种和规格很多，根据它的材质、化学成分和力学性能及其用途，又可分为普通无缝钢管、石油裂化用无缝钢管、化肥用高压无缝钢管、锅炉用高压无缝钢管、不锈耐酸无缝钢管等。无缝钢管强度高，主要用在高压和较高温度的管道上或作为换热器和锅炉的加热管。在酸、碱强腐蚀性介质管道上，可采用不锈耐酸无缝钢管。

无缝钢管用"ϕ 外径×壁厚"来表示。例如，ϕ108×5 表示外径为 108mm，厚度为 5mm。

（3）铸铁管

铸铁管可分为普通铸铁管和硅铁管两种。

① 普通铸铁管。它是用灰铸铁铸造而成的，主要用于埋在地下的给水总管、煤气总管、污水管等，它对泥土、酸、碱具有较好的耐腐蚀性能。但它的强度低、脆性大，所以不能用

于压力较高或有毒、爆炸性介质的管道上。

② 硅铁管。它可分为高硅铁管和抗氯硅铁管两种。高硅铁管能抵抗多种强酸的腐蚀，它的硬度高，不易加工，受振动和冲击易碎。抗氯硅铁管主要能够抵抗各种温度和浓度盐酸的腐蚀。

（4）紫铜管和黄铜管

紫铜管和黄铜管主要用于制造换热器或低温设备，因为它们的热导率大，低温时力学性能好，所以深度冷冻和空分设备广泛采用。拉制紫铜管的最大外径为 360mm，挤制的最大外径为 280mm，管壁厚 5～30mm，管长 1～6m。当工作温度高于 523K 时，紫铜管和黄铜管都不宜在介质压力作用下使用。在低温时它们确有较好的力学性能，因此深度冷冻的管道则采用紫铜管或黄铜管。

（5）铝管

铝管有纯铝管和铝合金管两种，主要用于浓硝酸、乙酸、甲酸等的输送管道上，它们不耐碱的腐蚀。工作温度高于 433K 时，不宜用于压力管道。

（6）铅管

铅管质软、相对密度大，加入锑 8％～10％ 可制成硬铅管，它能耐硫酸腐蚀，所以主要用于硫酸管道上。但是在安装时，管外壁必须有保护的托架，并且支承装置的间距不能太大，以防管子由于自重下垂而变形。

2.6.1.2　非金属管

（1）塑料管

常用的塑料管为硬聚氯乙烯塑料管，它是以聚氯乙烯为原料，加入增塑剂、稳定剂、润滑剂等制成的热塑型塑料管。它易于加工成型，加热到 403～413K 时即成柔软状态，利用不同形状的模具便可压制成各种零件。它具有可焊性，当加热到 473～523K 时，即变为熔融状态，用聚氯乙烯焊条就能将它焊接，操作比较容易，冷却后能保持一定强度。硬聚氯乙烯管可用在压力 0.49～0.588MPa 和温度 263～313K 的管道上，耐酸、碱的腐蚀性能较好。

（2）玻璃钢管

玻璃钢管以玻璃纤维及其制品（如玻璃布、玻璃带、玻璃毡）为增强材料，以合成树脂（如环氧树脂、呋喃树脂、聚酯树脂等）为黏结剂，经过一定的成型工艺制作而成。它主要用于酸、碱腐蚀性介质的管道，但不能耐氢氟酸、浓硝酸、浓硫酸等的腐蚀。

（3）耐酸陶瓷管

耐酸陶瓷管的耐腐蚀性能很好，除氢氟酸外，输送其他腐蚀性物料均可采用它，但它承压能力低，性脆易碎，只能采用承插式连接或将管端做出凸缘用活套法兰进行连接。

（4）橡胶管

橡胶管的特点是能耐酸、碱腐蚀，但不能耐硝酸、有机酸和石油产品。由于是软管，一般不用于永久性连接，而是用于临时性连接和挠性连接，如与液体运输槽车、轮船的管道连接，煤气管、水管的连接等。现在，聚氯乙烯软管已经在许多场合取代了橡胶管。

2.6.2　管件

化工管道除了采用焊接的方法连接外，一般均采用管件连接，如改变管道的方向和管径大小以及管道的分支和汇合，都必须依靠管件来实现。管件的种类和规格很多，按其材质和用途可分为三种类型：水煤气管件、电焊钢管、无缝钢管和有色金属管件、铸铁管件。

（1）水煤气管件

水煤气管件通常采用"可锻铸铁"（白口铁经可锻化热处理）制造而成，要求较高时也可采用铸钢制作。水煤气管件都有标准，通常在市场上直接购买使用，如直通（管接头）、弯头、三通、堵头、活接头等（表2-2）。

表 2-2　水煤气管件的种类与用途

种　类	用　途	种　类	用　途
内螺纹管接头	俗称"内牙管、管箍、束节、管接头、死接头"等。用以连接两段公称直径相同的管子	异径三通	可以由管中接出支管，改变管道方向和连接三段公称直径相同的管子
外螺纹管接头	俗称"外牙管、外螺纹短接、外丝扣、外接头、双头丝对管"等。用以连接两个公称直径相同的具有内螺纹的管件	等径三通	俗称"T形管"。用于接出支管，改变管道方向和连接三段公称直径相同的管子
活管接头	俗称"活接头"等。用以连接两段公称直径相同的管子	等径四通	俗称"十字管"。可以连接四段公称直径相同的管子
异径管	俗称"大小头"。可以连接两段公称直径不相同的管子	异径四通	俗称"大小十字管"。用以连接四段具有两种公称直径的管子
内外螺纹管接头	俗称"内外牙管、补心"等。用以连接一个公称直径较大的具有内螺纹的管件和一段公称直径较小的管子	外方堵头	俗称"管塞、丝堵、堵头"等。用以封闭管道
等径弯头	俗称"弯头、肘管"等。用以改变管道方向和连接两段公称直径相同的管子，它可分为40°和90°两种	管帽	俗称"闷头"。用以封闭管道
异径弯头	俗称"大小弯头"。用以改变管道方向和连接两段公称直径不同的管子	锁紧螺母	俗称"背帽"等。它与内牙管联用

（2）电焊钢管、无缝钢管和有色金属管的管件

这类管件包括弯头、法兰和垫片、螺栓等。

弯头有压制弯头和焊制弯头两种，目前多数情况采用压制弯头。对于大直径的中、低压管没有压制弯头，则采用焊制弯头（俗称虾米腰），一般在安装现场焊制。

（3）铸铁管件

铸铁管件有弯头、三通、四通、异径管等。多数采用承插或法兰连接，高硅铸铁管因易碎常将管端制成凸缘，用对开松套法兰连接。

（4）其他管件

其他管件有使用较多的塑料管件、适用于特殊场合的耐酸陶瓷管件等。

2.6.3 化工管道的连接

管件的用途是连接管道。为了方便对各种不同压力和管径的管道进行连接，需要有一个共同遵守的准则。经过长期实践，形成了我国化工管道压力和直径的标准系列，这就是公称压力和公称直径，见表 2-3 和表 2-4。化工管道中的管子、管件、阀门等构件，都有各自所适用的公称压力和公称直径，要按照公称压力和公称直径进行选用。

表 2-3 管子、管件的公称压力   MPa

0.05	1.00	6.30	28.00	100.00
0.10	1.60	10.00	32.00	125.00
0.25	2.00	15.00	42.00	160.00
0.40	2.50	16.00	50.00	200.00
0.60	4.00	20.00	63.00	250.00
0.80	5.00	25.00	80.00	335.00

表 2-4 管子、管件的公称直径   mm

1	4	8	20	40	80	150	225	350	500	800	1100	1400	1800	2400	3000	3600
2	5	10	25	50	100	175	250	400	600	900	1200	1500	2000	2600	3200	3800
3	6	15	32	65	125	200	300	450	700	1000	1300	1600	2200	2800	3400	4000

2.6.3.1 化工管道的公称压力和公称直径

（1）公称压力

公称压力用 PN 表示，如 $PN1.6$ 表示公称压力为 1.6MPa。管道实际工作时的最高工作压力应小于或等于公称压力，才能保证安全。其中碳钢材料管道构件在不同温度下允许的最大工作压力见表 2-5（表中的试验压力是用试验来检验其强度和密封性时使用的压力）。

表 2-5 碳钢管子、管件的公称压力和不同温度下的最大工作压力

公称压力 /MPa	试验压力（用低于 100℃的水）/MPa	介质工作温度/℃						
		200	250	300	350	400	425	450
		最大工作压力/MPa						
		p^{200}	p^{250}	p^{300}	p^{350}	p^{400}	p^{425}	p^{450}
0.10	0.20	0.10	0.10	0.10	0.07	0.06	0.06	0.05
0.25	0.40	0.25	0.23	0.20	0.18	0.16	0.14	0.11
0.40	0.60	0.40	0.37	0.33	0.29	0.26	0.23	0.13
0.60	0.90	0.60	0.55	0.50	0.44	0.38	0.35	0.27
1.00	1.50	1.00	0.92	0.82	0.73	0.64	0.58	0.43
1.60	2.40	1.60	1.50	1.30	1.20	1.00	0.90	0.70
2.50	3.80	2.50	2.30	2.00	1.80	1.60	1.40	1.10
4.00	6.00	4.00	3.70	3.30	3.00	2.80	2.30	1.80
6.30	9.60	6.30	5.90	5.20	4.70	4.10	3.70	2.90

公称压力 /MPa	试验压力(用低于 100℃的水)/MPa	介质工作温度/℃						
		200	250	300	350	400	425	450
		最大工作压力/MPa						
		p^{200}	p^{250}	p^{300}	p^{350}	p^{400}	p^{425}	p^{450}
10.00	15.00	10.00	—	8.20	7.20	6.40	5.80	4.30
16.00	24.00	16.00	14.70	13.10	11.70	10.20	9.30	7.20
20.00	30.00	20.00	18.40	16.40	14.60	12.80	11.60	9.00
25.00	35.00	25.00	23.00	20.50	18.20	16.00	14.50	11.20
32.00	43.00	32.00	29.40	26.20	23.40	20.50	18.50	14.40
40.00	52.00	40.00	36.80	32.80	29.20	25.60	23.20	18.00
50.00	62.50	50.00	46.00	41.00	36.50	32.00	29.00	22.50

（2）公称直径

公称直径用 DN 表示，如 $DN150$ 表示公称直径为 150mm。往往公称直径既不是管子的外径也不是内径，而是接近管子内径的整数，例如，$\phi159 \times 5$ 是外径 159mm、内径 149mm 的无缝钢管，其公称直径是 150mm。

2.6.3.2　化工管道的连接方法

对于一定公称压力和公称直径的化工管道，除了使用合适的管子以外，还需要采用合适的连接方法、选用合适的管件进行连接。主要连接方法有螺纹连接、焊接、法兰连接和承插连接等几种。

（1）螺纹连接

螺纹连接也称丝扣连接，只适用于公称直径不超过 65mm、工作压力不超过 1MPa、介质温度不超过 373K 的热水管道，公称直径不超过 100mm、公称压力不超过 0.98MPa 的给水管道；也可用于公称直径不超过 50mm、工作压力不超过 0.196MPa 的饱和蒸汽管道；此外，只有在连接带螺纹的阀件和设备时，才能采用螺纹连接。螺纹连接时，一般采用聚四氟乙烯填料帮助密封，效果较好。

（2）焊接

焊接是长管道、高压管道连接的主要形式，一般采用气焊、手工电弧焊、手工氩弧焊、埋弧自动焊、埋弧半自动焊、接触焊（热熔焊）和气压焊等。在施工现场焊接碳钢管道，常采用气焊或手工电弧焊。电焊的焊缝强度比气焊的焊缝强度高，并且比气焊经济，因此应优先采用电焊连接。只有公称直径小于 80mm、壁厚小于 4mm 的管子才用气焊连接。塑料管道常采用热熔焊。

（3）法兰连接

法兰连接（图 2-85）在石油、化工管道中应用极为广泛，特别是需要经常拆卸或车间不允许动火时，必须使用法兰连接。它的优点是强度高、密封性能好、适用范围广及拆卸、安装方便。为了适应各种情况下的管道连接，管法兰及其垫片有许多种，早已有国家标准，可在市场上购买。

① 管法兰。国家标准中有铸铁法兰、铸钢法兰、铸铁螺纹法兰、平焊钢法兰、对焊钢法兰、平焊松套钢法兰、对焊松套钢法兰和卷边松套法兰等多种。

② 垫片。管法兰所用垫片种类很多，包括非金属垫片、半金属垫片和金属垫圈。石油

化工管道的管法兰最常用的垫片有石棉板、橡胶石棉板、金属包石棉垫片、缠绕式垫片、齿形垫片和金属垫圈等。垫片的选择主要根据管内压力、温度、介质的性质等综合分析后确定，与法兰种类及密封面形式相一致。在选择法兰时就应该同时确定垫片的种类。

③ 螺栓、螺母。压力不大的管法兰（$PN \leqslant 2.45\text{MPa}$），一般采用半精制螺栓和半精制六角螺母；压力较高的管法兰应采用光双头螺栓和精制六角螺母。

中、低压管道常采用平焊法兰，高压管道则常采用对焊法兰或对焊松套法兰，有色金属管道则采用卷边松套法兰。法兰密封面形式有光滑式、凹凸式、榫槽式、梯形槽式和透镜式。低压时采用光滑密封面，压力较高时则采用凹凸密封面。通常采用的垫片为非金属软垫片。高压管道连接常采用平面形和锥面形两种连接法兰：平面形要求密封面必须光滑，采用软金属（铝、紫铜等）作垫片；锥面形的端面为光滑锥形面，垫片为凸透镜式，用低碳钢制成。

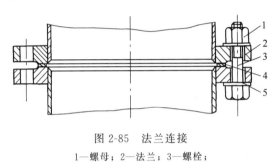

图 2-85　法兰连接　　　　　　　　　　图 2-86　承插连接
1—螺母；2—法兰；3—螺栓；　　　　　1—插口；2—沥青层；3—石棉水泥或铅；
4—垫片；5—垫圈　　　　　　　　　　4—油麻绳；5—承口

（4）承插连接

在化工管道中，以前输水的铸铁管多采用承插连接。现在承插连接更多用于塑料管路，图 2-86 所示的承插连接主要应用在压力不大的上、下水管道。承插连接时，插口和承口接头处留有一定的轴向间隙，在间隙里填充密封填料。

（5）其他连接

在水管路中，钢塑复合管常用沟槽连接，PPR 管等可以用热熔连接，PVC 管等可以用承插加粘接剂连接。

2.7　阀　　门

阀门是化工管道上控制介质流动的一种重要附件，其主要作用有：切断或沟通管内流体流动的启闭作用；改变管内流量、流速的调节作用；使流体通过阀门后产生很大压力降的节流作用。还有一些阀门能根据一些条件自动启闭、控制流体流向、维持一定压力、阻气排水或其他作用。有专门的生产厂家，按照一定标准生产各种类型和规格的阀门，主要规格是公称压力（PN）和公称直径（DN）。

（1）截止阀

截止阀是化工生产中使用最广的一种截断类阀门，它利用阀杆升降带动与之相连的圆形盘（阀头），改变阀盘与阀座间的距离控制阀门的启闭和开度。为了保证关闭严密，阀盘与阀座应研磨配合，阀座用青铜、不锈钢等材料制成，阀盘与阀杆应采用活动连接，这样可保证阀盘能正确地落在阀座上，使密封面严密贴合。

根据连接方式不同，截止阀有螺纹连接和法兰连接两种。根据阀体结构形式不同，又分为标准式、流线式、直线式和角式几种。流线式截止阀阀体内部呈流线状，其流体阻力小，目前应用最多（图2-87）。

截止阀结构较复杂，但操作简便、不甚费力，易于调节流量和截断通道，启闭缓慢无水锤现象，故使用较为广泛。截止阀安装时要注意流体流向，应使管道流体由下向上流过阀座口，即"低进高出"，目的是减小流体阻力，使之开启省力；在关闭状态下阀杆、填料函部分不与介质接触，保证阀杆和填料函不致损坏和泄漏。

截止阀主要用于水、蒸汽、压缩空气及各种物料的管道，可较精确地调节流量和严密地截断通道，但不能用于黏度大、易结焦、含悬浮和结晶颗粒料介质的管道。

（2）闸阀

闸阀又称闸板阀或闸门阀，其结构如图2-88所示，它是通过闸板的升降来控制阀门的启闭，闸板垂直于流体流向，改变闸板与阀座间相对位置即可改变通道大小，闸板与阀座紧密贴合时可阻止介质通过。为了保证阀门关闭严密，闸板与阀座间应研磨配合，通常在闸板和阀座上镶嵌耐磨耐蚀的金属材料（如青铜、黄铜、不锈钢等）制成的密封圈。

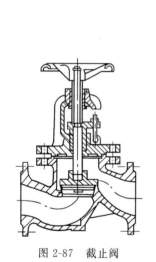

图2-87　截止阀

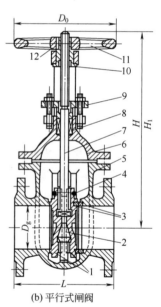

(a) 楔式闸阀

1—楔式闸板；2—阀体；3—阀盖；
4—阀杆；5—填料；6—填料压盖；
7—套筒螺母；8—压紧环；9—手轮；
10—键；11—压紧螺母

(b) 平行式闸阀

1—平行式的双闸板（圆盘）；2—楔块；3—密封圈；
4—铁箍；5—阀体；6—阀盖；7—阀杆；
8—填料；9—填料压盖；10—套筒螺母；
11—手轮；12—键或紧固螺钉

图2-88　闸阀（明杆式）

闸阀具有流体阻力小、介质流向不变、开启缓慢无水锤现象和易于调节流量等优点；缺点是结构复杂、尺寸较大、闸板的启闭行程较长、密封面检修困难等。闸阀可以手动开启，也可以电动开启，在化工厂应用较广，适用于输送油品、蒸汽、水等介质。由于闸阀在大直径给水管道上应用较多，故又有水门之称。闸阀适用公称压力为0.1～2.5MPa，公称直径为15～1800mm。

（3）蝶阀

蝶阀利用一可绕轴旋转的圆盘来控制管道的通断，转角大小反映阀门的开启程度。

　　根据传动方式不同蝶阀分为手动、气动和电动等三种，图 2-89 所示为手动蝶阀，旋转手柄通过齿轮传动带动阀杆，转动杠杆和松紧弹簧打开或关闭阀门。蝶阀安装时应使介质流向与阀体上所示箭头方向一致，这样介质的压力有助于提高阀门关闭时的密封性，有些蝶阀则不需注意方向性。蝶阀具有结构简单、开闭较迅速、流体阻力小、维修方便等优点，但不能精确调节流量，不能用于高温、高压场合，适用于 $PN<1.6\mathrm{MPa}$，$t<120℃$ 的大口径水、蒸汽、空气、油品等管道。

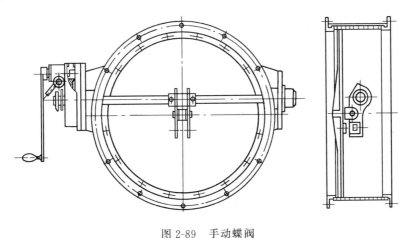

图 2-89　手动蝶阀

（4）球阀

　　球阀的结构如图 2-90 所示，但是其启闭件为带一通孔的球体，球体绕阀体中心线旋转达到启闭目的。

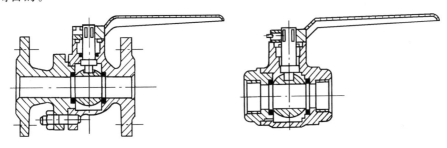

图 2-90　球阀

　　球阀操作方便，启闭迅速，流体阻力小，密封性好，适用于输送低温、高压及黏度较大、含悬浮和结晶颗粒的介质，如水、蒸汽、氮气、氢气、氨、油品及酸类。由于受密封材料的影响，球阀不宜用于高温管道。

（5）旋塞阀

　　旋塞阀（俗称考克），与球阀是同类型的阀门，其结构如图 2-91 所示。其阀芯是一个带孔的锥形柱塞，利用锥形柱塞绕中心线旋转来控制阀门的启闭，它主要作启闭、分配和改向用。

　　旋塞阀具有结构简单、启闭迅速、操作方便、流动阻力小等优点，但密封面的研磨修理较困难，大直径旋塞阀启闭阻力较大。旋塞阀适用于输送 150℃ 和 1.6MPa（表）以下的含悬浮物和结晶颗粒液体、黏度较大的物料、压缩空气或废蒸汽与空气混合物的管道，$DN<20\mathrm{mm}$；不可用于精确调节流量，输送蒸汽及高温、高压的其他液体管道。

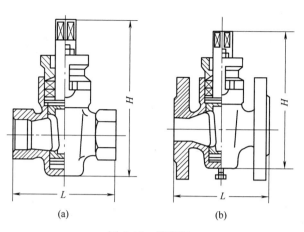

(a)　　　　　　　　　　(b)

图 2-91　旋塞阀

（6）止回阀

止回阀是利用阀前后介质的压力差实现自动启闭，控制介质单向流动的阀门，又称止逆阀或单向阀。止回阀按结构不同分为升降式（跳心式）和旋启式（摇板式）两种，如图 2-92 所示。

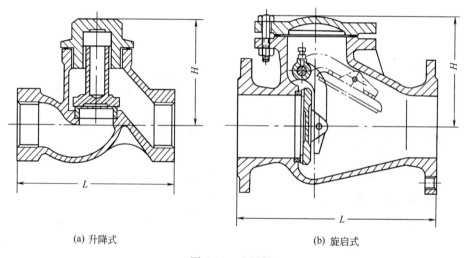

(a) 升降式　　　　　　　　　　(b) 旋启式

图 2-92　止回阀

止回阀可用于泵和压缩机的管道上，也可用于疏水器的排水管上，以及其他不允许介质反向流动的管道上。

（7）节流阀

节流阀又称为针形阀，其结构如图 2-93 所示。它与截止阀相似，只是阀芯有所不同。截止阀的阀芯为盘状，节流阀的启闭件为锥状或抛物线状。

节流阀的特点：启闭时，流通截面的变化比较缓慢，因此它比截止阀的调节性能好，但调节精度不高；流体通过阀芯和阀座时，流速较大，易冲蚀密封面；密封性较差，不宜作隔断阀。节流阀适用于温度较低、压力较高的介质和需要调节流量和压力的管道上。

（8）安全阀

安全阀是一种根据介质压力自动启闭的阀门。当介质压力超过规定值时，它能自动开启阀门排放卸压，避免设备管道遭受破坏，压力恢复正常后又能自动关闭。

根据平衡内压的方式不同，安全阀分为杠杆重锤式和弹簧式两类，如图 2-94 所示。

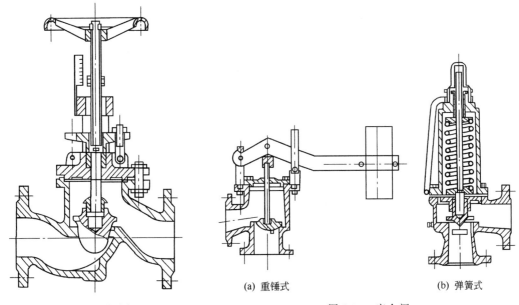

图 2-93　节流阀　　　　　　　(a) 重锤式　　　　(b) 弹簧式

图 2-94　安全阀

安全阀主要设置在受内压设备和管道上（如压缩空气、蒸汽和其他受压力气体管道等），为了安全起见，一般在重要的地方都安装两个安全阀，防止有安全阀出故障不工作。为了防止阀盘胶结在阀座上，应定期地将阀盘稍稍抬起，用介质来吹洗安全阀，对于热的介质，每天至少吹洗一次。

此外，化工管道上还常用减压阀，其作用是降低设备和管道内介质压力，使之成为生产所需的压力，并能依靠介质本身的能量，使出口压力自动保持稳定；蒸汽设备或管道中常见的一种阀门称为疏水阀，其作用是能自动间歇地排除冷凝水，而又能防止蒸汽泄出，故又称阻汽排水器或疏水器。

化工管道中的阀门种类繁多，结构各异，作用也不尽相同。在选用阀门时，应根据具体的设备或工艺管道的具体要求，进行选择和配备。

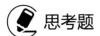 **思考题**

1. 化工生产对换热设备有哪些要求？
2. 列管式换热器有哪几种类型？其中管子与壳体之间无温差应力的换热器有哪几种？
3. 固定管板式列管换热器管、壳之间易产生温差应力，为什么在现实中应用还较为广泛？
4. 管子与管板之间的连接通常有三种方式，试比较这三种方式各自的优缺点。
5. 折流板有何作用？它可分为哪几类？
6. 板式塔由哪几部分组成？试说明各主要组成部分的作用。
7. 试比较泡罩塔、浮阀塔和筛板塔三种板式塔的优缺点。
8. 填料塔的溢流装置由哪几部分组成？各部分有何作用？
9. 填料塔由哪几部分组成？它与板式塔在结构上有何区别？
10. 试述填料的种类及其运用情况。

11. 试述喷淋装置的种类及各自的优缺点。

12. 试述搅拌反应釜的组成及各主要组成部分的功用。

13. 反应釜的传热装置有哪些？各应用在什么情况之下？

14. 搅拌器有哪些形式，各适用于何种反应情况？

15. 除了课本介绍的几种反应容器外，你还知道哪些反应类容器，试举例说明并讨论。

16. 加热炉在化工生产上有何作用？它可以分为哪几类？

17. 管式加热炉由哪几部分组成？各部分有何作用？

18. 废热锅炉在化工生产中的应用有何经济意义？

19. 废热锅炉可分为哪几类，并作说明。

20. 试说明蒸发器的作用、种类及其应用情况。

21. 试说明干燥器的作用、种类及其应用情况。

22. 试说明结晶器的作用、种类及其应用情况。

23. 管道的连接有哪几种方法，试分别说明。

24. 化工管道的连接有哪几种方法？它们有何不同？

25. 试述常用阀门的种类及其在化工管道上的应用情况。

26. 试述常用阀门的工作原理和结构。

3

化工运转设备与传动

📚 **学习目标**

　　① 认识有哪些化工运转设备，了解泵、压缩机等化工运转设备的作用、特点和类型。

　　② 了解简单机械传动系统的一般组成，明确功率、效率、传动比的含义。

　　③ 理解"高效节能"、技术进步与机械传动效率的关系。

　　④ 了解常见机械传动的主要特点，了解轴、轴承、键、螺栓、联轴器、减速器等常见机械构件或装置。

　　化工生产和所有过程工业的生产过程一样，必须对所处理的流程性物料进行输送，以及对各种生产单元进行操作，如搅拌、混合、粉碎、分离、加压等。这些过程都需要用到机械传动装置，或者设备本身就是运转机械。在化工生产的后续包装线上，还会出现液压传动和气压传动。

3.1　概　　述

3.1.1　机械传动的概念

　　在化工生产中，为了达到物料的输送、分离、破碎或增加物料的能量等目的，广泛采用各种机器。例如，带式运输机是一种物料输送机器，必须启动它的机械传动装置才能实现物料输送。其机械传动示意图如图 3-1 所示。

　　在电动机驱动下，小带轮 1 依靠摩擦力驱动 V 带运行，并带动大带轮 2 连同传动轴 I 和小齿轮转动；再通过大、小齿轮的啮合，由大齿轮 2 带动传动轴 II 和滚筒转动；又依靠滚筒与输送带的摩擦力驱动运输带运动，从而实现固体物料的移动。

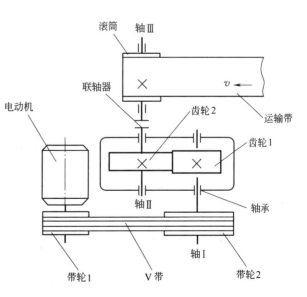

图 3-1　带式运输机传动示意

在上述带式运输机中，由电动机提供机械能，即提供机器动力的来源，电动机称为原动机，输送带直接运载物料完成预定的工作任务，是工作机。V带及带轮、齿轮及传动轴和联轴器等是把电动机输出的运动和动力传递给工作机的中间环节，称为机械传动系统。一台完整的机器，主要由动力机、工作机和传动系统组成。

我国机械行业是中国成为世界著名制造大国的重要组成部分，各种机械传动及其连接构件、连接方式都有相应的国家标准。因此，涉及机械问题，就应当有标准意识，遵循标准，即能互换、通用，适应大工业发展水平，提升协作能力，提高效率。

3.1.2　机械传动的作用

① 改变原动机输出的转速和动力的大小以满足工作机的要求。

② 把原动机输出的运动形式转变为工作机所需要的运动形式（如将旋转运动改变为直线运动或反之）。

如果原动机的工作性能完全符合工作机的要求，传动系统可省略，可将原动机和工作机直接连接，如电动机通过联轴器可直接驱动离心泵。

3.1.3　机械传动的种类

常用的机械传动按工作原理可分为两大类：

$$\text{机械传动}\begin{cases}\text{摩擦传动}\begin{cases}\text{V带传动[图3-2(a)]}\\\text{平带传动[图3-2(b)]}\end{cases}\\\text{啮合传动}\begin{cases}\text{同步带传动[图3-2(c)]}\\\text{链传动[图3-2(d)]}\\\text{齿轮传动[图3-2(e)]}\\\text{蜗杆传动[图3-2(f)]}\end{cases}\end{cases}$$

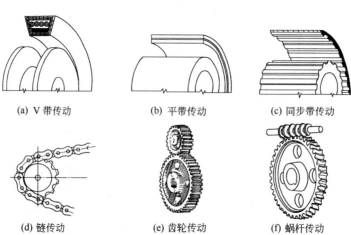

| (a) V带传动 | (b) 平带传动 | (c) 同步带传动 |
| (d) 链传动 | (e) 齿轮传动 | (f) 蜗杆传动 |

图 3-2　机械传动的类型

这些机械传动组成的传动系统及用到的可外购零件，都有国家标准。

3.1.4　机械传动的功率、效率与传动比

机械传动的工作能力可以用传递的功率、传动的效率和传动比表示。

（1）功率和效率

由于机械传动中会有能量损耗，所以工作机的工作功率 P_w 会比原动机的功率 P_0 小，即两者的比值 P_w/P_0 是小于 1 的（该比值越接近 1，说明传动的效率越高）。用 η 表示机械传动系统的总效率，则有

$$\eta = \frac{P_w}{P_0}$$

传动系统的总效率包括带传动的效率、齿轮传动的效率、轴承的效率和联轴器的效率等。总效率为系统中各种传动效率的连乘积，即

$$\eta = \eta_b \eta_g \eta_c \eta_r^2$$

在选择电动机时，应取电动机的额定功率 P_m 等于或略大于电动机的输出功率 P_0，以保证电动机不会过热。通常取 $P_m = (1 \sim 1.3)P_0$。

（2）传动比

当机械传动传递转动时，主动件的转速 n_1（或 ω_1）和从动件的转速 n_2（或 ω_2）之比称为传动比，用 i 表示，即 $i = \dfrac{n_1}{n_2} = \dfrac{\omega_1}{\omega_2}$。

当传动比 $i > 1$ 时为减速传动，i 值越大则机械传动降低转速的能力越强；当传动比 $i < 1$ 时为增速传动，i 值越小则机械传动提高转速的能力越强。

在图 3-1 中，机械传动系统由带传动和齿轮传动两级传动组成。

设电动机轴的转速为 n_m，小带轮 1 的转速为 n_1，大带轮 2 的转速为 n_2，齿轮 1 的转速为 n_3，齿轮 2 的转速为 n_4，滚筒的转速为 n_w。

根据传动比的定义，带传动的传动比为

$$i_b = \frac{n_1}{n_2}$$

齿轮传动的传动比为

$$i_g = \frac{n_3}{n_4}$$

系统总传动比为

$$i = \frac{n_m}{n_w}$$

又由于

$$n_m = n_1, \quad n_2 = n_3, \quad n_4 = n_w$$

即

$$i_b = \frac{n_m}{n_2}, \quad i_g = \frac{n_2}{n_w}$$

于是有

$$i_b i_g = \frac{n_m}{n_2} \times \frac{n_2}{n_w} = \frac{n_m}{n_w} = i$$

由此可见，传动系统总传动比等于系统内各级传动比的乘积。

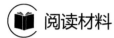阅读材料

高效节能、技术进步与机械传动效率

机械传动效率主要是指利用机械方式传递动力和运动的传动效率。其分为两类：一是靠机件间的摩擦力传递动力的摩擦传动效率；二是靠主动件与从动件啮合或借助中间件啮合传递动力或运动的啮合传动效率。同样是机械传动，包括皮带传动、链轮传动、齿轮传动，他们的机械效率都不相同。有检测资料显示，不同情况下的传动效率，圆柱齿轮 0.9～0.99，圆锥齿轮 0.88～0.98，带传动 0.9～0.98，链传动 0.93～0.97，摩擦轮 0.80～0.88。其中很好跑合的 6 级精度和 7级精度齿轮传动（稀油润滑）0.98～0.99，8 级精度的一般齿轮传动（稀油润滑）0.97，平带无压紧轮的开式传动 0.98，平带有压紧轮的开式传动 0.97，平带交叉传动 0.9，V 带传动 0.96。

各种机械传动的传动效率不同且在一定范围波动，除了各自的传动特性不同以外，主要是与各传动系统的技术状况有关，传动系统的技术状况与传动效率之间成正比关系。一般来说，传动系统的技术状况指传动系统的润滑状态、润滑剂的多少、零部件的磨损及老化程度等。传动系统的技术状况越好，则传动效率越高。传动系统的技术状况越差，传动效率则越低。

传动系统的技术状况取决于两个方面，一是需要足够的科研投入，包括人力物力的投入，以获得研究成果，获得科技进步。二是需要在使用过程中加强润滑，做好维护工作，确保传动系统始终处于良好的技术状况。而维持机械传动装置处于良好的技术状况，就是将传动效率提升到了波动范围的较高值，节约了运转能量。我们应当依靠技术进步和精心维护提升效率，追求"高效节能"。

3.1.5　机械传动系统的一般组成

在机械传动中，往往会有若干轴类零件。图 3-1 中有三根互相平行的轴（即轴Ⅰ、轴Ⅱ和电动机轴），轴上及其周围连接着若干个零件，共同完成机械传动任务。图 3-3 示出了图3-1 中安装在轴Ⅰ上的转动零件和轴周围不转动的几个零件的装配关系。

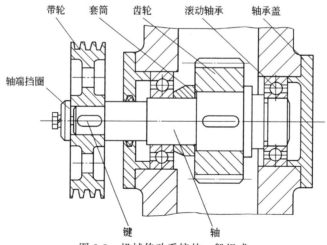

图 3-3　机械传动系统的一般组成

一般的机械传动系统由传动类零件、支承类零件、连接类零件和箱体四大部分组成。传动类零件用于传递运动和动力，如齿轮、带及带轮等；支承类零件用于支承传动零件，如轴

和轴承等；连接类零件用于将两个及两个以上零件连接成一个整体，如键、联轴器等；箱体用来支承和固定传动零件，为传动零件提供密封的工作空间。

轴是组成机器的核心零件，它的作用是支承旋转零件并传递运动和"转矩"（指运动时的力矩）。为了保证所支承的零件正常工作，轴要有足够的强度和刚度。为了便于轴上零件的装拆、定位和固定，轴一般为圆柱形阶梯状，图3-3中的轴就是一根阶梯轴。

轴承用于支承轴并减少轴与支承的摩擦，以提高传动效率。根据轴与支承的摩擦性质，轴承分为滑动轴承和滚动轴承两种。滚动轴承较为常用，图3-3中的轴承就是滚动轴承。

3.2 常见机械传动

3.2.1 带传动

（1）带传动的工作原理

如图3-4所示，简单的带传动由小带轮1、大带轮2和紧套在带轮上的传动带3所组成。输入运动的小带轮1称为主动轮，被驱动的大带轮2称为从动轮。

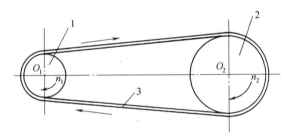

M3-1 带传动
类型与特点

图 3-4 带传动示意
1—小带轮；2—大带轮；3—传动带

传动带呈封闭的环形，以一定的张紧力紧套在两带轮上，使传动带与带轮的接触面之间产生正压力。主动轮转动时，依靠传动带与带轮之间的静摩擦力，使传动带随主动轮运动；传动带又依靠与从动带轮之间的静摩擦力，使从动轮转动，从而将主动轴上的运动和动力传递给从动轴，实现了带传动。

（2）带传动的种类

常见的带传动如图3-5所示。以V带和平带使用最多，由于楔面摩擦产生的静摩擦力大于平面摩擦的摩擦力，所以V带的承载能力高于平带。由于同步齿形带和针孔带是啮合传动，因此具有较高的承载能力。

（3）带传动的传动比

带传动的传动比是指主动带轮与从动带轮转速之比，即

$$i = \frac{n_1}{n_2}$$

对于啮合带传动，两带轮的圆周速度 v_1 和 v_2 相等，即

$$v_2 = v_1$$

而 $\quad v_1 = \dfrac{\pi d_1 n_1}{60 \times 1000}, \quad v_2 = \dfrac{\pi d_2 n_2}{60 \times 1000}$

故传动比为
$$i = \frac{n_1}{n_2} = \frac{\dfrac{v_1 \times 60 \times 1000}{\pi d_1}}{\dfrac{v_2 \times 60 \times 1000}{\pi d_2}} = \frac{d_2}{d_1}$$

即
$$i = \frac{n_1}{n_2} = \frac{d_2}{d_1}$$

式中 n_1、n_2——主动轮、从动轮的转速，r/min；

d_1、d_2——主动轮、从动轮的计算直径，mm。

从式中可以清楚地看出转速比和轮径比的关系。

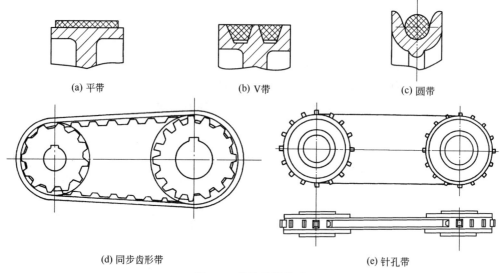

(a) 平带   (b) V带   (c) 圆带

(d) 同步齿形带   (e) 针孔带

图 3-5   常见的带传动

对于摩擦带传动，没有运转时，绕过带轮的皮带两端的拉力相同；运转时，皮带两端的拉力一端增大一端减小，而皮带有弹性则会有弹性变形，因此绕过带轮的皮带会因为拉力大小变化而产生与带轮表面之间的相对滑动，这种少量的滑动称为弹性滑动。当不计弹性滑动时，传动比与啮合传动相同。当考虑皮带与带轮之间的弹性滑动时，则 $v_2 \neq v_1$，传动比 i 略有增大，但难以固定，故带传动的传动比不是恒定的。

（4）带传动的特点

带传动的优点如下。

① 由于带有弹性，所以在传动中能缓和冲击，吸收振动，使带传动工作平稳，无噪声。

② 由于带传动依靠摩擦力传动，因此当传递的负荷过大（超载）时，带会在带轮上打滑，从而避免电动机被烧坏或其他零件的损坏。这说明带传动具有"过载保护"功能。

③ 带传动可以用在两传动轴中心距较大的场合。

④ 带传动结构简单，维护方便，容易制造，成本低廉。

带传动的缺点如下。

① 带传动不能保证固定的传动比。

② 带传动不适合用在高温、易燃、易爆的场合，这一点在化工生产中尤其要注意。

③ 带传动外部尺寸大。

④ 带传动的使用寿命较短。

⑤ 由于带与带轮存在弹性滑动，带传动的效率较低（0.90～0.94）。

带传动的使用范围：由于带传动的效率和承载能力较低，故不适合用于大功率传动，带传动的功率一般小于50kW（但也有应用到100kW的），带的工作速度一般为5～25m/s。

3.2.2　链传动

（1）链传动的组成与特点

如图3-6所示，链传动由主动链轮1、从动链轮2和链条3组成。依靠链轮与链条的啮合传递运动和动力。

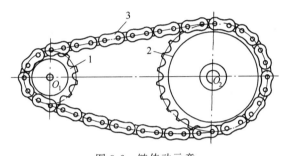

M3-2　链传动概述

图 3-6　链传动示意

1—主动链轮；2—从动链轮；3—链条

与带传动相比，链传动没有带传动的相对滑动，平均传动比准确，传动效率高，承载能力大；在相同工作条件下比带传动尺寸小；能在高温和有灰尘、水或油等恶劣环境中工作。与齿轮传动相比，从动链轮和链条的瞬间速度是变化的，传动平稳性差，高速时冲击和噪声较大；仅能用于两平行轴之间的传动。

由于链传动能在恶劣条件下工作，故在化工生产中获得广泛应用。链传动主要用于只要求平均传动比准确，且相距较远的平行轴之间的传动。一般其传递的功率小于100kW，传动比 $i \leqslant 6$，链速小于15m/s，中心距不超过8m，传动效率为0.95～0.97。

（2）链传动的种类与结构

链传动中最常用的是套筒滚子链和齿形链。套筒滚子链是标准件（图3-7），新标准是GB/T 1243—2019《短节距传动用精密滚子链和链轮》。它由外链板1、滚子2、销轴3、套筒4及内链板5组成。滚子链上相邻两滚子中心之间的距离称为链的节距，用 P 表示，它

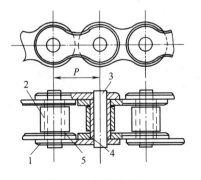

图 3-7　套筒滚子链

1—外链板；2—滚子；3—销轴；4—套筒；5—内链板

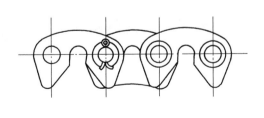

图 3-8　齿形链

是滚子链的主要参数。节距越大，链条零件尺寸越大，承载能力越大。

齿形链由一组齿形链板铰接而成，如图3-8所示。齿形链传动较平稳，噪声小，一般用于高速传动。齿形链也已标准化。

3.2.3 齿轮传动

（1）齿轮传动的种类与特点

如图3-9所示，两个齿轮相互啮合，其中一个齿轮的齿用力拨动另一个齿轮的齿，从而使另一个齿轮随之转动，这种传动就称为齿轮传动。齿轮传动的种类很多，可以根据齿轮的形状和工作条件进行分类。

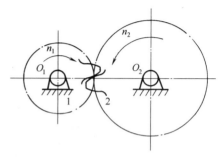

图3-9　齿轮传动示意

根据齿轮的形状，可分为以下几种类型。

① 圆柱齿轮传动。图3-10（a）～图3-10（d）所示为用于两平行轴间的传动；当需要将回转运动变为直线运动（或反之）时，可采用齿轮、齿条传动，如图3-10（e）所示；对两轴中心距离较小的，可采用内啮合传动，如图3-10（d）所示；当要求传动平稳、承载能力较大时，可采用图3-10（b）所示的斜齿圆柱齿轮和图3-10（c）所示的人字齿圆柱齿轮。最常用的是直齿圆柱齿轮，如图3-10（a）所示。

② 圆锥齿轮传动。如图3-10（f）所示，用于相交的两轴之间的传动。

③ 螺旋齿轮传动。如图3-10（g）所示，用于空间交叉的两轴之间的传动。

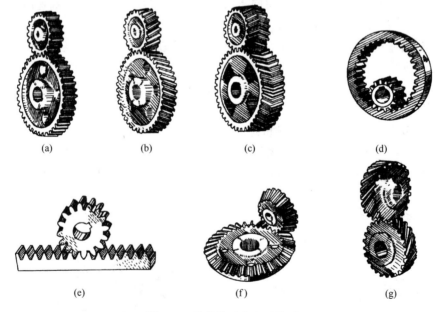

(a)　　　　(b)　　　　(c)　　　　(d)

(e)　　　　(f)　　　　(g)

图3-10　齿轮传动的主要类型

根据齿轮传动的工作条件，可分为以下几种类型。

① 开式齿轮传动。齿轮暴露在箱体之外，不能保证良好的润滑。这种齿轮传动，多用于低速或不太重要的场合。

② 闭式齿轮传动。齿轮轴和轴承都安装在封闭箱体内，润滑良好，安装精确。重要的齿轮传动都是闭式的。图 3-1 所示齿轮传动就是闭式齿轮传动。

（2）齿轮传动的特点及应用

与带传动、链传动相比，齿轮传动的优点如下。

① 能保证恒定的瞬时传动比，传递运动准确可靠。

② 传递的功率可以大到十几万千瓦，也可以很小；圆周速度最高可达 300m/s，也可以很慢。

③ 结构紧凑，体积小，使用寿命长。

④ 传动效率比较高，一般圆柱齿轮的传动效率可达 0.98。

齿轮传动也有缺点，主要有如下几条。

① 当两传动轴之间的距离较大时，若采用齿轮传动，在结构上就不如带传动和链传动简单。

② 遇到负载超过正常值时，不会像带传动那样自动打滑而保护机器免于损坏。

③ 齿轮制造成本较高，要用专用机床来加工。

（3）渐开线直齿圆柱齿轮各部分的名称和主要参数

齿轮轮齿的曲线形状有渐开线、圆弧、摆线等多种，目前应用最广泛的是渐开线齿形的齿轮。渐开线的形成如图 3-11 所示，当直线 n-n 沿圆 O 作纯滚动时，此直线上的一点（K）的轨迹（AK）就是该圆的渐开线。圆 O 的大小决定了渐开线的形状，圆越大则渐开线越平直；当圆半径趋近无穷大时，渐开线成为直线（即齿条齿廓）。

现仅以渐开线直齿圆柱齿轮为例，介绍齿轮的各部分名称和主要参数。

① 关于圆的名称。在圆柱齿轮上，齿顶圆柱面与端面的交线称为齿顶圆，其直径用 d_a 表示，半径用 r_a 表示（图 3-12）；齿根圆柱面与端面的交线称为齿根圆，其直径用 d_f 表示，半径用 r_f 表示；人为地规定一个圆作为度量齿轮尺寸的基准圆，称为分度圆，其直径用 d 表示，半径用 r 表示。

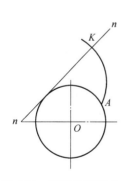

图 3-11　渐开线的形成

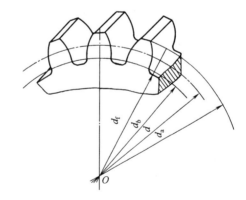

图 3-12　标准直齿圆柱齿轮各部分名称

② 关于齿的名称。在圆柱齿轮的端面上，相邻两齿同侧齿廓之间在分度圆上的弧长称为分度圆齿距（简称齿距），用 p 表示。齿距又分为齿厚 s 与槽宽 e 两部分，即 $p=s+e$。轮齿的个数称为齿数，用 z 表示。齿顶圆与齿根圆之间的径向距离称为齿高，用 h 表示（其中齿顶圆与分度圆之间的径向距离称为齿顶高，用 h_a 表示；齿根圆与分度圆之间的距离称为齿根高，用 h_f 表示）。

③ 中心距。相啮合的平行齿轮轴的轴线之间的距离为中心距，用 a 表示。

④ 模数。在分度圆上，分度圆周长为 πd，也可以表示为 pz，即 $\pi d=pz$，所以 $d=$

zp/π，但式中包含无理数 π。为了不使 d 为无理数，以便于设计、制造和检验，人为地规定 p/π 的值为标准值（取有理数），称为模数，用 m 表示，模数的单位是 mm。表 3-1 为国家标准 GB/T 1357—2008 规定的标准模数系列。

表 3-1　渐开线齿轮的标准模数系列　　　　　　　　　　　　mm

第一系列	1 1.25 1.5 2 2.5 3 4 5 8 10 12 16 20 25 32 40 50
第二系列	1.75 2.25 2.75 (3.25) 3.5 (3.75) 4.5 (6.6) 7 9 (11) 14 18 22 28(30) 36 45

注：第一系列为常用系列；括号内模数尽可能不用。

如图 3-13 所示，齿数相同的齿轮，模数越大，齿越大，因而能够承受的载荷也越大。所以，模数的大小是齿形大小的标志；在同样材料和制造工艺下，模数的大小还是承载能力大小的标志。

另外，由于模数相同时齿形大小相同，因而模数相同也是齿轮正确啮合的标志之一。所以，模数是齿轮尺寸计算和反映齿轮性能的重要参数。

⑤ 齿形角。渐开线齿轮啮合时，啮合点圆周运动的线速度方向为圆周切向，啮合点的受力方向（不计摩擦力时）是渐开线在啮合点的法向，这两个方向的夹角（锐角）称为齿形角 α。事实证明，由于渐开线的自身特性，使得渐开线齿轮从进入啮合到退出啮合，其齿形角均不变化。我国规定标准齿形角为 $20°$。

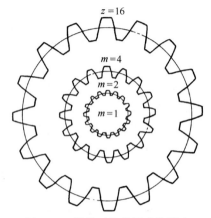

图 3-13　模数对齿轮尺寸的影响

模数与其他几何尺寸的关系列于表 3-2 中。

表 3-2　标准直齿圆柱齿轮的各部分尺寸计算公式

名　称	代　号	计　算　公　式
分度圆直径	d	$d = mz$
齿距	p	$p = \pi m$
齿顶高	h_a	$h_a = h_a^* m = m$（正常齿 $h_a^* = 1$）
齿根高	h_f	$h_f = (h_a^* + c^*)m = 1.25m$（正常齿 $c^* = 0.25$）
齿高	h	$h = h_a + h_f = 2.25m$
齿顶圆直径	d_a	$d_a = m(z+2)$
齿根圆直径	d_f	$d_f = m(z-2.5)$
齿厚	s	$s = \dfrac{p}{2} = \dfrac{\pi m}{2}$
槽宽	e	$e = \dfrac{p}{2} = \dfrac{\pi m}{2}$
中心距	a	$a = \dfrac{m}{2}(z_1 + z_2)$

（4）渐开线圆柱齿轮的正确啮合条件与传动比

① 正确啮合条件。只有两个齿轮的模数相等且齿形角相同时，才能正确啮合，即

$$m_1 = m_2 = m，\quad \alpha_1 = \alpha_2 = \alpha$$

② 传动比。设主动齿轮齿数为 z_1，转速为 n_1；从动齿轮齿数为 z_2，转速为 n_2，如图 3-9 所示。主动齿轮每转过一个齿，从动齿轮相应被拨过一个齿。每分钟两齿轮转过相同的齿数。因此有 $n_1 z_1 = n_2 z_2$，则有

$$\frac{n_1}{n_2} = \frac{z_2}{z_1}$$

故传动比为

$$i = \frac{n_1}{n_2} = \frac{z_2}{z_1}$$

也就是说，两个互相啮合的齿轮齿数确定后，齿轮传动的传动比就是定值。

（5）齿轮的失效与维护

齿轮在啮合过程中，由于载荷等作用，使轮齿发生轮齿折断、齿面损坏等现象，而使齿轮失去了正常工作的能力，称为失效。由于齿轮传动的工作条件和应用范围以及使用保养情况各不相同，齿轮可能发生多种不同形式的失效。

M3-3　齿轮传动的失效

① 齿面磨损。在开式齿轮传动中，由于润滑不良和轮齿齿面落上灰尘，会增加齿面的磨损，造成渐开线齿形被破坏，传动的平稳性和精度降低；且轮齿的整体强度下降，轮齿易折断。因此使用开式齿轮传动，要做润滑除尘工作。

② 齿面点蚀。在闭式齿轮传动中，当齿面较软，使用润滑油稀薄时，随着使用时间的增加，齿面上会产生细小的裂纹，齿啮合时润滑油挤入裂纹，使裂纹扩展，直至轮齿表面有小块材料剥落，形成小坑，这种现象称为点蚀（图 3-14）。齿面发生点蚀，会造成传动不平稳和噪声增大。因此，齿面材料要有足够的硬度，并使用规定黏度的润滑油。

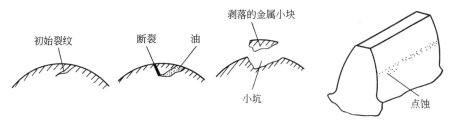

图 3-14　齿面点蚀

③ 齿面胶合。当承受重载时，由于齿面之间相互摩擦发热，而使两齿面啮合时互相黏着；分开时，较软的齿面材料被撕下，齿面形成撕裂沟痕，这种现象称为齿面胶合（图 3-15）。因此，重载下使用的齿轮齿面要有足够的硬度，要选用有抗胶合添加剂的润滑油。

④ 轮齿折断。无论是开式齿轮传动还是闭式齿轮传动，轮齿都有可能因为长期受载或短期过载以及不正常操作而发生折断（图 3-16），突然的断齿有时会造成重大事故。因此，轮齿要有足够的强度，使用时要严格按规程操作，以及采用过载保护装置等措施，以防突然断齿。

图 3-15　齿面胶合

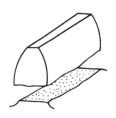

图 3-16　轮齿折断

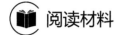

同步带传动

同步带传动早在 1900 年已有人研究并多次申请专利，由于同步带是一种兼有链、齿轮、V 带优点的传动零件，随着第二次世界大战后工业的发展而受到重视。1940 年由美国尤尼罗尔橡胶公司首先开发。1946 年，辛加公司把同步带用于缝纫机和缠线管的同步传动上，取得显著效益，并被逐渐引用到其他机械传动上。

我国自 20 世纪 60 年代引入同步带传动。在轻工机械、精密机械、高速大功率机械及具有特殊要求的机械上已广泛使用同步带传动。我国同步带传动已经标准化。

同步带传动由一根内周表面设有等距齿和封闭环形胶带及具有相应齿的带轮所组成，如图 3-2（c）所示。运转时，带的凸齿与带轮齿槽相啮合，来传递运动和转矩。与其他传动相比，同步带传动具有如下优点。

①工作时无滑动，有准确的传动比。

②由于同步带作无滑动的同步传动，故有较高的传动效率，一般可达 0.98。它与 V 带传动相比，有明显的节能效果。

③同步带传动的传动比一般可达 10 左右，而且在大传动比情况下，其结构比 V 带传动紧凑。

④由于同步带中承载带体采用伸长率很小的玻璃纤维、钢丝绳等材料制成，且不依赖摩擦力进行传动。故在传动过程中带伸长很小，不需经常调整张紧力。此外，同步带在运转中也不需要任何润滑，所以维护保养很方便，运转费用比 V 带、链、齿轮要低得多。

⑤在具有灰尘杂质、水及腐蚀介质的恶劣工作条件下，链条易生锈、磨损，V 带会打滑，而同步带传动却能适应这些条件。此外同步带有较高的耐腐蚀性和耐热性，在高温、有腐蚀气体情况下仍能正常工作。

同步带传动的缺点是安装要求较高，制造成本较高。目前一般工业用的梯形同步带最大传递功率可达 100kW，而新型的高转矩同步带传递功率已达 300kW 以上，最高线速度达到 50m/s，最大传动比达到 10。国家标准有 GB/T 13487—2017《一般传动用同步带》、GB/T 28774—2012《同步带传动　米制节距　梯形齿同步带》、GB/T 28775—2012《同步带传动　米制节距　梯形同步带轮》等。

3.3　机械传动的主要构件与连接

3.3.1　轴

转动是一种常见的运动形式，各种传动零件如齿轮、带轮和链轮等的转动都是通过轴来实现的。因此，轴是机械上的重要零件之一，主要用来传递旋转运动和动力，受力过大，轴将出现不应有的变形或者断裂。各种轴的受力情况是有区别的：汽车转向轴（图 3-17）只承受扭转作用；火车车厢的车轮轴（图 3-18）承受载荷后产生弯曲变形；而一般机器中的轴多数不仅要支承旋转零件，而且受到扭转作用和弯曲作用，如齿轮减速器中的轴（图 3-3）。无论哪一种轴，都要具有足够的强度和刚度，但又不能做得过于笨重，所以需要选用合适的材料和采用合适的制造方法，保证轴既有足够的强度和刚度，又能很好地满足工作需要。

从连接结构上看，轴的作用是支承和固定传动零件（如各种轮子），同时轴和传动零件一起转动。轴自身的支承和定位则用安装在机架（或机座）上的轴承来完成。

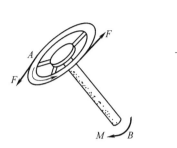

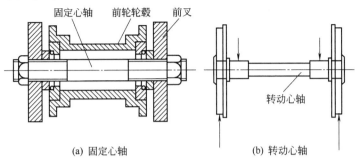

图 3-17　汽车转向轴

图 3-18　固定心轴和转动心轴

轴的材料除了应具有足够的强度和刚度以外，还应满足耐磨性、耐腐蚀性、可加工性等要求；此外，还要对小裂纹或应力集中的敏感性低，同时还要考虑价格、供应等情况。轴的常用材料主要是碳钢和合金钢，其次是球墨铸铁。

通常轴的外形被制成圆柱形。轴的形状除了以上所举的直轴以外，还有一种曲轴。如图 3-19 所示，内燃机、压缩机上就多采用曲轴。

在直轴中，从外形上看，又有光轴和阶梯轴两种。

轴一般都制成实心的，但有时因机器结构要求在轴中装其他零件，或者在轴孔中输送润滑油、冷却液，或者对减轻轴的重量有重大作用时，则将轴制成空心的。由于轴中心部分材料在增加轴的强度和刚度方面作用很小，所以空心轴比实心轴在材料利用方面更合理，可节约材料，减轻重量。通常空心轴内径与外径的比值为 $0.5 \sim 0.6$。

阶梯轴各截面的直径不同，一般是两头细、中间粗，便于轴上零件的安装和定位，并使轴的承载能力比较合理，广泛地应用在各种转动机构中。阶梯轴的两相邻直径变化处称为轴肩。图 3-3 中的轴就是一根阶梯轴。

一般情况下，轴上的零件都应有各自确定的相对位置，以保证零件的正常作用关系。例如，当要求零件与轴一起传动时，则该零件就必须牢靠地固定在轴上，固定的方式有周向固定和轴向固定。周向固定的方法可采用键连接、销连接、锥面以及紧配合等，其中键连接用得最多；零件在轴向位置的确定靠的是轴肩、套筒、压紧螺母等。图 3-3 所示为轴的连接与定位的一个实例。

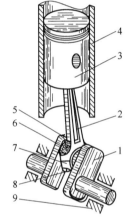

图 3-19　单缸内燃机

1—曲轴；2—连杆；3—活塞；
4—气缸体；5—连杆体；
6—螺母；7—连杆盖；
8—螺栓；9—轴承

3.3.2　滑动轴承

轴承是机器中用来支承轴的重要组成部分。它能使轴旋转时确保其几何轴线的空间位置，承受轴上的作用力，并把作用力传到机座上。

机器中所用的轴承，主要有滚动（摩擦）轴承和滑动（摩擦）轴承两大类。滑动轴承的特点是轴直接在固定不动的轴瓦上滑动。

（1）整体式径向滑动轴承

这种轴承分为有轴套和无轴套两种。有轴套的如图3-20所示，轴套2压装在轴承座1中，并加止动螺钉3以防止相对运动。轴承座的顶部装有油杯4。轴承用螺栓固定在机架上。这种轴承结构简单、制造方便、成本低，但轴必须从轴承端部装入，装配不便，且轴承磨损后径向间隙不能调整，故多用于低速、轻载及间歇工作的地方，如铰车、手摇起重机等。

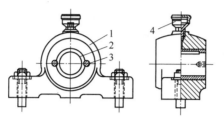

M3-4　滑动轴承

图3-20　整体式径向滑动轴承

1—轴承座；2—轴套；3—止动螺钉；4—油杯

（2）剖分式滑动轴承

剖分式滑动轴承如图3-21所示，由轴承座1、轴承盖3、剖分式轴瓦2、润滑油杯5和连接螺栓4等组成。轴承座和轴承盖的剖分处有止口（台阶），以便定位和防止移动；止口处上、下面有一定间隙，当轴瓦磨损经修整后，可适当减少放在此间隙中的垫片来调整轴承盖的位置以夹紧轴瓦。装拆这种轴承时，轴不需要轴向移动，故装拆方便，被广泛地应用。

当载荷方向有较大偏斜时，轴承的剖分面采用图3-21（b）所示的偏斜结构。

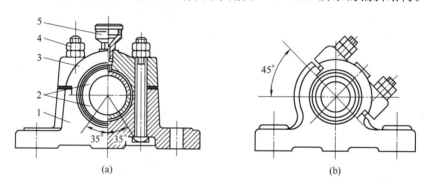

(a)　　　　　　　　　　　　(b)

图3-21　剖分式滑动轴承

1—轴承座；2—剖分式轴瓦；3—轴承盖；4—连接螺栓；5—油杯

（3）轴瓦和轴承衬

轴瓦是滑动轴承的主要组成部分，它直接与轴接触，其性能对轴承的工作影响很大。为了节省贵重的合金材料或者由于结构上的需要，常在轴瓦的内表面上浇铸或轧制一层轴承合金，这层轴承合金称为轴承衬。对于具有轴承衬的轴瓦来说，轴瓦只起支承作用（轴承衬直接与轴颈接触）。

3.3.3　滚动轴承

滚动轴承具有摩擦系数小、机械效率高、启动容易、内部间隙小、运动精度高、润滑油耗量小以及便于安装和维护等优点，因此在各种机械设备中获得了广泛的应用。

（1）滚动轴承的结构

一般来讲，滚动轴承由四个基本部分组成，即内圈、外圈、滚动体和保持架。其结构如图 3-22 所示。轴承外圈就是滚动轴承外面的大圈，与轴承座的内孔压紧在一起（紧配合），一般不转动。轴承内圈的孔和轴配合，一般内圈和轴一起转动。外圈内面和内圈外面有凹槽滚道，滚动体放在内、外圈之间，并可沿凹槽滚动，滚动体的数量和大小随承载能力而不同。保持架把滚动体均匀地隔开。

(a)
1—外圈；2—滚珠；
3—内圈；4—保持架

(b)
1—外圈；2—滚珠；
3—内圈；4—保持架

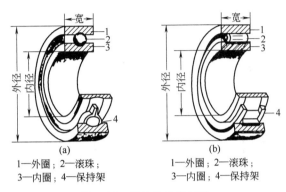

图 3-22　滚动轴承的结构

（2）滚动轴承的主要类型

滚动轴承按照滚动体的形状分为球轴承、滚子轴承，滚子轴承又分为短圆柱滚子轴承、滚针轴承、圆锥滚子轴承、球面滚子轴承和螺旋滚子轴承等。常见的滚动体的形状如图 3-23 所示。

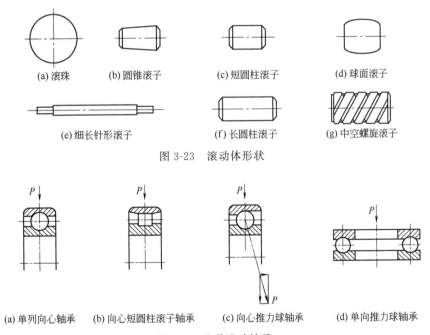

(a) 滚珠　(b) 圆锥滚子　(c) 短圆柱滚子　(d) 球面滚子

(e) 细长针形滚子　(f) 长圆柱滚子　(g) 中空螺旋滚子

图 3-23　滚动体形状

(a) 单列向心轴承　(b) 向心短圆柱滚子轴承　(c) 向心推力球轴承　(d) 单向推力球轴承

图 3-24　几种滚动轴承

滚动轴承按轴承的承载情况分为向心轴承（主要承受径向载荷）、推力轴承（主要承受轴向载荷）和向心推力轴承（能承受轴向与径向联合负载）。几种滚动轴承的形状如图 3-24 所示。各种不同的滚动体、不同的尺寸系列和结构形式，适应了各种不同的工作条件。常用滚动轴承类型、主要性能、特点和所用标准见表 3-3。

表 3-3　常用滚动轴承的类型、主要性能、特点和所用标准

轴承类型	类型代号	简图	承载方向	主要性能及应用	标准号
双列角接触球轴承	0		F_r ↑　F_a　F_a	具有相当于一对角接触球轴承背靠背安装的特性	GB/T 296—2015
调心球轴承	1		F_r ↑　F_a　F_a	主要承受径向载荷,也可以承受不大的轴向载荷;能自动调心,内、外圈相对倾斜度不小于 2°为好,不得超过 3°;适用于多支点传动轴、刚性较小的轴以及难以对中的轴	GB/T 281—2013
调心滚子轴承	2		F_r ↑　F_a　F_a	与调心球轴承特性基本相同,内、外圈相对倾斜度随轴承尺寸系列不同而异,一般所允许的调心角度为 1°～2.5°;承载能力比前者大;常用于其他种类轴承不能胜任的重载情况,如轧钢机、大功率减速器、吊车车轮等	GB/T 288—2013
圆锥滚子轴承	3		F_r ↑　F_a	可同时承受径向载荷和单向轴向载荷,承载能力高;内、外圈可以分离,轴向和径向间隙容易调整;常用于斜齿轮轴、锥齿轮轴和蜗杆减速器轴以及机床主轴的支承等;允许角偏差 $2'$,一般成对使用	GB/T 297—2015
双列深沟球轴承	4		F_r ↑　F_a　F_a	除了具有深沟球轴承的特性外,还具有承受双向载荷更大、刚性更大的特性;可用于比深沟球轴承要求更高的场合	GB/T 296—2015
推力球轴承	5		↓ F_a	只能承受轴向载荷,51000 用于承受单向轴向载荷,52000 用于承受双向轴向载荷;不宜在高速下工作,常用于起重机吊钩、蜗杆轴和立式车床主轴的支承等	GB/T 301—2015
双向推力球轴承	5		↑ F_a　↓ F_a		
深沟球轴承	6		F_r ↑　F_a　F_a	主要承受径向载荷,也能承受一定的轴向载荷;高转速时可用来承受不大的纯轴向载荷;具有一定的调心能力,当相对于外壳孔倾斜 2°～10°时仍能正常工作,但对轴承寿命有影响;承受冲击能力差;适用于刚性较大的轴,常用于机床齿轮箱、小功率电机等	GB/T 276—2013
角接触球轴承	7		F_r ↑　F_a	可承受径向和单向轴向载荷;接触角 $α$ 越大,承受轴向载荷的能力也越大,通常应成对使用;高速时用它代替推力球轴承较好;适用于刚性较大、跨距较小的轴,如斜齿轮减速器和蜗杆减速器中轴的支承等;有 $α=15°$ 的角接触球轴承以及 $α=25°$ 或 $40°$ 的角接触球轴承等可供选用	GB/T 292—2007

续表

轴承类型	类型代号	简图	承载方向	主要性能及应用	标准号
推力圆柱滚子轴承	8		$\downarrow F_a$	只能承受单向轴向载荷,承载能力比推力球轴承大得多,不允许有角偏差,常用于承受轴向载荷大而又不需调心的场合	GB/T 4663—2017
圆柱滚子轴承（外圈无挡边）	N		$\uparrow F_r$	内、外圈可以分离,内、外圈允许少量轴向移动,允许内圈轴线与外圈轴线的角度误差(即倾斜度)很小,只有 $2'\sim4'$;能承受较大的冲击载荷;承载能力比深沟球轴承大;适用于刚性较大、对中良好的轴,常用于大功率电机、人字齿轮减速器	GB/T 283—2021

3.3.4　轴毂连接的种类与特点

在图 3-1 中,带轮、齿轮等传动零件的轮毂与轴必须在圆周方向固定,才能传递运动和动力。轴与轮毂之间的周向固定称为轴毂连接。轴毂连接中以键连接较常见。

键连接有国家标准,常用的类型有以下三种。

（1）平键连接

如图 3-25 所示,在轴和传动零件的键槽中嵌入键,工作时靠键侧面与键槽的挤压传递转矩。平键连接加工容易、装拆方便、对中性良好,用于传动精度要求较高的场合。

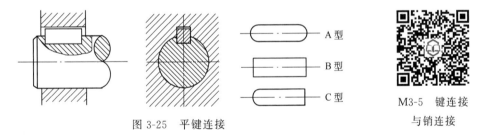

A 型
B 型
C 型

M3-5　键连接
与销连接

图 3-25　平键连接

平键连接按不同用途分为普通平键连接、导向平键连接和滑键连接。

① 普通平键连接。普通平键的端部形状有圆头（A 型）、方头（B 型）和单圆头（C 型）三种。A 型和 B 型适用于轴的中部,C 型常用于轴端。普通平键用于轮毂与轴之间没有轴向移动的场合。

② 导向平键与滑键连接。当轮毂在轴上需要沿轴向移动时,可使用导向平键和滑键。导向平键固定在轴槽中（图 3-26）,轮毂上键槽与键之间有小的间隙,当轮毂相对于轴轴向移动时,键起导向作用。导向平键是标准件。若轴上零件沿轴向移动距离较长时,可采用图 3-27 所示滑键连接。滑键未标准化。

（2）半圆键连接

半圆键连接如图 3-28 所示。半圆键能在轴的键槽内摆动,以适应轮毂槽底面的斜度,装配方便,在圆锥形轴端部的轴毂连接中常采用。但由于轴上键槽较深,对轴的强度削弱大,半圆键连接只适应承载小的场合。半圆键是标准件。

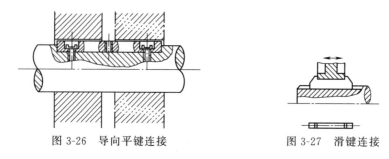

图 3-26　导向平键连接　　　　　　　　　图 3-27　滑键连接

（3）楔键连接

楔键连接如图 3-29 所示。键的上表面和轮毂槽的底面各有 1∶100 的斜度，安装时需用力打入（楔紧），靠键的上下两面与键槽之间的静摩擦力工作。由于键楔紧后，轮毂与轴产生相对偏心，故主要适用于对中要求不高、载荷平稳和转速较低的场合。

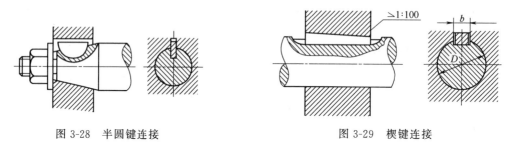

图 3-28　半圆键连接　　　　　　　　　　图 3-29　楔键连接

3.3.5　螺纹连接的种类与标准

螺纹连接是利用带螺纹的零件（也称螺纹紧固件）构成的可拆连接，它的主要作用是把若干零件固定在一起。螺纹紧固件多为标准件，由专业工厂批量生产，成本很低，因此应用非常广泛。

（1）螺纹的种类

连接用的螺纹有两种：普通螺纹和管螺纹。这两种螺纹都有国家标准，其规格、尺寸在国家标准中均可查到，这里只介绍其基本常识。

① 普通螺纹。如图 3-30 所示，螺纹牙型为正三角形，牙型角为 60°。同一公称尺寸的普通螺纹又分为粗牙螺纹［图 3-30（a）］和细牙螺纹［图 3-30（b）］两种。粗牙螺纹最为常用，细牙螺纹宜用于薄壁零件。

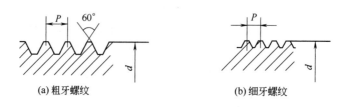

(a) 粗牙螺纹　　　　　　　　　　　(b) 细牙螺纹

图 3-30　普通螺纹

② 管螺纹。其用于管道中管件之间的连接。图 3-31（a）所示为 55°圆柱管螺纹，牙顶和牙底有固定的圆角，内、外螺纹旋合后，可以保证牙间没有间隙，起密封作用。圆柱管螺

纹广泛用于化工管道的连接。

图 3-31 (b) 所示为 55°圆锥管螺纹，其密封性能比圆柱管螺纹好，并可迅速旋紧和旋松，适用于密封要求高的管道连接。

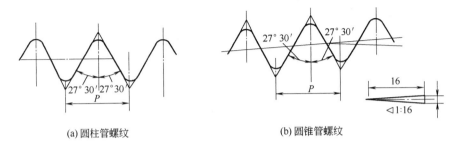

(a) 圆柱管螺纹　　　　　　　　　　(b) 圆锥管螺纹

图 3-31　管螺纹

(2) 螺纹连接的基本类型（见 GB/T 3098.1—2000《紧固件机械性能　螺栓、螺钉和螺柱》等系列标准）

① 螺栓连接（图 3-32）。普通螺栓连接 [图 3-32 (a)] 的螺栓杆与孔之间有间隙，杆与孔的加工精度要求低，使用时需拧紧螺母，可以承担与螺杆轴线相同方向的载荷（称为轴向载荷），也可以承担横向载荷。普通螺栓连接装拆方便，应用最广。铰制孔螺栓连接 [图 3-32 (b)] 的螺栓杆与孔之间没有间隙，杆与孔的加工精度要求高（需要铰制），能承受横向载荷，并且能起到定位作用。

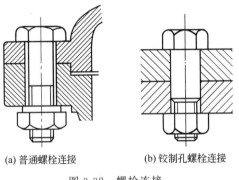

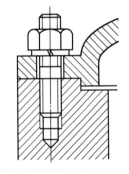

(a) 普通螺栓连接　　　　(b) 铰制孔螺栓连接

图 3-32　螺栓连接　　　　　　　　　　图 3-33　双头螺柱连接

② 双头螺柱连接（图 3-33）。螺柱两端都有螺纹，一般情况下一端与螺母配合，一端与被连接件配合。这种连接适用于被连接件之一较厚且需经常拆卸的场合，拆卸时只需拧下螺母。在较大型化工设备中，有时也会将图 3-32 (a) 中普通螺栓换成双头螺柱，两头都用螺母拧紧。如果因腐蚀等使螺纹损坏，采用双头螺柱可以降低拆卸难度。

③ 螺钉连接（图 3-34）。螺钉不配有螺母，直接拧入被连接件内的螺纹孔中，结构简单，但不宜经常拆卸，以免损坏孔内螺纹。

④ 紧定螺钉连接（图 3-35）。将紧定螺钉旋入一个被连接的螺纹孔中，并将其末端顶在另一被连接件的表面上或预先制成的凹坑中，将两零件相对固定。这种连接常用来把传递动力不大的零件与转动轴连在一起，防止两个零件产生相对位移。

(3) 常用螺纹连接件

常用螺纹连接件有螺栓、双头螺柱、螺钉、螺母、垫圈等，它们都是标准件，其形状和

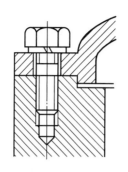

图 3-34　螺钉连接

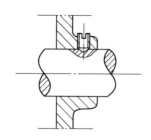

图 3-35　紧定螺钉连接

尺寸在国家标准中都有规定。

根据国家标准规定，螺纹连接件分 A、B、C 三个等级，A 级精度最高，C 级精度最低，一般螺纹连接多采用 C 级。

常用螺纹连接件的结构及材料见表 3-4。

表 3-4　常用螺纹连接件的结构及材料

名　称	结构形式	材料	应用场合
六角头螺栓		Q235、15、35、不锈钢等	化工机械中广泛应用
双头螺柱		Q235、35、不锈钢等	用于被连接件厚，不便用螺栓连接的场合
螺钉		Q235、35、45、不锈钢等	用于不经常拆卸、受力不大处
六角螺母		Q235、35、不锈钢等	化工机械中广泛应用
圆螺母		Q235、45	用于固定传动零件的轴向定位
垫圈		Q215、Q235	化工机械中广泛应用
地脚螺栓		Q235、35	用于机器、设备和地基的连接

注：材料参见 5.1 节的内容。

（4）螺纹连接常用的防松方法

为了保证螺纹连接的紧密性和可靠性，绝大多数的螺纹连接都要采用防松措施。防松的根本目的是防止螺母与螺杆的相对转动。螺纹连接防松装置的结构形式很多，以下仅介绍两种。

① 增加内、外螺纹之间的压紧力和摩擦力，如图 3-36 所示采用弹簧垫圈防松。

② 用附件锁固，使螺母与螺柱不能相对转动，如图 3-37 所示采用开口销和槽形螺母防松。

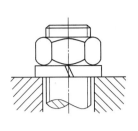

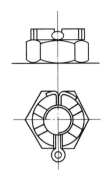

图 3-36 弹簧垫圈防松   图 3-37 开口销和槽形螺母防松

3.3.6 联轴器

联轴器主要用于两根轴的连接，使两根轴共同旋转以传递运动和动力。

联轴器是机械传动中最常用的部件之一，由专业生产厂家制造，使用时根据工作需要选用，大多数联轴器已经标准化。联轴器种类很多，以下仅介绍化工机械常用的几种联轴器。

刚性联轴器用于两轴有严格的同轴度要求，以及工作时不发生相对移动的场合。刚性联轴器无弹性元件，不具备缓冲和减振作用，只适用于载荷平稳或基本无冲击的场合。要求安装时两轴有严格的"同轴度"（指两根轴的轴线几乎在一根直线上的程度），同时要求工作时两根轴不发生相对移动。凸缘联轴器（GB/T 5843—2003）是常用的刚性联轴器，它利用螺栓连接两个半联轴器的凸缘来实现两轴连接，如图 3-38 所示。该联轴器结构简单，制造方便，成本较低，装拆和维护均较简便，传递转矩大，但需保证两轴有较高的对中精度，一般常用于载荷平稳、中速和低速或传动精度要求较高的传动轴系。

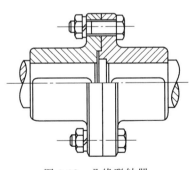

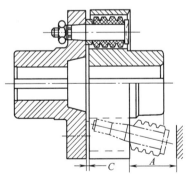

图 3-38 凸缘联轴器   图 3-39 弹性套柱销联轴器

弹性套柱销联轴器（GB/T 4323—2017）结构简单、装拆方便、价格低廉，能缓和冲击、吸收振动并且允许被连接的两轴间有微小位移，但弹性套易损坏，故寿命较短（图 3-39）。它适用于载荷平稳、需正反转或启动频繁、传递较小转矩的场合。

链条联轴器（GB/T 6069—2017）是无弹性元件的弹性联轴器。它采用公用的链条，靠链条与链轮齿之间的啮合来实现两半联轴器的连接，如图 3-40 所示。链条联轴器结构简单，装拆方便，拆卸时不需将被连接轴轴向移动，尺寸紧凑、重量轻，对安装精度要求不高，工作可靠、寿命长、效率高，对环境适应范围广，成本低廉。

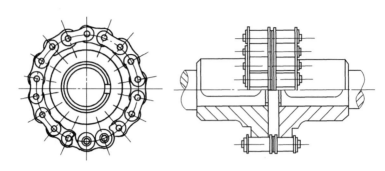

图 3-40 链条联轴器

*3.4 减速器及其应用

减速器是用于原动机和工作机之间独立而封闭的机械传动装置，它主要用于降低运转速度。减速器由于具有结构紧凑、效率高、寿命长、传动准确可靠、使用维修方便的优点，因而得到了广泛的应用。

按照传动类型和结构特点，化工机械中常见减速器可分为齿轮减速器、蜗杆减速器、行星齿轮减速器、摆线针轮减速器四种类型。上述减速器已有标准系列产品供应，配套方便，可根据工作需要从产品样本中选用。

3.4.1 圆柱齿轮减速器

圆柱齿轮减速器按齿轮传动的级数可分为单级减速器、两级减速器、三级减速器等多种。

单级圆柱齿轮减速器的结构简图如图 3-41 所示，当采用直齿轮传动时，其传动比 $i \leqslant 5$；当采用斜齿轮、人字齿轮时，其传动比 $i \leqslant 10$。

两级圆柱齿轮减速器如图 3-42 所示，其传动比范围大，可达 8～40。

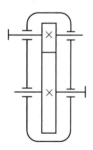
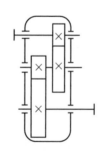
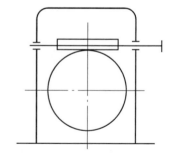

图 3-41 单级圆柱齿轮减速器　　图 3-42 两级圆柱齿轮减速器　　图 3-43 单级蜗杆减速器

3.4.2 蜗杆减速器

如图 3-43 所示，蜗杆减速器的两根轴在空间垂直交错。对于"单头蜗杆"（一根螺旋线的蜗杆），蜗杆转动一圈，蜗轮才转过一个齿；同理，双头蜗杆转动一圈，蜗轮转过两个齿，故传动比大，单级传动比可达 10～70。一般只能作为减速器使用，即用蜗杆驱动蜗轮，而蜗轮无法驱动蜗杆，有安全保护作用（不用担心会反转）。蜗杆齿是连续的，与蜗轮啮合时传动平稳、无噪声，但运转时蜗杆在蜗轮齿面上的相对滑动比齿轮传动大得多，所以容易摩擦发热，效率不高，同时还容易磨损，需要采用耐磨减摩材料。因此，蜗杆减速器通常用于功率不大或不连续工作的场合。有些搅拌反应釜，采用蜗杆减速器作为传动装置。

3.4.3 行星齿轮减速器

行星减速器传动比大，单级可达135，两级可达10000以上，但这种减速器承载能力低，传动效率也较低，适用于中、小功率或短期工作的场合。

3.4.4 摆线针轮减速器

摆线针轮减速器的传动比范围大，单级即为11～87，两级可达121～5133；传动效率高，单级为0.90～0.97；承载能力强，运转平稳，无噪声，体积和重量比同功率普通减速器减小1/3～1/2。这种减速器的主要缺点是：制造工艺复杂，材料和加工精度要求高；轴承在高速重载下工作时易损坏，因而限制了减速器的承载能力和应用范围。国标有GB/T 10107.1—2012《摆线针轮行星传动　第一部分：基本术语》等系列标准。

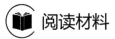 阅读材料

液压传动和气压传动技术

液压传动是利用液体压力传递动力和运动的传动方式。一个完整的液压传动系统主要由以下四个部分组成。

① 动力装置。它供给液压系统压力油，将电动机输出的机械能转换为油液的压力能从而推动整个液压系统工作。

② 执行元件。用以将液体的压力能转换为机械能，以驱动工作部件运动。

③ 控制调节装置（包括各类阀门）。它是用来控制液压系统的液体压力、流量（流速）和液流的流向的，以保证执行元件完成预期的动作。

④ 辅助装置。它包括各种油管、油箱、过滤器和压力表等。它们起着连接、储油、过滤、储存压力和测量油压等辅助作用，以保证液压系统可靠、稳定、持久工作。

液压传动与其他传动相比，具有传动平稳，重量轻、体积小，承载能力大，易实现无级调速、过载保护和自动化，并且能够自动润滑等优点。从民用到国防工业，由一般传动到精确度很高的控制系统，液压传动都得到了广泛的应用。在国防工业中，陆、海、空三军的很多武器（如飞机、坦克、雷达、导弹和火箭等）都采用了液压传动与控制；目前机床（如铣床、刨床、磨床等）传动系统有85%采用了液压传动与控制；在工程机械（如挖掘机、履带推土机、振动式压路机等）、农业机械（如收割机、拖拉机等）、汽车工业、船舶工业等机械设备中，都有液压技术。总之，一切工程领域，只要有机械设备的场合，均可采用液压传动技术，所以液压技术的前景是非常光明的。

液压传动可以应用于传递功率很大的场合，但液压传动的介质一般是液压油，有可能出现泄漏污染，这是液压传动的缺点。在小压力小功率即可的情况下，采用气压传动则更方便。

气压传动是在机械、电气、液压传动之后，近几十年才被广泛应用的一种传动方式。气压

传动以压缩空气为工作介质进行能量和信号的传递，以实现生产自动化。

气压传动系统和液压传动一样，也由动力、控制、执行等四个部分组成。其中气阀控制系统可分为全气阀控制系统和电子电气控制、电磁阀转换系统。

气压传动的优点有：

① 用空气做介质，取之不尽，来源方便，用后直接排放，不污染环境，不需要回气管路因此管路不复杂。

② 空气黏度小，管路流动能量损耗小，适合集中供气远距离输送。

③ 安全可靠，不需要防火防爆措施，能在高温，辐射，潮湿，灰尘等环境中工作。

④ 气压传动反应迅速。

⑤ 气压元件结构简单，易加工，使用寿命长，维护方便，管路不容易堵塞，介质不存在变质更换等问题。

虽然气压传动广泛应用于大工业生产中的历史不长，但其应用历史非常悠久，早在公元前，埃及人就开始利用风箱产生压缩空气用于助燃。后来，人们懂得用空气作为工作介质传递动力做功，如古代利用自然风力推动风车、带动水车提水灌溉、利用风能航海。从 18 世纪的产业革命开始，气压传动逐渐被应用于各类行业中，如矿山用的风钻、火车的刹车装置、汽车的自动开关门等，而气压传动应用于一般工业中的自动化、省力化则是近些年的事情。

如今，世界各国都把气压传动作为一种低成本的工业自动化手段应用于工业领域，气压传动元件的发展速度已超过了液压元件，气压传动已成为一个独立的专门技术领域。

3.5　化工运转设备

化工运转设备的主要功用是在化工生产中对物料进行输送、搅拌、分离、破碎以及改变压力等项工作。其中，输送物料是最常见、最基本的。最常见的流体输送设备是泵、风机和压缩机。人们经常将化工运转设备称作"化工机器"。

3.5.1　泵

泵是一种将液体或固体悬浮物，从一处输送到另一处或从低压腔体输送到高压腔体的机器。泵作为一种通用机械，在国民经济各个部门都得到了广泛的应用，例如农业的灌溉和排涝、城市的给排水等。特别

M3-6　离心泵　　　M3-7　往复泵

在化工行业中，泵是必不可少的重要设备。因为许多化工原料、中间体和最终产品都是液体，必须用泵来进行输送，以满足工艺流程的要求。

按照液体从吸入腔输往排出腔的方式，可以将泵分为两大类：一类是容积泵，另一类是叶片泵。容积泵利用泵内工作室的容积作周期性变化来输送液体，有些容积泵的排液过程是间歇的；叶片泵依靠泵内作高速旋转的叶轮把能量传递给液体，进行液体的输送，排液是连续的。

容积泵中最常用的一种是往复泵，它由泵缸内的活塞或柱塞作往复运动使工作室的容积改变，从而达到吸入和排出液体的目的。往复泵的泵体由活塞（或柱塞）、泵缸、吸入阀、排出阀、吸液管和排液管等组成，如图 3-44 所示。活塞和吸入阀、排出阀之间的空间称为工作室。吸入阀 6 下面有吸入管道及储液槽，排出阀 4 上面有排出管道，可将液体送往高位

储槽或压力容器。

　　泵上的排出阀只允许液体从泵内排出，吸入阀只允许液体从泵体外部进入。当活塞 1 在外力作用下从左向右移动时，泵内的容积增加，压力降低。当压力降到低于吸液管的压力时，吸入阀 6 被推开，液体进入吸液管，进而经过吸入阀被吸入泵体内，而排出阀 4 则被泵体外的液体压紧而关闭。当活塞 1 向左移动时，泵体内部的液体受到挤压，压力逐渐增高并顶开排出阀 4 将液体排出泵外，吸入阀 6 则被泵体内的液体压紧而关闭。活塞往复运动一次，就完成一个吸入和排出过程，称为一个循环。

　　往复泵输出压力高，平均流量恒定，效率高，自吸能力强，特殊设计的能输送泥浆、混凝土。高压往复泵采用柱塞而不用活塞，例如三柱塞高压往复泵，其三个缸交替排液，还能减小出液管道压力波动。往复泵现行国标是 GB/T 9234—2018《机动往复泵》。

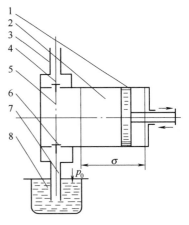

图 3-44　单作用往复泵工作原理

1—活塞；2—泵缸；3—排液管；

4—排出阀；5—缓冲室；6—吸入阀；

7—吸液管；8—储液槽

　　由于往复泵的结构复杂、体积大、笨重、成本高及流量不均匀等缺点，其发展速度和应用范围不如叶片泵中的离心泵。离心泵运转时，由于其具有流量均匀、运转平稳、噪声小、转速高、操作和维修方便等优点，使得它在化工行业中得到了广泛的应用。

　　离心泵的结构形式虽很多，但其作用原理相同，主要构件的形状相近，图 3-45 所示为一典型的单吸单级离心泵。工作时，吸液室 5 内的液体被旋转的叶轮 4 带走后，吸液室内接近真空，压力很低，泵外面进液管路中的液体会被吸入吸液室。高速旋转的叶轮将动能传递给液体，使得液体的动能和静压能都增大。液体流入压液室 7 后，部分动能转化为静压能，使得液体的压力进一步提高，然后通过扩压管 3 输送到管路及其他设备处。除了图 3-45 中所列的主要构件外，离心泵还有轴承、支架、联轴器等零部件，有些泵还专门装有提高泵性能的诱导轮和平衡叶轮轴向力的平衡盘等。

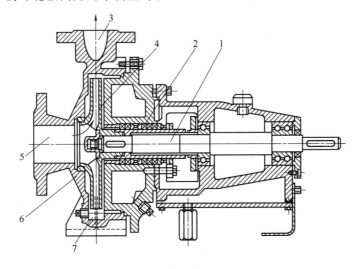

图 3-45　单吸单级离心泵

1—泵轴；2—填料函；3—扩压管；4—叶轮；5—吸液室；6—密封环；7—压液室

　　单级离心泵的主要构件是叶轮、泵壳、泵轴、密封构件等。为了增大扬程（泵出压力），可用多级离心泵；为了增大流量并平衡轴向力，可用双吸式离心泵；为了进一步排除泄漏的可能，可采用磁力泵、屏蔽泵等。

　　泵的种类很多，分类方法也各不相同，按其作用原理可分为以下三类。

　　① 叶片式泵。如离心泵、轴流泵、旋涡泵等，依靠工作叶轮的高速旋转运动将能量传递给被输送液体。

　　② 容积式泵。如往复泵、计量泵、螺杆泵等，依靠连续或间歇地改变工作容积来压送液体。一般使工作室容积改变的方式有往复运动和旋转运动。

　　③ 其他类型泵。如磁力泵、喷射泵、真空泵等，它们的作用原理各不相同。磁力泵是利用电磁力的作用来传输转动和动力并输送液体的装置；喷射泵是依靠高速流体的动能转变为静压能的作用，达到输送流体目的的装置；真空泵是利用机械、物理、化学、物理化学等方法对容器进行抽气，以获得和维持真空的装置。

　　上述各种类型的泵的使用范围是不同的，如图 3-46 所示。叶片式泵应用范围较为广泛，其中离心泵应用最广，往复泵主要用于输送高压液体的场合。

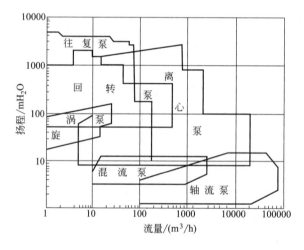

图 3-46　常用泵的使用范围

　　泵的类型多种多样，各有其比较适用的场合，除了图 3-46 所示的扬程和流量（属于化工工艺条件）以外，还应当能够运行可靠、无泄漏或少泄漏、耐腐蚀、耐磨损，有时还要能够耐高温或深冷。例如，国家标准中就有 GB/T 3215—2019《石油、石化和天然气工业用离心泵》。

3.5.2　压缩机

　　压缩机是压缩气体以提高气体压力，从而达到输送气体和使气体增压的目的的机器。其在化工行业中的主要作用有：压缩气体便于完成合成及聚合反应；压缩制冷气体用于化工制冷或冷冻；将压缩气作为气源来驱动各种风机、风动工具以及用于控制仪表及自动化装置；实现化工原料的远程管道输送。因此，压缩机是化工行业中一种很重要的运转设备。

　　压缩机的种类很多，按其工作原理来分可以分成两大类（与泵相类似）：一类是容积式压缩机，另一类是速度式压缩机。容积式压缩机是依靠气缸工作容积的减小，使气体的密度增加，从而提高气体的压力，最具有代表性的容积式压缩机是往复式压缩机。速度式压缩机习惯上又称为透平压缩机，其工作原理是靠气体在高速旋转的叶轮作用下，得到巨大的动能，随后在扩压器中急剧降速，使气体的动能转化为所需要的压力能，最具有代表性的速度式压缩机是离心式压缩机。

由于气体的质量很小，所以用离心力来压缩气体比较困难，需要转速很高，而且要有很多级，这是跟离心泵不一样的。于是使得离心式压缩机机组复杂、操作维护要求高，只有在现代化工生产中，需要压缩的气量很大时才使用它，而且一台离心式压缩机组往往能够替代许多台活塞式压缩机组，经济上是合算的。

活塞式压缩机虽然种类繁多，结构复杂，但是其主要组成部分相同，都包括三大部分：第一部分为运动机构（包括曲轴、连杆、十字头、轴承等），第二部分为工作机构（包括气缸、活塞、气阀等），第三部分为辅助设备（包括润滑系统、冷却系统和调节系统等）。

运动机构是曲柄连杆机构，曲轴由电动机带动作旋转运动，旋转的曲柄通过曲柄销带动连杆摆动，再由连杆带动十字头作往复运动，这就是活塞式压缩机的运动过程。

工作机构是实现压缩的主要零部件。气缸呈圆筒形，两端设有若干吸气阀和排气阀，十字头通过活塞杆使活塞在气缸内作往复运动。活塞往复一次，实现"吸气→压缩→排气"一个循环过程。如图 3-47（a）所示，活塞向右运动，气缸内容积增大而压力降低，当压力降至稍低于进气管中的压力时，进气管中的气体便顶开吸气阀进入气缸，直到活塞运动到右止点位置为止 ［图 3-47（b）］，此过程称为吸气过程。吸气完成后，活塞反方向运动，使气缸内容积开始缩小。由于吸气阀有止逆作用，缸内气体不能倒回进气管中；同时，又因排气管中的气体压力高于气缸内部的气体压力，气缸内气体也无法从排气阀流出；另外排气管中的气体也因排气阀的止逆作用，不能进入气缸内，因此气缸内的气体保持一定，随着活塞继续运动，气体所占容积继续缩小，使气体的压力升高 ［图 3-47（c）］，此过程称为压缩过程。当缸内气体压力升高到稍高于出口管中的气体压力时，气体便顶开排气阀进入排气管，直至活塞移至左止点位置为止 ［图 3-47（d）］，此过程称为排气过程。

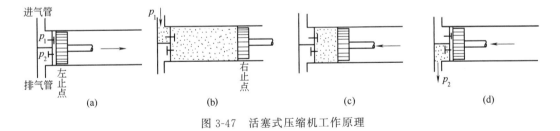

图 3-47 活塞式压缩机工作原理

由于活塞式压缩机与离心式压缩机的工作原理不同，其性能和适用的范围也不完全一样，因此要根据生产工艺上的要求选用压缩机。在一般情况下，活塞式压缩机多适用于中、小输气量及高压和超高压场合，离心式压缩机多适用于大流量及中、低压的场合。

3.5.3 粉碎机

粉碎机就是以机械的方式将固体原料、半成品或成品进行粉碎，其目的在于将物料粉碎后，增加物料单位质量的表面积，从而改善固体物料参与的传热、传质过程，加快化学反应速度，或提高化学产品质量。因此，粉碎机广泛地应用于造纸、食品、日用化工、陶瓷等化工行业。

　　机械将物料粉碎的方法主要有以下几种：挤压破碎，即物料在两个挤压平面之间，受到逐步增大的挤压力而被压碎，大块的物料往往采用这种方式破碎；弯曲破碎，即物料在带牙的压板之间或两弧形面之间经受挤压而发生弯曲折断；冲击破碎，即物料受到瞬间外来冲击而破碎，这种方式适用于脆性材料的破碎；磨碎，即物料在两块相对运动的硬质材料平面之间或各种形状的研磨体之间，受到摩擦作用而被研磨成细粒，这种方式多用于小块物料的细磨。

　　根据上述物料的粉碎原理，可将粉碎作业分成破碎（粉碎后物料颗粒直径在 1～250mm）和粉磨（磨碎后物料颗粒直径小于1mm）两大类，其中破碎又可分为粗碎（粉碎后物料颗粒直径在 250mm 左右）、中碎（粉碎后物料颗粒直径在 20mm 左右）和细碎（粉碎后物料颗粒直径在 1～5mm 左右）。

　　（1）旋回破碎机

　　旋回破碎机的工作原理如图 3-48 所示。动锥 1 与固定锥 2 之间形成的空间为破碎腔，料块即在此腔中进行破碎。动锥 1 由电动机经传动装置偏心轴套拖动，绕破碎机中心轴线作旋摆运动。动锥 1 时而接近时而离开固定锥 2，从而使送入破碎腔内的料块不断受到挤压与弯曲作用而破碎，同时已被破碎的物料靠自重由破碎腔另一侧排出。

　　这种破碎机耗能低，运转平稳，因而被广泛地运用于粗碎作业中。

　　（2）辊式破碎机

　　辊式破碎机有两种形式：单辊式和双辊式。双辊式破碎机主要工作机构为两个相对旋转的平行装置的圆柱形辊筒。工作时，装在两辊之间的物料由于辊筒对物料的摩擦作用而被拖入两辊的间隙中被破碎。双辊式破碎机制造简单，结构紧凑，运行平稳，通常适用于中碎和细碎。单辊式破碎机则由一个旋转的辊筒和一块颚板组成，故又称辊颚式破碎机，它适用于中等硬度的黏性料块的粗碎。

　　图 3-49 所示为一双辊式破碎机的结构示意，其中活动辊 2 的轴承座可沿导轨滑移，固定辊 3 的轴承座固定。还有一种两个辊筒的轴承座均可沿导轨滑移的破碎机，移动轴承座的位置改变了两辊筒的距离，可控制被破碎料块的大小。

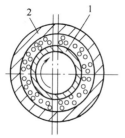

图 3-48　旋回破碎机工作原理

1—动锥；2—固定锥

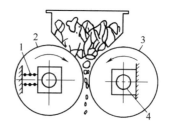

图 3-49　双辊式破碎机

1—弹簧；2—活动辊；3—固定辊；4—固定轴承

　　（3）球磨机

　　图 3-50 所示为球磨机的结构示意。它有一个圆筒形筒体 1，筒体两端装有端盖 2，端盖的轴颈支承在轴承 3 上，电动机通过减速箱拖动装在筒体上的传动齿轮 4 使球磨机回转。球磨机筒体内装有许多研磨体（一般为钢球、钢柱、钢棒或卵石）。筒体回转时，其中的物料与研磨体在摩擦力和离心力的作用下，在筒体内与筒体一起回转。当提升到一定高度后，由于重力的作用，研磨体发生自由泻落或抛落现象，从而对筒体内物料进行冲击、研磨或挤

压，物料逐渐被粉碎。当达到粉磨要求后，将物料由磨机筒内排出。

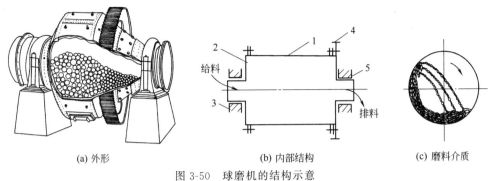

(a) 外形   (b) 内部结构   (c) 磨料介质

图 3-50 球磨机的结构示意

1—筒体；2—端盖；3，5—轴承；4—传动齿轮

粉磨作业可采用干法生产，也可采用湿法生产。湿法生产时，物料在粉磨机中呈浆状，而成品浆料从粉磨机直接流入成品池。有时在粉磨机后配有脱水分离设备或选分设备，将由粉磨机排出的浆料按粗细进行分离，分离出粗浆再送回粉磨机进行细磨。

3.5.4 离心机

离心机是利用离心力分离非均相混合物的设备。离心机所分离的混合物中至少有一相是液体，即为悬浮液或乳浊液。离心机的主要部件是一个载着物料以高速旋转的转鼓，产生的离心力很大，故保证设备的机械强度和安全是极重要的要求。离心机由于可产生很大的离心力，故可分离出用一般过滤方法除不去的小颗粒，又可以分离包含两种以上不同的液体混合物。离心机的分离速率也较大，例如悬浮液用过滤方法处理若需 1h，用离心分离只需几分钟，而且可以得到比较干的固体渣。

离心机按分离方式分类，可分为以下几种：过滤式离心机，鼓壁上开孔，覆以滤布，悬浮液注入其中随之旋转，液体受离心力后穿过滤布及壁上小孔排出，而固体颗粒则截留在滤布上；沉降式离心机，鼓壁上无孔，悬浮液中颗粒的直径很小而浓度不大，则沉降于鼓壁的上方开口溢流而出；分离式离心机，用于乳浊液的分离，非均相液体混合物被转鼓带动旋转时，密度大的趋向器壁运动，密度小的集中于中央，分别从靠近外周及中央的位置溢流而出。

由于所要求的分离因数大小不同，分离方法不同，或操作方法不同，或操作方式（间歇与连续）不同，离心机具有各式各样的构造、规格及特点。

（1）三足式离心机

如图 3-51 所示，三足式离心机是间歇式操作的离心机，为了减轻转鼓的摆动和便于拆卸，将转鼓、外壳和联动装置都固定在机座上，机座则借拉杆挂在三个支柱上，因此称为三足式离心机。离心机装有手制动器，只能在电动机的电门关闭后才可使用。由安装在转鼓下的 V 带传动来带动转鼓运转。这种离心机一般在化工厂中用于过滤晶体或固体颗粒较大的悬浮液。

三足式离心机的缺点是：上部卸出滤渣，需繁重的体力劳动；轴承和传动装置在转鼓的下部，检修不方便，且液体有可能漏入使其腐蚀。

（2）刮刀卸料离心机

这种离心机的特点是转鼓在连续全速运转的情况下，能自动依次循环，间歇地进行进料、分离、洗涤滤渣、甩干、卸料、洗网等工序的操作。每工序的操作时间，可根据事先预

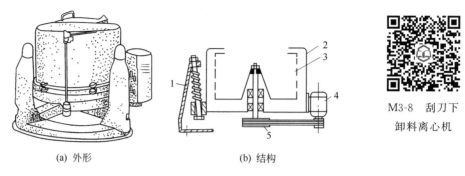

(a) 外形　　　　　(b) 结构

图 3-51　上部卸料三足式离心机

1—支脚；2—外壳；3—转鼓；4—电动机；5—带轮

定的要求，由电气-液压系统按程序进行自动控制，也可用手工直接控制液压系统进行操作。这种离心机用刮刀将已分离脱水的滤渣直接从转鼓内刮下并卸出。为了卸料方便，这种离心机做成卧式，并可根据物料的不同分为过滤式或沉降式两种。

图 3-52 所示为目前我国化工厂广泛使用的一种卧式刮刀卸料离心机，其全部工序是在全速运转下自动间歇地进行的。其缺点是：刮刀卸料对部分物料造成损坏，不适用要求产品晶形颗粒完整的情况；刮刀寿命短，需经常修理更换。由于这种离心机有很多优点，是目前石油化工及其他工业中使用最为广泛的离心机。

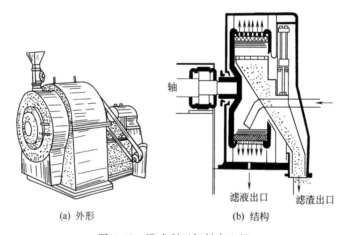

轴

滤液出口　　　滤渣出口

(a) 外形　　　　　(b) 结构

图 3-52　卧式刮刀卸料离心机

3.5.5　输送机

在化工生产中，经常要输送固体物料并储存。例如，固体原料进厂时，需从货车上卸下运至仓库；固体成品要运至仓库储存；在生产过程中也要将固体物料从一处输送到另一处。固体物料输送工作量较大，一般都采用机械输送。固体输送机械按操作方式可分为间歇式和连续式两类。间歇式输送机械有电梯、架空索道、天车等。连续式输送机械有带式输送机、斗式输送机、螺旋输送机和气力输送机等。

（1）带式输送机

它借助一根输送带来运输固体物料。物料放于带子的一端，靠输送带的传送将物料输送到输送带的另一端，再借助重力作用或专门的卸料装置卸下。如图 3-53 所示，带式输送机

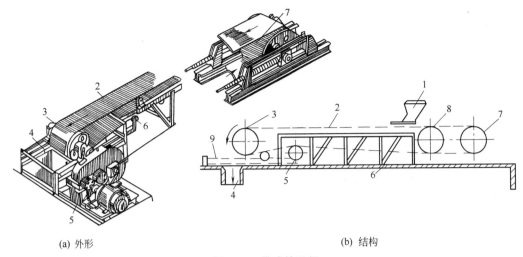

(a) 外形　　　　　　　　　　　　　(b) 结构

图 3-53　带式输送机

1—加料口；2—输送带；3—主动鼓轮；4—卸料口；5—传动装置；6—支架；7—从动鼓轮；8—托轮；9—胀紧装置

由加料口、输送带、鼓轮、托轮、卸料口、传动装置、支架等部件组成。电动机启动后，将动力传给减速器，经减速后传给鼓轮，由鼓轮将动力传给输送带，使输送带跟着鼓轮转动，完成输送工作。输送机的两个鼓轮安装在两端，卸料端的鼓轮称为主动轮（由电动机拖动），另一端的鼓轮称为从动轮。带式输送机主要用于输送细散物料，也可输送用袋、桶包装的物料。可以沿水平方向输送，也可在倾角不大于30°的情况下输送。它的运输能力大，距离长，平稳可靠，物料破损小，结构简单，使用方便，噪声小，但不能在垂直或坡度大的方向上输送物料，粉尘飞扬，劳动条件较差。

（2）斗式输送机

斗式输送机是装有粉粒体容器（料斗）的固体输送机械，在水平、垂直方向都可以输送，但多数用于垂直方向。用于垂直方向的称为斗式提升机，如图 3-54 所示。它由机壳、链条（或皮带）、料斗和传动装置构成。

斗式输送机适用于小块、颗粒状或粉状物料的输送。优点为提升高度大（一般为 10～50m），生产能力适应范围广，外形尺寸小，占地面积小。缺点是结构较复杂，维修不便，必须均匀供料，不能超载，对物料处理量过大的场合不适用。

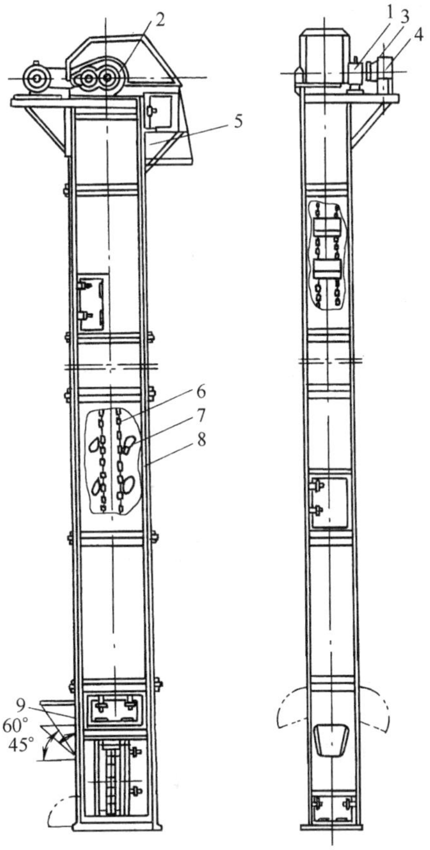

（3）螺旋输送机

螺旋输送机也称绞龙，主要由机槽、螺旋轴、叶片、传动装置等组成（图 3-55）。螺旋

图 3-54　斗式提升机

1—电动机；2—传动链轮；3—V 带传动（包括逆止联轴器）；4—减速器；5—出料口；6—链条；7—料斗；8—机壳；9—进料口

输送机的工作原理是由螺旋轴的旋转而产生的轴向推动力，由叶片直接作用到物料上面，推动物料前进。它适用于输送小块物料和粉状物料，不适用于输送硬质或黏性大的物料。优点是结构简单，紧凑，占地面积小，操作方便，输送粉状物料时不出现粉尘飞扬。缺点是运行时摩擦阻力大，能耗大，易堵塞，输送距离短，一般不超过 20m。

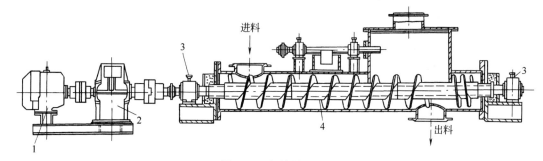

图 3-55　螺旋输送机

1—电动机；2—传动装置；3—轴承；4—螺旋叶片

 思考题

1. 举例说明机械传动的应用。

2. 带传动与其他机械传动相比有何特点？

3. 链传动与带传动相比有何特点？

4. 齿轮传动有几种形式，各适用于什么场合？

5. 什么是齿轮的模数？它的大小对齿轮的齿形有什么影响？为什么要取标准模数？

6. 已知一对标准圆柱直齿轮的中心距 $a=200\text{mm}$，传动比 $i=4$，小齿轮齿数 $z_1=20$，试确定这对齿轮的模数和分度圆直径、齿根圆直径。

7. 齿轮的失效形式有哪些？闭式齿轮传动和开式齿轮传动的失效形式有哪些不同？

8. 为什么说轴是重要的机械传动零件？轴的作用有哪些？

9. 你知道有哪些轴？各什么特点？

10. 轴承有哪两类？各有什么特点？什么是轴瓦？什么是滚动体？有哪些滚动体？

*11. 转速达 10000r/min 左右的大型离心式压缩机使用什么轴承？为什么？

12. 键连接有几种？各适用于什么场合？

13. 连接用的螺纹有哪些？各适用于什么场合？

14. 螺栓连接、螺钉连接、螺柱连接、紧定螺钉连接各适用于什么场合？

15. 什么是联轴器？作用是什么？你知道有哪些联轴器？

*16. 常用减速器有哪几种？有什么特点？

17. 泵在化工生产中有何作用？它可以分为哪几类？

18. 往复泵和离心泵的工作原理有何不同？

19. 压缩机在化工生产中有何作用？它可以分为哪几类？

20. 试说明活塞式压缩机的工作过程。

21. 粉碎机在化工生产中有何作用？粉碎物料的原理有哪几种？

22. 试说明旋回式破碎机的工作原理及其应用情况。

23. 试说明双辊式破碎机的工作原理及其应用情况。

24. 试说明球磨机的工作原理及其应用情况。

25. 试说明离心机的作用、种类及其各自优点与缺点。

26. 试说明输送机的作用、种类及应用情况。

4

化工设备维护、维修与管理

📖 学习目标

----

① 认识化工设备在使用过程中的损坏及其危害，加强责任意识。

② 懂得在完成工艺操作的过程中维护好化工设备的重要性。

③ 认识换热器劣化原因，明确操作维护要点。

④ 认识塔设备缺陷和故障，明确塔设备操作维护和修理要点。

⑤ 认识润滑油、润滑脂、润滑装置，了解磨损类型、磨损规律、润滑方式，主动加强润滑，减少磨损。

⑥ 了解振动及危害，积极主动地减振隔振。

⑦ 主动做好阀门的操作维护，做好离心泵、压缩机等运转设备的操作维护。

⑧ 理解设备的评价、选择、使用、检查、维护、保养、修理、改造、更新等管理工作，认真执行设备润滑、机械密封等管理工作。

⑨ 认识压力容器的安全附件，认真执行平稳操作、定点定时巡检、定期检验，绷紧安全这根弦。

在化工生产中，维护设备使其处于良好状态，并保持正常运行，是生产操作的重要任务之一。不知维护保养，必然造成设备故障增加，不能良好地为生产服务，它可以使生产不正常，设备有故障，以至于出现设备事故、生产事故，甚至出现重大人身安全事故。所以，操作中严格执行操作规程，勤于检查，精心维护，及时发现隐患并报告，及时处理，主动配合维修，是现场操作人员高素质的表现。

4.1　化工生产操作中的设备维护

4.1.1　化工设备在使用过程中常见的损坏形式及其危害

化工生产包含的范围非常广，并且随着科技的进步，化工生产的领域还在扩展。其生产原料和产品多样化、生产方法多样化、使用的机械设备多样化、操作条件也多样化，甚至很苛刻，这一切都使化工生产使用的机械设备难以保证不出现问题。事实上，化工设备的损坏形式是多种多样的，主要有以下几个方面。

① 腐蚀和冲蚀。大量储存在生产装置容器内的原料及化学产品与容器金属本身反应而造成的腐蚀，在流体输送过程中对材料造成冲蚀。在一些生产操作中，腐蚀和冲蚀同时发生。

金属表面与周围介质发生化学和电化学作用而遭受破坏称为腐蚀,腐蚀在化工厂一直以来就是一个十分严重的问题。从化工生产过程看,腐蚀问题大致可以分为三种类型,即来自原料组分的腐蚀、生产过程中来自化学药剂的腐蚀及环境的腐蚀。在各种炼油加工过程中,作为处理剂、吸收剂、催化剂等加入的各种酸及化学药剂〔主要有硫酸、氟化氢、苯酚、磷酸、烧碱(氢氧化钠)、水银、氨及氯等〕,几乎对设备造成最迅速的破坏。

② 疲劳裂纹。在转动机械特别是在往复运动的部件上,疲劳裂纹的产生非常普遍。更严重的疲劳损坏,通常发生在管道及压力容器上,是周期性变化的温度和压力导致的。机械的疲劳损坏,一般始于金属的表面,以裂纹形式出现,逐渐发展到带有拉、压应力交变而使裂纹扩展。起初裂纹扩展比较缓慢,之后发展越来越快,最后导致裂纹迅速扩展以至于造成设备或其零部件损坏。

③ 密封失效导致的泄漏。化工设备和管道上存在大量密封点,在压力、温度、介质腐蚀的联合作用下,随着时间的延续,往往出现泄漏。

④ 振动与运转故障。润滑不良、工作中加料和加载不均衡,可加速轴承损坏、运转件磨损和整个转子不平衡,使得振动加剧,噪声增大,严重时使设备损坏。

⑤ 温度过高或过低。在较高温度下,金属强度会减弱;温度过高,金属也会发生结构变化及化学变化,如晶粒增大、过烧、石墨化、脆化等,使设备发生永久性的变形以致彻底损坏。在冰冻温度以下,设备内的水或某些化学药剂会冻结造成管道和容器破裂损坏。对于间断操作的设备、消防水线及排放水线,特别容易冻坏。此外,还有高温下的氢腐蚀、高温蠕变、热膨胀不一致等问题。

⑥ 超压及超负荷。这也是造成设备劣化和失效的原因之一。在正常情况下,单纯超压并不一定会造成设备损坏,因为超压时有安全阀可以泄放,或原设计就有输送泵的最大压力限制予以保护。但如果安全阀失灵或泄放通道过小,或设备本身存在腐蚀使壁厚减薄过多,或存在裂纹、凹坑等缺陷,就会造成故障导致设备损坏。超压过高时,则会引起设备爆炸。

⑦ 脆性断裂。各种原因使金属材料呈现脆性,在无鼓胀、无变形,即没有先兆的情况下发生裂纹迅速扩展和断裂,其后果常常是灾难性的。

机械维修不当或缺乏维修管理等,同样可能引起机械损坏。由于设备吊装坠落或搬运机具碰撞等类似情况造成的机械损坏,有可能在装置停工大检修中发生。例如,把起重卷扬机固定在管架上,卷扬机工作时,引起管架弯曲;卡车或其他搬运机动车辆,撞到构筑物柱子上,致使柱子变形、混凝土基础损坏,或撞到蒸汽管线的排凝集合管或消防水龙头上,迫使装置不得不停工进行修复;推土机严重破坏地下瓦斯管线,引起瓦斯泄漏点燃;预制好的管线从卡车上抛下,损坏了法兰;换热器抽出管束时,将基础拉坏;起吊管束操作不当,将管子撞坏等也均属此类。以上这些事例大多发生在工程施工或大检修过程中,都有具体实例甚至多次发生,纯属工作马虎或不遵守操作规程及有关安全施工规定所致。

地震、地基下沉、风载荷的影响也会引起设备损坏。设备经受这种不正常的条件,特别是当基础、支承和框架受到损坏时,设备的损坏将十分严重。还有,脚手架上的踏板没有固定好,被大风吹到附近的管线上,造成管线损坏;安装罐顶圈板,未固定加强,被狂风吹掉,造成不应有的损失等也应引起重视。

按化工设备的损坏程度或危害程度,一般可分为五个等级:一级,对系统造成致命性的损坏;二级,对系统的运行造成一定的影响;三级,对单台设备本身的功能带来递减;四级,对设备目前尚无影响,但如对劣化不及时维修,将会发展成为一种故障;五级,十分轻微,不担心会发展成为一种故障,但还是维修为好。

4.1.2 设备故障与设备维护

　　故障是指整机或零部件在规定的时间和使用条件下不能完成规定的功能，或各项技术经济指标偏离了它的正常状况，但在某种情况下尚能维持一段时间工作，若不能得到妥善处理将导致事故。例如，某些零部件损坏、磨损超限、焊缝开裂、螺栓松动；发动机的功率降低；传动系统失去平衡和噪声增大；工作机构的工作能力下降；燃料和润滑油的消耗增加等，当其超出了规定的指标时，就出现了故障。可见，故障是不正常、不合格的状态。人们对故障进行了研究分析，给出了较科学的故障分类，如图 4-1 所示。上述化工设备的一级至四级损坏，对应于致命故障、严重故障、一般故障和轻度故障。化工设备的损坏主要是图 4-1 中磨损、断裂、腐蚀等自然故障引起的，以及超温超压（错用性故障）、设备自身质量与材料问题（固有薄弱性故障）等人为故障引起的。

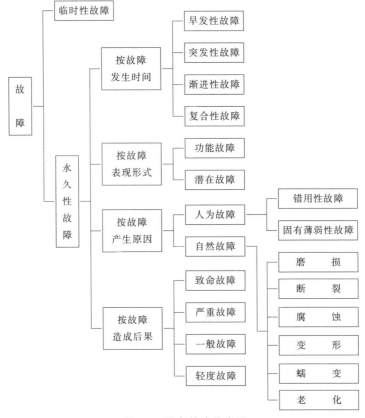

图 4-1　设备故障的类型

　　出现故障的原因是多方面的，表 4-1 给出了故障产生的主要原因及主要内容。由表可以看出，从序号 4 开始，其后几项都与使用过程中的维护管理有很大关系。所以，化工生产操作中的设备维护非常重要，对于维持正常生产、力保化工生产装置运行于"安、稳、长、满、优"的状态之下，作用很大。

　　化工生产操作中设备维护的主要要求是要具有设备维护的意识，在完成工艺操作的过程中保护好设备；要严格遵守操作规程，勤观察、勤检查，完成好岗位职责；要在设备使用的全过程中坚持做好设备的维护工作，包括开车前的准备、开车、运行和维护、正常停车、事故停车或紧急停车，以及停车后的保养和修理等。总之，要加强责任意识并落实在日常工作中。

表 4-1　设备故障产生的主要原因及主要内容

序号	主要原因	主　要　内　容
1	设计	结构、尺寸、配合、材料、润滑等不合理,运动原理、可靠性、寿命、标准件、外协件等有问题
2	制造	毛坯选择不适合,铸、锻、热处理、焊、切削加工、装配、检验等工序存在问题,出现应力集中、局部和微观金相组织缺陷、微观裂纹等
3	安装	找正、找平、找标高不精确,防振措施不妥,地基、基础、垫铁、地脚螺栓设计和施工不当
4	使用保养	违反操作规程,操作失误,超载、超压、超速、超时、腐蚀、漏油、漏电、过热、过冷等超过机械设备功能允许范围;不及时清洗换油、不及时调整间隙、不清洁干净、维护修理不当、局部改装失误、备件不合格
5	润滑	润滑系统破坏,润滑剂选择不当、变质、供应不足、错用,润滑油路堵塞等
6	自然磨损	正常磨损、材料老化等
7	环境因素	雷电、暴雨、洪水、风灾、地震、污染、共振等
8	人的素质	工人未培训、技术等级偏低、素质差等
9	管理	管理混乱、管理不善、保管不当等
10	原因待查	其他原因

4.2　换热器的操作维护与维修

　　换热器的种类很多,操作方法大同小异,它们的共同点是利用两种物料间大的接触面积进行热交换,以完成冷却、冷凝、加热和蒸发等化工过程。而换热器的操作条件、换热介质的性质、腐蚀速度和运行周期决定了换热器操作维护的内容。现以广泛使用的列管式换热器为例,讨论其操作维护与修理方法。

4.2.1　换热设备劣化和失效的主要形式及原因

　　造成换热设备劣化和失效的主要形式及原因有以下几个方面。

4.2.1.1　腐蚀

　　换热设备管束受到的腐蚀取决于管束内、外侧介质的化学组分、浓度、压力、流速以及管束本身的材质性能。

　　(1)介质引起的均匀腐蚀

　　① 硫及硫化物引起的均匀腐蚀。硫及硫化物导致金属表面直接形成一层金属硫化物,这种硫化物较厚而疏松,对金属表面不能起保护作用,因此这种腐蚀以一定的速率使管壁减薄。

　　② 盐酸产生的均匀腐蚀。介质中所含的氯化物遇到水时形成盐水,加热到 $150\sim200℃$以上时生成盐酸,有十分强烈的腐蚀作用(是一种低温腐蚀),主要发生在有冷凝产生的部位。腐蚀的形态是均匀腐蚀,也可能随冷凝液的流向产生沟状腐蚀。

　　③ 其他强腐蚀性介质引起的均匀腐蚀。例如,尿素甲胺液、硫酸、乙酸等也会引起管束的均匀腐蚀。

　　(2)应力腐蚀开裂

　　石油化工装置的换热设备常出现的应力腐蚀主要有两种:一种是奥氏体不锈钢管由氯离子引起的应力腐蚀,另一种是铜管在氨环境下的应力腐蚀。

（3）冷却水引起的各种腐蚀

水冷却器占了换热设备中相当大的比例，在水冷却器的水侧，会产生各种形态的腐蚀。

① 磨蚀与冲蚀。冷却水流速高，并带有泥沙之类的固体颗粒，则在流速高、水冲击严重的局部部位易发生这种腐蚀。

② 汽蚀。当设计不合理，或实际的运行工况与设计工况不一致，引起水侧局部管束的表面发生水的汽化时，容易在水侧的管壁发生汽蚀。

③ 结垢引起的坑蚀。冷却水流速过低，水质不好，水中含油污、泥垢、pH 值过高以及水中的菌藻等，都能使管束表面产生沉积物的堆积，并使沉积物覆盖下的管子金属的表面氧化膜因缺氧而破坏。

④ pH 值过低使管束产生电化学均匀腐蚀。在对冷却器的水侧进行化学清洗或正常运行时，若水质控制不好，则水侧的 pH 值过低，易使碳钢管束产生电化学均匀腐蚀。

（4）其他形式的腐蚀

换热器中还可能出现其他形式的腐蚀破坏，如管子与管板间的缝隙腐蚀，以及脱碳、碱脆、氢侵蚀等。

4.2.1.2　机械及热应力损伤

换热设备会在使用中受到各种不同类型的机械损伤。

（1）管子与管板胀接处发生松动

当胀接的管端与管板间的温差超过设计值时，会影响管子与管板的结合力。管子突然降温时，会因为胀接处的管子外径收缩而发生泄漏。管子温度比管板温度高得太多时，胀接处的管子会因此而发生塑性变形，之后当管子温度降至正常时，已塑性变形的管子由于外径已减小，同样会在管子与管板的胀接处发生泄漏。

（2）管子与管板大的温差引起焊缝开裂、胀接松脱

两端为固定式管板的换热器，当管子与壳体的温差大于设计值时，管、壳之间的热膨胀量的差太大，在管子与管板的连接处产生较大的附加应力，使焊缝开裂或胀接处松脱，结果在连接处发生泄漏。有时，从整体上看管程和壳程两侧介质的温差符合设计要求，但由于个别管子结垢、堵死等，使个别或局部的管子与壳体及周围其他管子的温差过大，同样会使连接处出现开裂、松脱而失效。对于这种损伤形式，不仅两端固定管板的换热器会发生，浮头式换热器的管束也同样会存在。温差越大，管束越长，管束及壳体的刚性越大，这种损坏越易产生。

4.2.1.3　化学清洗及机械清理引起的损伤

换热器在停工期间进行机械或人工清除垢层时，常常会使管束受到包括表面刮伤、压弯等损伤。过度的喷砂或化学清洗也会减薄管子的有效壁厚。

4.2.1.4　振动产生的疲劳损伤

与换热器相连的转动机械（如泵、压缩机等设备）的振动、介质的流动及介质压力的脉动，都有可能在一定条件下引起管束的振动。过度的管束振动会使管子受到疲劳损伤。其结果是产生疲劳开裂或腐蚀疲劳开裂。这种因管束振动而产生的疲劳裂纹一般都是环向裂纹。环向裂纹一般出现在管子的中间。

严重的管束振动也会使管子与管板之间的连接处，如焊缝或胀接处发生开裂或松脱。管子与折流板、折流杆也会因振动而互相摩擦使局部减薄。

4.2.2　换热器的操作维护要点

4.2.2.1　开车操作与维护

① 首先利用壳体上附设的接管，将换热器内的气体和冷凝液（流体为蒸汽时）彻底排净，以免产生水击，然后全部打开排气阀。

② 先通入低温流体，当液体充满换热器时，关闭排气阀。

③ 缓缓通入高温流体，以免由于温差大，流体急速通入而产生热冲击。

④ 温度上升至正常操作温度期间，对外部的连接螺栓应重新紧固，以防垫片密封不严而泄漏。

4.2.2.2　正常运行与维护

（1）检查泄漏与结垢情况

检查各静密封点有无泄漏，如法兰螺栓是否松动，填料、密封是否损坏等。要特别注意有没有内部换热管泄漏，这种情况不能直接看到，要通过工艺上的异常现象分析判断。

① 发现压力损失增加，说明管束内、外有结垢和堵塞的情况发生。

② 换热温度达不到设计工艺参数要求，说明管内、外壁产生污垢，传热系数下降，传热速率恶化。

③ 通过低温流体出口取样，分析其颜色、相对密度、黏度来检查管束的破坏、泄漏情况。如果冷却水的出口黏度高，可能是因管壁结垢、腐蚀速度加快和管束胀口泄漏所致。

（2）检查腐蚀、磨损情况

细心查看由于腐蚀锈蚀、冲刷造成的损伤，有无老化、脆化、变形、减薄等现象。

（3）检查松动情况

要检查整个换热器有无异常振动。对于采用法兰连接的密封处，因螺栓随温度上升而伸长，紧固部位将发生松动。因此，操作中在螺栓温度上升到150℃及以上时，应重新紧固螺栓。

（4）清洗

在正常运行过程中，换热器一般不需要太多操作，控制好流速、温度和温差，维持进口与出口温度、压力和流量正常，既有利于维护正常操作，也有利于防垢。但是换热器运行一段时间后，性能会有所降低，为使换热器长期连续运行，必须定期进行检查与清洗。操作运行中检查和清洗是一种积极的维护方法，它既能早期发现异常并采取相应的措施，又可保持管束表面清洁，保证传热效果和防止腐蚀。在操作中进行清洗，一般是指管内侧的清洗。对于易结垢的流体，可定期暂时地增加流量或进行逆流操作，以除去管内壁的污垢；此外，也可根据流体种类定期注入适宜的化学药品，将污垢溶解去除。

4.2.2.3　停车操作与维护

在正常情况下，换热器是不必停车的，在以下两种情况下需要停止换热器的操作：一种是系统停车，此时按系统停车要求停止换热器的操作；另一种是换热器本身原因停车，即当阻力降超过允许值、反冲洗又无明显效果、生产能力突然下降、介质互窜或介质大量外漏而又无法控制时，需要停车查找原因，清理或更换已损坏的零部件。此时的注意事项有以下几点。

① 缓慢关闭低温介质入口阀门，此时必须注意低压侧压力不能过低，随即缓慢关闭高温介质入口阀门，缩小压差。在关闭低温介质出口阀门后，再行关闭高温介质出口阀门。

② 冬季停车应放净设备的全部介质，防止冻坏设备。

③ 设备温度降至室温后，方可拆卸夹紧螺栓，否则密封垫片容易松动。拆卸螺栓时也要对称、交叉进行，然后拆下连接短管，移开活动封头。

4.2.3 换热器的停车维修

换热器使用一定的生产周期后，是会产生结垢等问题的，必须进行检查和维修，才能保证换热器有较高的传热效率，维持正常生产。

换热器停车以后，放净流体，拆开端盖（管箱），若是浮头换热器或 U 形管式换热器则应抽出管束。首先进行清扫，常用风扫（压缩空气）、水扫或汽扫。清扫干净后，如发现加热管结垢，再装上端盖进行酸洗。酸液的浓度一般配制成 6%～8%，酸洗过程中酸液浓度会逐渐下降，要及时补进浓酸以保持上述浓度；当浓度不再下降时，说明已经洗净垢层。然后用水洗净酸液，直到排出的水呈中性为止。

酸洗后打开端盖进行检查，看胀管端是否有松动，焊缝是否有腐蚀等。

酸洗时一定要注意作好防护措施（如穿戴防酸工作服、防酸手套、眼镜等），要注意安全，防止事故发生。

如果有些污垢不能清洗干净，也可采用机械清扫工具（如钢刷等）进行清扫或用加有石英砂的高压水进行喷刷。

清洗干净后，要进行水压试验，试验时如发现换热管泄漏，则要更换。首先拆下旧管，洗净管板孔，换入新管，按原连接方式与管板连接（焊接或胀接）并保证质量。对更换有困难的换热管也可采用堵塞办法，即用铁塞将两端管口塞住（铁塞的锥度为 3°～5°），但堵管量不能太多，一般不得超过总管数的 10%，否则减少传热面太多，满足不了生产需要。如果仅是胀管端泄漏，则可采用空心铁塞，即在铁塞中心钻孔。这样虽然减小了换热管的横截面，但是并不减小传热面积。

检修完成后再进行压力试验，试验压力与原设计图纸上技术要求规定的压力试验数值相同。试压时要缓慢升压并注意观察有无破裂、渗漏，试压后有无残余变形，确认合格方可验收，再投入生产。

4.3　塔设备的操作维护与修理

4.3.1　塔设备的运行维护

4.3.1.1　运行中的检查维护

塔设备在日常运行过程中，不仅受到内部介质压力、操作温度的作用，还受到物料的化学腐蚀和电化学腐蚀作用。塔设备能否长期正常运行，与运行中的检查维护有很大关系；能否及时发现隐患并排除，以继续维持正常操作，也与运行中的检查维护关系很大。所以，为了保证塔设备安全稳定运行，必须做好日常的检查维护，并认真记录检查结果，以作为定期停车检修的历史资料。塔设备日常检查的项目如下。

① 检查原料、成品、回流液等的流量、温度、纯度及公用工程流体（如水蒸气、冷却水、压缩空气等）的流量、温度和压力等。

② 检查塔顶、塔底等处的压力及塔的压力降，若压力降过大，应查找原因。

③ 检查塔底温度，如果塔底温度低，应及时排水，并彻底排净。

④ 检查连接部件是否因振动而松弛，有松动的应及时紧固。

⑤ 检查密封件有无泄漏，必要时重新紧固，恢复密封。

⑥ 检查仪表是否正常，动作是否灵敏可靠。

⑦ 检查保温、保冷材料是否完整，并根据实际情况进行修复。

⑧ 塔的机座和管线在开工初期受热膨胀后，不得出现错位。

⑨ 在寒冷地区运行的塔器，其管线最低点排冷凝液的结构不得造成积液和冻结破坏。

⑩ 经常观察塔基础的下沉情况，如有异常应及时解决。

⑪ 保持塔体油漆完整，注意清洁卫生。

由于工艺条件发生变化、操作不慎或设备发生故障等而造成不正常现象，一经发现，就应及时处理，以免造成事故。

4.3.1.2　停车检查

在定期停车检修期间，将塔设备打开，检修其内部部件。注意在拆卸塔板时，每层塔板要作出标记，以便重新装配时不致出现差错。此外，在停车检查前预先准备好备品备件（如密封件、连接件等），以便更换或补充。停车检查的项目如下。

① 取出塔板或填料，检查、清洗污垢或杂质。

② 检测塔壁厚度，作出减薄预测曲线，评价腐蚀情况，判断塔设备使用寿命；检查塔体有无渗漏现象，进行渗漏处的修理安排。

③ 检查塔板或填料的磨损破坏情况。

④ 检查液面计、压力表、安全阀是否发生堵塞和在规定压力下动作，必要时重新调整和校正。

⑤ 如果在运行中发现有异常振动，停车检查时要查明原因。

对于填料塔，还要注意以下要点。

① 检查、清理或更换喷淋装置或溢流管，保持不堵、不斜、不坏。

② 检查填料支撑板（箅板）的腐蚀程度，防止因腐蚀而塌落。

③ 排放塔底积存脏物和碎填料。

工艺操作人员参与塔设备的停车检查，对更加熟悉设备，更好地进行操作维护很有好处。

4.3.2　塔设备的缺陷和故障

塔设备的缺陷和故障因介质的种类、操作过程和构造材料的不同而不同，一般常以如下的几种形式出现。

（1）设备工作表面积垢

这种故障能使设备的有效容积减小，孔道堵塞，传热效率降低，流体阻力增加。产生积垢的原因如下：在被处理的物料中含有机械杂质（如泥沙等）；在被处理的物料中有结晶析出和沉淀；有机物在加热、水解或胶化过程中分解出焦化物；硬水所产生的水垢；设备结构材料被腐蚀而产生的腐蚀产物。

（2）设备连接处失去密封能力

这种故障主要发生在法兰连接处，它会造成设备漏损，生产能力降低，劳动条件恶化，甚至由于剧毒气体（如 CO）和易燃气体（如石油气体）的泄漏而发生严重的事故。法兰失去密封能力的原因如下：法兰连接螺栓没有拧紧或拧得过紧而使螺栓产生了塑性变形，或者是由于设备工作中的振动而引起螺栓连接的松动；密封垫圈产生了疲劳破坏（失去弹性），或者是受到工作介质的腐蚀作用而破坏；法兰面上的衬里衬得不平整，或焊接法兰本身有翘曲。上述现象在高温下尤其容易产生。

（3）设备壳体壁厚减薄

这种缺陷的产生原因是设备在操作过程中受到介质的腐蚀、冲蚀和摩擦作用。

（4）设备壳体的局部变形

这种缺陷表现为壳体截面变成椭圆形（压扁）和局部的凹入与凸出等，因而使设备的可靠性大大降低。

（5）设备壳体的裂缝

这种缺陷主要产生在焊缝附近，它的危害性与设备连接处失去密封能力时相同，有时还可能发生突然破裂。

4.3.3　塔设备的修理

4.3.3.1　修理前的准备

当塔设备出现上述缺陷和故障时，就必须及时地进行停工修理，以免发生设备损坏事故。但是为了保证修理工作能安全进行，在停工后、修理前，要做好防火、防爆和防毒的安全工作，彻底吹净设备内部的可燃性或有毒性的介质。包括蒸煮、吹净、可燃性及有毒性介质的检验等。

设备在进行清除（清洗）以前，首先应截断与设备相连接的管线，然后用蒸汽蒸煮，接着用蒸汽或惰性气体（如 N_2）吹净。吹净以后，由分析人员完成设备内部残留的可燃性和有毒性介质的浓度检查。为了保证工作人员在进入设备内部工作时的安全，最后还应用空气吹净。

4.3.3.2　塔设备修理方法简述

① 清除积垢。积垢最容易在设备截面急剧改变或转角处产生，目前最常用的清除积垢的方法有机械法和化学法。

常用的机械除垢法有以下四种。

手工机械除垢法：此法是用刷、铲等简单工具来清除设备壳体内部的积垢。

水力机械除垢法：此法劳动强度低，生产率高，清除下来的积垢可以和水一起从底部流出。

风动和电动机械除垢法：生产能力较高，而且它也可以清理公称直径相接近的几种管子，一般适用于公称直径大于或等于 60mm 的管子。

喷砂除垢法：此法可以清除设备或瓷环内部的积垢。

化学除垢法是利用化学溶液与积垢起化学作用，使器壁上的积垢除去。化学溶液的性质可以是酸性的或碱性的，视积垢的性质而定。化学除垢法除垢后，需用蒸汽或水进行洗涤。为了防止溶液对设备的腐蚀作用，在溶液中加入少量的缓蚀剂（小于 1%）即可显著地降低溶液的腐蚀性。缓蚀剂形成了选择性腐蚀的条件，这时水垢被破坏和溶解，但不会腐蚀金属。对于酸性溶液，经常采用有机缓蚀剂，如磺化胶、淀粉及动物胶等。

② 恢复密封能力。恢复设备法兰的密封能力可用以下三种措施：拧紧松动的螺栓；更

换变质的垫圈；加工不平的法兰（密封面）或更换新法兰。

③ 壁厚减薄的处理。用超声波测厚仪测量设备壁厚，厚度还在允许范围内，可继续使用；厚度小于或等于最小壁厚时，应减压使用，或修理严重腐蚀部位，或将设备整体报废。

④ 裂缝的修理。这种方法只适用于工作压力不大于 0.07MPa（表压）的常压设备。

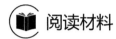 **阅读材料**

机械零件修复的新技术——从激光修复到 3D 打印

随着科学技术的进步，机械设备向着高精度、高自动化、高智能化发展，服役条件更为苛刻，因而对机械零件的修复要求更高。传统的机件修复法主要依靠电焊或气焊，但许多精密件对强度、韧性、尺寸精度都有严格要求，普通的焊接工艺往往不能满足要求。而昂贵配件的更换会大幅度增加成本，降低经济效益，许多配件并无现成的备件。激光在机件修复技术上的应用，则较好地解决了上述难题。

激光的性能是强度高，方向性好，颜色单纯。它可以通过一系列的光学系统，把激光束聚焦成一个极小的光斑（直径仅有几微米到几十微米），获得 $108 \sim 1010 \text{W/cm}^2$ 的能量密度以及 10000℃ 以上的高温，能在千分之几秒甚至更短的时间内使各种物质熔化或汽化。现代激光修复技术的应用主要有以下几个方面：激光焊接，即在加工区将焊接件烧熔使其黏合在一起，与其他焊接方法相比具有速度快、无焊渣且对不同材料间的焊接（如对于晶体管焊接、金属材料与非金属材料之间的焊接）具有很好的焊接能力；表面激光熔敷，即在极短的时间内熔融涂层并与基体金属扩散互溶，冷凝后再修复表面形成具有耐磨、耐腐蚀、耐高温的合金涂层；激光相变硬化，即对于修复加工后的机件，用激光对其表面进行热处理，使其表面组织发生改变，在保持机件不变形的前提下，可得到高的表面硬化层，以满足使用要求。

现代机械零件修复技术除了激光修复技术外，还有热喷涂技术、堆焊修复技术、特种电镀技术和胶接修复技术等，它们在目前的机械零件修复过程中都起到了重要作用。而且，激光修复技术已经发展成为金属材料的 3D 打印技术。

4.4　磨损与润滑

机械设备在工作过程中，相互接触的零件在相对运动时必然要产生摩擦，而摩擦则会导致磨损。由于摩擦而引起零件表面层材料被破坏的现象称为磨损。零件的磨损会降低设备的机械效率，使能量消耗急剧增加，生产能力显著下降。并且，会使机器运转不良、噪声和振动增大，出现故障。据统计，约 80% 的机械零件是由于磨损而失效。了解磨损及其规律，讨论影响磨损的各种因素，对减少磨损、节约能源、提高设备的安全性和可靠性，延长其使用寿命，创造更大的经济效益，有着十分重要的意义。

4.4.1　磨损的种类

4.4.1.1　按原因和本质分类

根据磨损产生的原因和磨损过程的本质，可分为磨料磨损、黏着磨损、疲劳磨损和腐蚀磨损。

（1）磨料磨损

当有硬质微粒（如尘埃、砂粒、金属屑）进入摩擦表面时，由于它们对表面的刮伤而引起的磨损称为磨料磨损。通常所说的磨损主要指这种磨损。

（2）黏着磨损

由于摩擦表面凹凸不平，在相对运动和一定载荷作用下，接触点产生瞬时高温和高压而发生黏着。这些黏着点在相对运动时又被撕裂，使金属表面更加不平，之后出现黏着、撕裂、再黏着、再撕裂的反复循环，称为黏着磨损。通常所说的抱轴、烧瓦、拉缸等现象就是这种磨损。黏着磨损一般出现在高速、重载而润滑不良的场合。

（3）疲劳磨损

当摩擦面承受周期性载荷时，表层金属产生接触疲劳形成微裂纹。由于润滑油的楔入，在裂纹内壁产生巨大的压力迫使裂纹加深和扩展而出现麻点剥落，即形成疲劳磨损。齿轮的齿面、滚动轴承的滚道容易产生这种磨损。

（4）腐蚀磨损

在摩擦过程中，金属同时与周围介质发生化学反应或电化学反应，使腐蚀和磨损共同作用导致零件表面层材料的破坏，称为腐蚀磨损。

4.4.1.2　按磨损时间分类

根据磨损延续时间的长短，又可分为自然磨损和事故磨损两类。

（1）自然磨损

自然磨损是指机器零件在正常工作条件下，在相当长的时间内逐渐产生的磨损，故也称正常磨损。

（2）事故磨损

事故磨损是指机器零件在不正常的工作条件下，在很短的时间内产生的磨损。其特点是磨损量迅速、不均匀地增加，引起机器工作能力迅速、过早地降低，甚至突然发生机器或零件损坏的事故，所以称为事故磨损或不正常磨损。

事故磨损是由于下列因素造成的：机器构造有缺陷，零件材料质量低劣，零件制造和加工不良，部件或机器的装配安装不正确，违反机器的安全技术操作规程和润滑规程，修理不及时或质量不高以及其他意外的原因等。

在一般情况下，当自然磨损达到一定的极限值后，而没有及时地进行修理，是发生事故磨损的主要原因。因此，为了防止事故磨损的发生，就必须首先了解和掌握磨损的变化规律。

4.4.2　磨损的规律

机械设备在工作过程中，由于各零件的材质不同，工作条件不同，其磨损量和磨损速度也各不相同，但从磨损的发展过程看有着相同的变化规律。它可分为以下三个阶段。

（1）初磨阶段（跑合阶段或磨合阶段）

初磨发生在新装配的或修理后的机器零件中，其磨损速度和磨损量较大。

（2）稳定磨损阶段（自然磨损阶段）

这种磨损发生在稳定工作阶段，磨损速度低，但不可避免。

（3）剧烈磨损阶段（事故磨损阶段）

经过较长时间的稳定磨损以后出现剧烈磨损。此时机械效率下降，精度降低，摩擦面温度急剧上升，出现异常的噪声和振动，若不及时停车修理则会导致事故的发生。因此，剧烈磨损阶段又称为事故磨损阶段。

配合件从正常运转开始到事故磨损以前为止，这一段持续较长的时间为配合件的正常工作时间，也就是其修理间隔期。

4.4.3 减少磨损的措施

（1）加强润滑

机件的磨损是由于接触面的相对摩擦引起的。为了减小摩擦，可在摩擦面之间加入润滑剂，使原来直接接触的表面相互隔开，以减少和防止磨损，同时减小摩擦消耗的能量。当两个摩擦表面由润滑油完全隔开时称为液体摩擦，此时配合件的磨损最小。可见，在摩擦表面之间建立液体摩擦对减少磨损具有特别重要的意义。

在实际工作中，为了保证形成液体摩擦，要控制滑动轴承最合适的间隙。

（2）改善零件表面层的材料性能或状态

零件表面层材料的硬度和韧性是影响耐磨性的主要因素。材料的硬度高，对表面变形的抵抗能力强，但过高的硬度会使材料脆性增加，表面易产生磨粒状剥落；而材料的韧性好则可防止磨粒的产生，提高耐磨性。此外，增加材料的孔隙度可蓄集润滑剂，减小摩擦，提高耐磨性，提高材料的化学稳定性，则可减少腐蚀磨损。

（3）采用适宜的零件表面粗糙度

表面粗糙度值大，接触面相对运动时产生的摩擦磨损就大。但是实验指出，最小磨损量并不是在粗糙度值最小的光滑表面上获得，而是在一最合适的粗糙度值下得到。因为表面过于光滑时，不易吸附润滑油而形成油膜，同时两个相互接触的表面分子之间的吸附作用大，所以使磨损量加大。

（4）避免不利的工作条件

零件的工作条件指单位面积的负荷、相对运动的速度、工作温度和摩擦面运动的性质等。当处于液体摩擦时，相对运动速度增加反而使磨损减小；频繁的启动和停车会加剧磨损；环境的清洁情况和温度等，对磨损也有很大的影响。

（5）避免不良装配和不良修理

零件装配不良、配合件修理或调整后间隙过大或过小、相互配合的表面不平整或表面粗糙度不合要求等，都会引起机器运转不灵活，产生噪声、振动等，使磨损迅速增大，严重的会导致事故和机器损坏，因此必须充分保证零件的装配和修理质量。

在化工企业，与工艺操作关系密切的是加强润滑和避免不利的工作条件两条措施。

4.4.4 润滑剂

4.4.4.1 润滑剂的主要作用

① 润滑作用：改善摩擦状况，减少摩擦，防止磨损，同时还能减少动力消耗。

② 冷却作用：摩擦时所产生的热量，大部分被润滑油带走，少部分热量经过传导辐射直接散发出去。

③ 冲洗作用：磨损下来的碎屑被润滑油带走。冲洗作用的好坏对磨损影响很大，在摩擦面间形成的油膜很薄，金属碎屑停留在摩擦面上会破坏油膜，形成干摩擦，造成磨粒磨损。

④ 减振作用：摩擦件在油膜上运动，像浮在"油枕"上一样，润滑油对设备的振动起一定的缓冲作用。

⑤ 保护作用：利用润滑油来防腐蚀和防尘，起到保护作用。

⑥ 卸荷作用：由于摩擦面间有油膜存在，作用在摩擦面上的负荷就比较均匀地通过油膜分布在摩擦面上，油膜的这种作用称为卸荷作用。

⑦ 密封作用：利用压缩机的缸壁与活塞环之间的润滑油来密封被压缩的气体，就是借助了油膜的密封作用。

可见，在轴承和机器的运动摩擦部位使用润滑剂进行润滑，不但能降低摩擦、减少磨损、防止表面损坏，还可以起到冷却、吸振、防尘、防锈等作用。

4.4.4.2 润滑剂的分类

按照工业产品的应用场合，润滑剂、工业用油和有关产品归类为 L 类产品，因而所有润滑剂代号的第一个字母均为 L。润滑剂的品种繁多，按其物理状态可分为液体润滑剂、半固体润滑剂、固体润滑剂、气体润滑剂等四大类。

① 液体润滑剂：包括矿物润滑油、合成润滑油、动植物油和水基液体等。

② 半固体润滑剂（润滑脂）：润滑脂在常温常压下呈半流动的油膏状态，故又称为固体润滑剂。它是由基础润滑油和稠化剂按一定的比例稠化而成的。

③ 固体润滑剂：固体润滑剂以固体形态存在于摩擦界面之间起润滑作用，有软金属、金属化合物、有机物和无机物。常用的有二硫化钼、石墨、聚四氟乙烯等。

④ 气体润滑剂：气体也是流体，同样符合流体的物理规律，因此在一定条件下气体也可以像液体一样成为润滑剂。常用的有空气、氢气、氮气、氦气等。

4.4.4.3 润滑油

润滑油是液体润滑剂，主要指矿物油。目前全世界矿物润滑油的年产量超过 2 万吨，占润滑剂总产量的 95% 以上。

按照 GB/T 7631.1—2008，润滑油的代号由类别、品种及数字组成，书写形式为类别＋品种＋数字。类别用 L 表示。品种是指润滑油按应用场合的分组：A—全损耗系统；B—脱模；C—齿轮；D—压缩机；E—内燃机；F—主轴、轴承、离合器；G—导轨；H—液压系统；M—金属加工；N—电器绝缘；P—气动工具；Q—热传导液；R—暂时保护防腐蚀；T—汽轮机；U—热处理；X—用润滑脂的场合；Y—其他应用场合；Z—蒸汽气缸等。另外，品种代号中还可能有一个或多个其他字母，以表示该品种的进一步细分种类。

数字代表润滑油的黏度等级，其数值相当于 40℃ 时的中间运动黏度值，单位为 mm^2/s（有些则是批号，不是黏度等级则要注明），按 GB/T 3141—1994 规定有 2、3、5、7、10、15、22、32、46、68、100、150、220、320、460、680、1000、1500、2200、3200 共 20 个等级。

例如 L-AN100，表示黏度等级为 $100mm^2/s$ 的全损耗系统润滑油，其在 40℃ 时运动黏度是 $90 \sim 110mm^2/s$，中间值为 $100mm^2/s$。

黏度是润滑油的重要质量指标，黏度过小，会形成半液体润滑而加速磨损并漏油；黏度过大，流动性差，渗透性和散热性差，内摩擦阻力大，启动困难，功率消耗大。因此合理选择黏度很重要。同时，黏度会随温度变化，称为黏温特性，用 40℃ 和 100℃ 时的黏度进行比较可得出黏温性能的好坏。

全损耗系统是指非循环润滑系统，一次性加入润滑油并一次性使用消耗掉。L-AN 油是目前常用的全损耗系统用油，仅用来润滑安装在室内、工作温度在 60℃ 以下的各种轻负荷机械。在旧标准中称为机油或机械油。全损耗系统用油（L-AN 油）与旧标准的机油、机械油牌号对照见表 4-2。常用润滑油的品种、性能和用途见表 4-3。

表 4-2　全损耗系统油 L-AN 新旧标准牌号对照表

标准号	GB/T 7631.13—2012	GB 443—1989	老标准
名称	全损耗系统用油	机械油	机油
代号（按黏度等级分）	L-AN5	N5	4♯、5♯
	L-AN7	N7	5♯、6♯
	L-AN10	N10	7♯、10♯
	L-AN15	N15	10♯
	L-AN22	N22	15♯
	L-AN32	N32	20♯
	L-AN46	N46	30♯
	L-AN68	N68	40♯
	L-AN100	N100	60♯、70♯
	L-AN150	N150	80♯、90♯

表 4-3　常用润滑油的品种、性能和用途

组别代号	润滑油名称	品种代号	黏度等级或牌号	性能	用途
A	全损耗系统用油	AN	5,7	良好的润滑性；无水分、机械杂质和水溶性脂或碱	转速较高或间隙较小的机床主轴
			10,15	适当的黏度；良好的润滑性；强的抗泡沫性和抗乳化性；低的残炭、酸值、灰分、机械杂质、水分等	高速轻载机械的轴承，小功率电动机、鼓风机轴承
			22		中型电动机轴承、风动工具
			32		中型中低速运转的电动机、鼓风机、水泵等，中型机床的主轴箱、齿轮箱及轴承
			46,68		低速大型设备、蒸汽机、中型矿山机械、铸造机械
			100,150		重型机床、矿山机械、造纸机械、锻压机械、卷板机
C	齿轮油（车辆齿轮油）	CLC		适当的黏度、极压性；良好的抗氧化性、抗乳化性、防锈性	中等速度和负荷比较苛刻的手动变速器和弧齿锥齿轮的驱动桥
		CLD			在低速高转矩、高速低转矩下工作的各种齿轮
		CLE			在高速冲击负荷、高速低转矩和低速高转矩下工作的各种齿轮
D	压缩机油			良好的抗氧化性、抗乳化性；较好的黏温特性；形成积炭的倾向低	用于压缩机、冷冻机和真空泵

4.4.4.4 润滑脂

半固体润滑剂又称润滑脂或干油、黄油，是由矿物油或合成油与稠化剂、添加剂在高温下混合而成的。润滑脂的主要功用是减摩、防腐和密封。润滑脂的主要性能指标是稠度和滴点，此外还有抗水性、机械稳定性和防锈性等。稠度是指润滑脂在外力作用下抵抗变形的能力，它用锥入度（针入度）来定量表示。锥入度是指用质量为 150g 的标准圆锥体，在 25℃的恒温下由润滑脂表面经 5s 后沉入润滑脂内的深度（以 0.1mm 为单位）。锥入度越小，表示稠度越大，则润滑脂的承载能力越大，密封性越好，但摩擦阻力大，不适用于高速轴承。所谓滴点是在规定的加热条件下润滑脂从标准量杯的孔口滴下第一滴时的温度。它标志着润滑脂的耐热性能，选用时应使润滑脂的滴点比轴承工作温度高 15～20℃。

通常钙基润滑脂的耐热性较差，而抗水性较好；钠基润滑脂的耐热性较好，而抗水性较差；锂基润滑脂的耐热性和抗水性均较好，但价格较贵。表 4-4 列出了几类常用润滑脂的性能和主要用途，可供选择润滑脂时参考。随着技术的更新换代，耐热性差的钙基润滑脂将逐步被淘汰。

表 4-4　常用润滑脂的性能和主要用途

润滑脂		牌号	针入度 /10^{-1}mm	滴点/℃ ≥	性能及主要用途
	名　称				
钙基	钙基润滑脂 GB/T 491—2008	1	310～340	80	抗水性好,适用于潮湿环境,但耐热性差 目前尚广泛应用于工农业、交通运输等机械设备中低载荷轴承的润滑,逐渐为锂基润滑脂所取代
		2	265～295	85	
		3	220～250	90	
		4	175～205	95	
钠基	钠基润滑脂 GB 492—89	2	265～295	160	耐热性很好,黏附性强,但不耐水 适用于不与水接触的工农业机械的轴承润滑,适用温度范围为 −10～110℃
		3	220～250	160	
锂基	通用锂基润滑脂 GB/T 7324—2010	1	310～340	170	具有良好的润滑性能、机械安定性、耐热性和防锈性,抗水性好 为多用途、长寿命通用脂,适用于 −20～120℃ 各种机械的轴承及其他摩擦部位的润滑
		2	265～295	175	
		3	220～250	180	
	极压锂基润滑脂 GB/T 7323—2019	00	400～430	165	具有良好的机械安定性、抗水性、极压抗磨性、防锈性和泵送性 为多效、长寿命通用脂,适用于 −20～120℃ 的重载机械设备齿轮轴承的润滑
		0	355～385	170	
		1	310～340	180	
		2	265～295	180	
铝基	复合铝基润滑脂 SH/T 0378—1992	0	355～385	235	耐热性、抗水性、流动性、泵送性、机械安定性等均好 称为"万能润滑脂",适用于 −20～160℃ 范围的各种机械设备的润滑。0、1 号脂泵送性好,适用于集中润滑;2 号适用于轻中载荷设备轴承
		1	310～340		
		2	265～295		
	滚珠轴承润滑脂 SH/T 0386—1992	2	250～290	120	具有良好的润滑性能、化学稳定性、机械稳定性 用于汽车、电动机、机车及其他机械滚动轴承的润滑
合成润滑脂	7412 号齿轮脂	00	400～430	200	具有良好的涂覆性、黏附性和极压润滑性,使用温度为 −40～150℃ 为半流体脂,适用于各种减速箱齿轮的润滑,解决了齿轮箱漏油的问题
		00	445～475	200	

润滑脂比较黏稠，油膜强度高，承载能力大，且容易密封而不易流失，故更换周期长；但润滑脂的摩擦阻力大，润滑效果不如润滑油好，因此一般只用于要求不高的低速轴承或难以经常供油的轴承。

4.4.4.5 固体润滑剂

固体润滑剂是指具有润滑作用的固体粉末或薄膜，可代替液体来隔开相互运动的摩擦表面以降低表面间的摩擦和磨损。这类润滑材料虽然历史不长，但是其经济效果好，适应范围广，发展速度快，能够适应高温、高压、低速、高真空、强辐射等特殊使用工况，特别适合用于给油不方便、装拆困难的场合；此外，还能够免除油的污染滴漏，提高产品质量，不需设置供油系统。当然，它也有摩擦系数较高、冷却散热不良等缺点。

常用的固体润滑剂有石墨、二硫化钼、聚四氟乙烯、尼龙、氮化硼和氟化石墨等。固体润滑剂主要应用于要求苛刻的严峻工况，如重载（重型机械和金属冷挤压模具等）、高温（炼钢机械、核反应堆支架等）、低速（机床导轨等）、超高真空（航天器中的机械等）、超低温（液氢和液氧输送泵等）、强辐照（核反应堆等）、强腐蚀（化工设备等）、污染（航天器的推力系统、纺织机械和造纸机械等）、安装后工作人员不便接近（核能机械和飞机的密封部件等）和要求环境非常清洁（食品、医疗和制药机械等）等场合。

固体润滑剂的使用方式有：直接使用粉末固体润滑剂，或将粉末如石墨粉和二硫化钼粉等添加到润滑油、润滑脂中使用等；以复合材料或组合材料的形式使用，如以金属为基体的复合材料和将金属液浸渍到石墨孔隙中的金属石墨组合材料；以各种覆盖膜的形式使用，如黏结膜、转化膜、等离子喷镀膜和溅射膜；整体使用，如将尼龙或聚四氟乙烯塑料制成齿轮、轴承和凸轮等。

4.4.4.6 润滑剂的选择原则

要得到良好的润滑，必须选择合适的润滑剂。润滑剂的选择应考虑轴承上载荷的大小和性质、润滑表面相对速度的大小以及轴承的工作温度等因素。选择的基本原则是：轻载、高速、低温的轴承应选用黏度较小的润滑油，重载、低速、高温的轴承应选用黏度较大的润滑油。

4.4.5 润滑方式及润滑装置

4.4.5.1 润滑油润滑

采用润滑油润滑时，常用的润滑方式可分为间歇式供油和连续式供油两大类。间歇式供油（如用油壶定期加油）只能用于低速、轻载轴承。对较重要的滑动轴承应采用连续式供油。常用的连续供油方式有以下几种。

① 滴油润滑。图4-2（a）所示为一针阀注油杯，当手柄卧倒时，阀杆由于弹簧的推压，将底部的漏油孔堵住；当手柄直立时，阀杆向上提起，下端油孔便打开，使润滑油流到轴颈上去，如图4-2（b）所示。旋动螺母，可以调节供油量的大小。

② 油环润滑。轴上套有油环，油环下部浸在油池里（图4-3）。当轴回转时，油环随之转动，把油带到轴上去。采用油环润滑时，如轴的转速过低，油环不能把油带起；轴的转速过高，油环上的油易被甩掉。因此，一般适用的转速范围为100～2000r/min。

③ 飞溅润滑。利用转动零件（如齿轮、曲轴的曲柄或装在轴上的甩油盘）浸入油池中，在旋转时把润滑油溅到轴承上，这种方法简单可靠。溅油零件的圆周速度不宜过高，浸入油内的深度也不宜过深。

④ 压力润滑。用油泵把油通过油管打进轴承等位置。这种润滑能保证连续供油，而且供油量可以调节，即使在高速重载情况下，也能取得很好的润滑效果，但需要增加一套供油设备，常用于高速或重载的机器中。

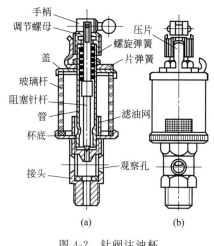

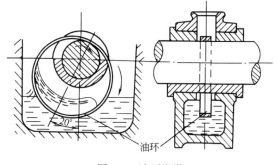

图 4-2 针阀注油杯

图 4-3 油环润滑

另外，还有油雾润滑、集中润滑等。

4.4.5.2 润滑脂润滑

润滑脂的润滑只能是间歇的。通常采用以下两种方法润滑。

① 旋盖注油杯。如图 4-4 所示，这是应用较广的油脂润滑装置，也称黄油杯。杯内充满润滑脂，旋紧杯盖时，便可将润滑脂压到轴承油孔中。

② 压注油杯。如图 4-5 所示，使用这种油杯必须定期用油枪向油孔内压注润滑脂。

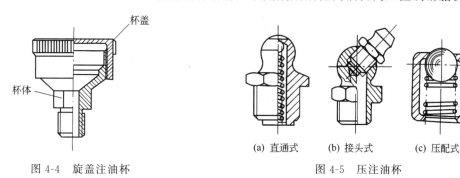

图 4-4 旋盖注油杯

图 4-5 压注油杯

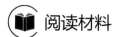 阅读材料

气体润滑与气体轴承

气体润滑技术是 20 世纪中期以后发展起来的一项高新技术，它的出现打破了液体润滑的一统天下，使润滑技术产生了质的飞跃。气体轴承就是这项技术开发出的核心产品，它是利用气膜支承负荷或减少摩擦的机械构件。气体轴承作为滑动轴承的一个新类型，已加入了轴承这个大家族之中。与滚动轴承及滑动轴承相比，气体轴承具有速度高、精度高、功耗低、寿命长、结构简单、便于推广等优点。它使轴承速度提高了 5~10 倍，支承精度提高 2 个数量级，功耗降低了 3 个数量级，而轴承的工作寿命则增长了数十倍；同时，它还打开了常规支承所长期回避的一些润滑禁区，如高速支承、低摩擦低功耗支承、高精密支承以及超高温、低温、有辐射等特殊工况下的支承。这无疑是支承形式与润滑技术上的一次革命。

近年来在计算机领域用于支承高速磁头和磁盘的气膜润滑问题,是一项超薄膜润滑技术,使润滑技术向微观世界发展、向"分子润滑"(即研究接近于分子活动范围的润滑现象的理论)技术迈进。这一新技术的出现,意味着润滑技术又向新的高度跃进。

气体润滑技术的开发潜力很大,气体轴承的应用前景十分广阔。

*4.5 振动防治技术

振动是指一个物体在平衡位置附近作一种周期性的往复运动。机械设备在运转时将不可避免地产生振动,引起机械振动的原因主要有旋转或往复运动部件的不平衡、磁力不平衡和部件的互相碰撞三个方面。振动一方面直接向空气中辐射噪声,另一方面以弹性波的形式通过与之相连的结构,从固体中向外传播,并在传播的过程中向空气中辐射噪声。因此,振动控制和噪声控制两者是密切相关的。

振动和噪声有着十分密切的联系。声波就是由发声物体的振动产生的。当振动的频率在20～20000Hz的声频范围内时,振源同时也就是噪声源。当振源直接与空气接触时,形成声波的辐射称为空气声。若振源的振动以弹性波的形式在固体中传播,并在与空气接触的界面处再引起声辐射称为固体声,也可称为结构噪声。因此,隔绝振动在固体构件中的传递、降低固体界面声辐射效率都有利于控制噪声(前者称为隔振,后者称为阻尼)。降噪问题实质上也是一个减振的问题。

4.5.1 常见的化工设备振动现象及原因

化工设备的振动主要是一些运转设备在工作时产生的振动。例如,站在活塞式压缩机旁,会明显地感到地基有振动,同时噪声大,主要是由活塞、曲柄运动时的冲击力造成的;风机的噪声很大,其中很大一部分是由高速气流本身引起的;固体破碎(粉碎)设备工作中的冲击较大,振动和噪声也相应较大;柱塞泵工作时由于吸液、排液都是脉动的,于是对管道产生较大冲击,特别是在弯道处冲击大,如果出现"共振"(共振是指干扰力出现的频率等于或接近物体的固有频率时,振动幅度增大很多的现象),则振动就更大,易造成管道损坏。

以上是指运转设备正常工作时的振动和噪声,如果出现操作失误或设备故障,将可能出现其他异常振动和噪声。以离心泵为例,以下情况都会出现异常振动和噪声:泵安装不良(包括泵和电动机不同心、轴承间隙过大、叶轮歪斜、叶轮与泵体摩擦);轴弯曲;叶轮内有异物;轴承内有水或生锈;轴承磨损;叶轮腐蚀和(或)磨损后转子不平衡;地脚螺栓松动;喘振;水锤;外振源传导管道固定不妥;吸入管有空气渗入;液体温度过高等。

对于离心机,如果操作中出现布料不均、局部漏料、混入大块异物、连接构件松动等,都会引起振动,有时刮刀卸料也会产生振动。

4.5.2 振动的危害及对环境的污染

振动是造成设备结构损坏及寿命缩短的原因,同时振动将导致机器和仪器、仪表的工作效率、工作质量和工作精度降低,严重时还会直接损坏仪器设备。此外,机械结构的振动引起强烈的空气噪声。冲床、锻床工作时不仅产生强烈的地面振动，而且产生很大的撞击噪声，高达 100dB 以上。活塞式压缩机等运转设备工作时的振动和噪声也很大，而且是连续不断的。机器振动通过基础、楼板、墙壁，可以迅速传递到很远处，在较大范围内造成振动和噪声，对环境形成污染。

振动会对人的身心健康产生危害。长期在振动环境下工作的人，会引起多方面的病症。例如，长期使用振动工具，会产生手部职业病，使手指端间断性发白、发紫、发抖、麻木发热等，称为雷诺式症状。当振动的频率接近人体某一器官的固有频率时，还会引起共振，对该器官产生严重影响和危害。例如，人的胸腔和腹腔系统对频率为 4～8Hz 的振动有明显的共振效应，因此人体若承受频率 4～8Hz 的振动将会受到严重的损伤。

4.5.3　振动控制技术

控制振动和控制噪声一样，可以从振源、传递途径和接受体三方面着手：振源控制主要是减弱或消除振源振动，对作为振源的机械设备采取隔振措施，防止振源产生的振动向外传播，称为积极隔振或主动隔振；传递途径控制可通过隔振、阻尼等方法阻止或减弱振动从振源向接受体传输；接受体的控制也是通过接受体系统的改变（加强筋、阻尼等）来减弱接受体的振动强度或降低接受体对振动的敏感程度。概括起来，振动控制的方法有三类，即振源振动控制、隔振和阻尼减振。

（1）振源振动控制

振源控制法是减少和消除振源振级，这是最彻底、最有效的方法。首先是减少机器扰动，如通过改造机械的结构，改善机器的平衡性能，提高设备制造精度，减少振动结构的装配公差，改变干扰力方向等。其次是控制共振。可以通过改变机械结构的固有频率、改变机器转速来避免共振；或将振源安装在非刚性基础上，管道和传动轴采用隔离固定，在仪表柜等薄壳体上采用阻尼减振技术等，可大大减少共振的影响。

目前，化工企业运转设备的振动和噪声还无法消除，有些振动和噪声是必然出现的。但是，首先可以从设计、制造和安装技术上控制和减小设备本身的振动幅度，其次应该做好操作维护工作，在出现异常振动和噪声时及时予以排除。

（2）隔振

① 隔振原理。隔振就是在振源和需要防振的设备之间安置隔振装置，使振源产生的大部分振动能量被隔振装置所吸收，减少了振源对设备的干扰，从而达到减少振动的目的。

根据振动传递方向的不同，隔振可分为两类：积极隔振和消极隔振。

积极隔振是隔离机械设备本身的振动，避免通过其机脚、支座将振动传到基础或基座，以减少振源对周围环境或建筑结构的影响，也就是隔离振源。一般的动力机器、回转机械、锻压和冲压设备均需要积极隔振。所以积极隔振也称为动力隔振。

消极隔振是防止周围环境的振动通过地基（或支承）传到需要保护的仪表、器械。电子仪表、精密仪器、贵重设备、消声室、车载运输物品等均需进行隔振。所以也把消极隔振称为运动隔振或防护隔振。

② 隔振装置。隔振装置可分为隔振器和隔振垫两大类。隔振器是经专门设计制造的、具有确定形状和稳定性能的弹性元件，使用时可作为机械零件进行装配。常用的有金属弹簧

隔振器（图 4-6）、橡胶隔振器（图 4-7）、钢丝绳隔振器和空气弹簧隔振器（图 4-8）等。隔振垫利用弹性材料本身的自然特性，一般没有确定的形状尺寸，可根据实际需要来拼排或裁剪。常见的有软木、毛毡、泡沫塑料、玻璃纤维和橡胶隔振垫（图 4-9）等。

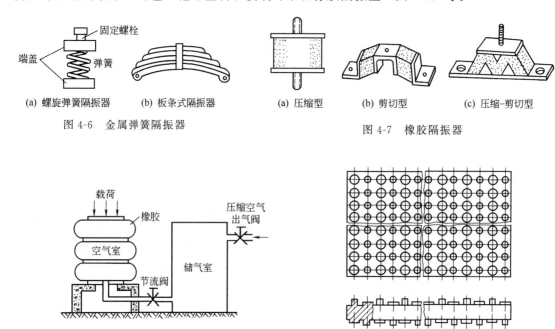

　　（a）螺旋弹簧隔振器　　　（b）板条式隔振器　　　　　（a）压缩型　　　（b）剪切型　　　（c）压缩-剪切型

　　　　　图 4-6　金属弹簧隔振器　　　　　　　　　　　　　　图 4-7　橡胶隔振器

　　　　图 4-8　空气弹簧隔振器　　　　　　　　　　图 4-9　WJ 型橡胶隔振垫

　（3）阻尼减振

　　① 阻尼减振作用和原理。阻尼是降低共振响应的最有效方法。阻尼的作用是将振动能量转换成热能耗散掉，以此来抑制结构振动，达到降低噪声的目的。这种处理方法称为阻尼减振。

　　阻尼减振主要是通过减弱金属板弯曲振动的强度来实现的。在金属薄板上涂覆一层阻尼材料，当金属薄板发生弯曲振动时，振动能量就迅速传给涂覆在薄板上的阻尼材料，并引起薄板和阻尼材料之间以及阻尼材料内部的摩擦。由于阻尼材料内损耗、内摩擦大，使得相当一部分的金属振动能量被损耗而变成热能，减弱了薄板的弯曲振动，并能缩短薄板被激振后的振动时间，从而降低了金属薄板辐射噪声的能量，这就是阻尼减振的原理。

　　② 阻尼材料。阻尼材料通常为沥青、软橡胶和各种高分子涂料。

　　③ 阻尼结构。阻尼材料只能与金属板组成复合结构，由金属板承受强度，阻尼材料提供阻尼。根据阻尼材料与金属板结合的形式，有两种基本的阻尼结构：自由阻尼层结构和约束阻尼层结构。

　　将阻尼材料直接粘贴或涂覆在需要减振的金属板的一面或两面就构成自由阻尼层结构，如图 4-10（a）所示。当金属板振动和弯曲时，自由阻尼层产生交变的拉压变形。由于阻尼材料的损耗因子大，可消耗大部分机械能量，从而降低了整体的振动。自由阻尼层结构多用于管道包扎，以及消声器、隔声设备等易振动的护板结构上。

　　将阻尼材料涂在两层金属板之间便组成了约束阻尼层结构，如图 4-10（b）所示。两层金属板分别称为基板和约束层，统称为结构层。

以上介绍的振动控制技术在振动控制过程中，没有需要消耗能量的机构，称为被动（无源）控制技术。另外一种振动控制技术是主动（有源）控制技术。在这种控制中，需要消耗能量并产生控制力的执行机构称为动作机构。到 20 世纪 90 年代，主动控制技术的研究，出现了许多成果。随着人工智能包括模糊控制、神经网络系统等科技的发展，主动控制技术将得到进一步发展和更广泛应用。一种振动主动控制框图如图 4-11 所示。

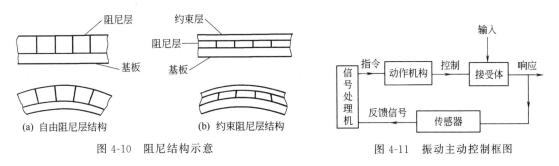

图 4-10　阻尼结构示意　　　　　　　　　图 4-11　振动主动控制框图

4.5.4　化工运转设备振动防治实例——离心机的减振与隔振

首先，离心机转动零部件的磨损，使原来的平衡遭到破坏，产生新的不平衡，产生振动。其次，由于离心机运转时，在转鼓中不断地加进物料，可能造成转鼓的不平衡，引起较大的振动。另外，有时由于工艺需要，将离心机装在高层楼板上，对防振的要求就更加苛刻些。所以要求对离心机采取适当的减振与隔振措施，以减小离心机在工作过程中产生的振动。

（1）减振

在离心机减振措施中，除了设计、制造与安装质量以外，操作使用是非常重要的环节。特别是对于高速旋转的离心机，一定要制定切实有效的工艺操作规程。操作上应力求加料稳定，注意操作和调节，必要时可对加入的物料先进行预处理。检修保养中应注意，在没有经过仔细计算之前，不应随意改动转速，更不应在高速转子上任意补焊、锉削，要防止碰撞变形，不要随意拆除或添加零件及改变零件质量等。在新机器使用相当时间后，因转动部分的磨损和腐蚀，使振动越来越大，或者原来运转时振动很小的离心机在检修拆装后，有可能因平衡受到影响而加剧振动。必要时，需重新进行一次转子的平衡试验。

（2）隔振

减振可以减少振动的影响，但离心机的振动是不可避免的，因此还需采取措施加以有效的振动隔离。

离心机的隔振一般是指在离心机机座底板与基础面之间合理放置隔振器，使离心机搁置在隔振器上工作，减少离心机运转中对机器本身及建筑物带来的不利影响，改善操作条件。

可以将离心机装在附加的底板上，并在底板上进行配重。底板可以是钢筋混凝土结构、钢结构或铸件等。隔振器则安装在底板与基础之间，如图 4-12 所示。隔振器中起主要作用的是具有弹性的减振元件，由减振元件吸收振动。

应当注意，采用隔振器的离心机的进料、排料、洗涤水管等与其他设备连接的管道均应采用挠性的连接管，以免影响其隔振性能。

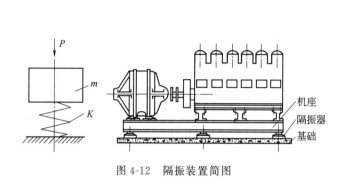

图 4-12　隔振装置简图

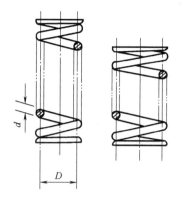

图 4-13　螺旋圆柱钢弹簧
减振元件

（3）减振元件

减振元件是隔振器的核心部件，目前，一般离心机隔振器中以螺旋圆柱钢弹簧、承压橡胶和承剪橡胶用得较多。图 4-13 所示为螺旋圆柱钢弹簧减振元件。它的刚度小，整个系统的固有频率较低（最低可达 2Hz 左右），性能较稳定，使用持久。但其本身阻尼值很小，当机器启动和停机通过固有频率区时，振幅较大，不够安全，因此一般需加设阻尼措施后才使用。必须注意减振弹簧的刚度，不能随意用其他弹簧代用。

利用橡胶作为离心机的减振元件，其特点是：橡胶的形状可以自由选择，能自由决定其三个方向的刚度；可以缓冲较大的冲击能量；橡胶的内摩擦系数较大，所以阻尼较大，可以减小机器在启动和停机过程中通过固有频率区时的振幅。橡胶成型简单，加工方便，是一种比较理想的隔振材料。不足之处是温度对它的影响要比金属弹簧敏感，可使用温度范围较小，另外其耐油性较差。

4.6　运转设备及阀门的操作维护

化工生产企业的运转设备中，按台数计，泵类设备较多，而离心泵又是使用最为广泛的液体输送设备。为了保证物料输送的正常连续和长周期，一般都是并联设置两台泵，一台运行，一台备用。而风机、压缩机等运转设备数量较少，也不是每个工厂都有，特别是大型压缩机组，投资费用很高，只要精心操作和精心维护，一般是能够做到长周期稳定运行的，所以都是单台运行，不并联设置备用机组。无论是单台还是有备用机并联的设备，都需要掌握其运行规律，做好操作维护。

4.6.1　运转设备操作维护的主要环节

化工运转设备的驱动方式主要是电动机驱动和汽轮机驱动，以电动机驱动为多。在运转设备的运行与维护管理工作中存在着共性，都必须注意以下几个环节。

① 启动前的准备。包括润滑准备、盘车检查并确认设备良好，检查和确认安全装置、电器仪表及阀门、管道等处于正常状态等。

② 启动。包括前后岗位做好联系，启动原动机，依正确次序开关各个阀门，监控仪表

指示是否正常，监听声响是否正常等。

③ 运行和维护。包括润滑和各项检查。

④ 正常停车。包括依次正常减速、降压、降温、关原动机、关阀门等。

⑤ 事故停车或紧急停车。遭遇事故停车或紧急停车时，要注意减少可能的事故危害和机器保护。

⑥ 停车后的保养和修理。这是保证下次正常启动开车的基础，不可忽视。

4.6.2　离心泵的操作维护

泵的操作方法随其形式和用途不同而有所差异，应按制造厂提供的产品使用说明书中的规定进行。石油化工用泵的操作，还与工艺过程和输送介质的性质有关系。石油化工装置中用电动机驱动的离心泵的操作方法，主要共性如下。

4.6.2.1　离心泵启动前的准备

① 检查泵的各连接螺栓与地脚螺栓有无松动现象。

② 检查配管的连接是否合适，泵和原动机中心是否对中。处理高温、低温液体的泵，配管的膨胀、收缩有可能引起轴心失常、咬合等，因此需采用挠性管接头等。

③ 清洗配管。运行前必须首先清洗配管中的异物、焊渣，切勿将异物掉入泵体内部。在吸入管的滤网前后装上压力表，以便监视运行中滤网的堵塞情况。

④ 盘车。启动前卸掉两个半联轴器的连接，用手旋转半联轴器转动转子，检查是否有异常现象，可发现泵内叶轮与外壳之间有无异物。盘车应轻重均匀，泵内无杂声。电动机单独试车，检查其旋转方向是否与泵一致。盘车正常后，重新连接联轴器。

⑤ 启动油泵，检查轴承润滑是否良好。

4.6.2.2　离心泵的启动

① 灌泵。启动前先使泵腔内灌满液体，将空气、液化气、蒸汽等从吸入管和泵壳内排出，以避免空运转。同时打开吸入阀、关闭排液阀和各个排液孔。

② 若有轴承水冷却系统，则打开轴承冷却水给水阀门。

③ 填料函若带有水夹套，则打开填料函冷却水给水阀门。

④ 若泵上装有液封装置，则打开液封系统的阀门。

⑤ 如输送高温液体，泵没有达到工作温度时，应打开预热阀，待泵预热后再关闭此阀。

⑥ 若带有过热装置，则打开自循环系统的旁通阀。

⑦ 启动电动机。

⑧ 逐渐打开排液阀。

⑨ 泵流量提高后，如已不可能出现过热时即可关闭自循环系统的阀门。

⑩ 如果泵要求必须在止逆阀关闭而排出口闸阀打开的情况下启动，则启动步骤与上述方法基本相同，只是在电动机启动前，排出口闸阀要打开一段时间。

4.6.2.3　离心泵的运行和维护

① 严格执行润滑管理制度，做好泵的润滑工作。

② 定时检查出口压力、噪声和振动、密封泄漏、轴承温度、流量和功率等情况，发现

异常要立即报告并及时处理。

③ 定期检查泵的附属管线是否通畅。

④ 定期检查各部分螺栓是否松动。

⑤ 备用泵定期盘车，定期切换。

⑥ 对于热油泵，停车后每半小时盘车一次，直到泵体温度降到80℃以下。

⑦ 对于在冬季停车的泵，停车后应注意防冻。

4.6.2.4　离心泵的停车

① 关闭排液阀。

② 停止电动机运转。

③ 若需保持泵的工作温度，则打开预热阀门。

④ 关闭轴承和填料函的冷却水给水阀及液封装置的液封阀。

⑤ 若要停机后打开泵进行检查，则关闭吸入阀，打开放气孔和各种排液阀。

通常，汽轮机驱动的泵所规定的启动和停车步骤与电动机驱动的泵基本相同。汽轮机因有各种排水孔和密封装置，必须在运行前后打开或关闭。此外，汽轮机一般要求在启动前预热。还有一些汽轮机在系统中要求随时启动，则要求进行盘车运转。因此，应根据汽轮机制造厂所提供的有关汽轮机启动和停车步骤的规定进行。

离心泵的启动与停车步骤同样适用于容积式泵，但要特别注意以下问题。

① 切不可使容积式泵在排出口关闭的情况下运行。如果要求容积泵在启动时必须关闭排出口阀门，则必须将自循环旁通阀打开。

② 蒸汽往复泵在启动前必须打开气缸排水旋塞，使冷凝液排出，以免产生液击损坏气缸盖。

4.6.2.5　离心泵的常见故障与处理

离心泵常见故障与处理见表4-5。

*4.6.3　活塞式压缩机的操作维护

4.6.3.1　活塞式压缩机启动前的准备

① 检查压力表、温度计、电流表、电压表等计量仪表是否齐全、完好，是否超过使用期限。

② 检查安全阀、爆破片等，调整和检查启动联锁装置、报警装置、切断装置（自动切断或自动切换）、自动启动等各种保护装置，以及检查流量、压力、温度调节等控制回路，是否均处于完好状态。

③ 检查传动装置是否连接可靠，安全罩是否齐全牢固。

④ 清扫现场，拆除妨碍启动的一切障碍物，检查设备、配管内部有无异物（如工具等）和残液。

⑤ 检查外部油箱、冷却油箱和内部油箱油量是否足够；天气寒冷时油温下降，还要用蒸汽进行加热。

⑥ 启动辅助油泵或与机组不相连的其他油泵（如外部齿轮油泵、内部气缸注油器和冷却油泵），向各注油点注油，并使其在规定的油压、油温下运转。

表 4-5 离心泵常见故障与处理

序号	故障现象	故 障 原 因	处 理 方 法
1	流量扬程降低	① 泵内或吸入管内存有气体 ② 泵内或管道有杂物堵塞 ③ 吸入阀或吸入管道连接处密封不严 ④ 底阀或滤网堵塞	① 重新灌泵,排除气体 ② 检查清理 ③ 检查、消除密封不严情况 ④ 检查、清洗滤网
2	电流增大	转子与定子碰擦	解体修理
3	振动值增大	① 泵轴与原动机轴对中不良 ② 轴承磨损严重 ③ 转动部分平衡被破坏 ④ 地脚螺栓松动 ⑤ 泵抽空	① 重新校正 ② 更换 ③ 重新检查并消除 ④ 紧固螺栓 ⑤ 进行工艺调整
4	密封处泄漏严重	① 泵轴与原动机轴对中不良或轴弯曲 ② 轴承或密封环磨损过多形成转子偏心 ③ 机械密封损坏或安装不当 ④ 密封液压力不当 ⑤ 填料过松 ⑥ 操作波动大	① 重新校正 ② 更换并校正轴线 ③ 检查更换 ④ 应比密封腔前压力大 0.05～0.15MPa ⑤ 重新调整 ⑥ 稳定操作
5	轴承温度过高	① 转动部分平衡被破坏 ② 轴承箱内油过少或太脏 ③ 轴承和密封环磨损过多形成转子偏心 ④ 润滑油变质 ⑤ 轴承冷却效果不好	① 检查消除 ② 按规定添油或换油 ③ 更换并校正轴线 ④ 更换润滑油 ⑤ 检查调整

⑦ 启动内部油泵,调节流量。特别注意气阀设在气缸头部的高压气缸:若启动前注油量过多,当压缩机启动时,残存在气缸内的润滑油就会对活塞产生液体撞击,导致出现活塞破坏的重大事故。

⑧ 向气缸冷却夹套、油冷却器及各级中间冷却器通水,检查气缸排水阀是否已关闭。

⑨ 对新安装或大修后的压缩机试车前,必须对整个机组及系统管道进行彻底吹扫。

启动可燃性气体压缩机前,要用惰性气体置换气缸和配管中的空气,确认氧的含量在 4% 以下。

启动氢气和乙炔气压缩机前,经惰性气体置换后,氧含量的最高限度为 2%,而且应根据压缩机性能和操作规程规定的压力进行试车,不得超过。

⑩ 盘车一圈以上或瞬时接通主电动机的开关转几次,检查是否有异常现象,取下电动盘车装置的手轮,装上遮断件并锁紧。

4.6.3.2 活塞式压缩机的启动

启动前各岗位应联系好,确认无问题后报告工长、调度人员,经同意后方可开车。启动的程序如下。

① 启动主电动机。

② 调整外部齿轮油泵的油压在规定的范围内。

③ 检查气缸注油器,确认已注油。

④ 调节压力表阀的手轮,使指针稳定。

⑤ 检查周围是否有异常撞击声。

⑥ 监视轴承温度及吸入和排出气体的压力、温度，并与以前的记录进行比较，确定是否有异常现象。

⑦ 启动加速过程中，为避免电动机超负荷，应关闭进、排气阀，全开旁通阀，进行空负荷启动。

当压缩介质为易燃、易爆气体时，如果关闭进气阀进行空负荷启动，吸入管就会呈负压状态，易吸入空气而发生危险。为了安全，要全开进气阀，注入氮气等惰性气体。

正常运转后，要逐渐升压，全开进气阀。当出口压力接近规定压力时，再慢慢地打开排气阀。

升压过程中要关闭排气阀，压力达到平衡时，关闭旁通阀，进入正常负荷运行。

4.6.3.3　活塞式压缩机的正常停车

① 压缩机正常停车之前，应放出气体，使压缩机处于无负荷状态，并依次打开分离器的排油阀，排尽冷凝液，然后再切断主电动机开关。

② 当压缩机安全停转后，待压缩机密封部位、轴承温度下降之后，依次停止内部注油器、冷却油泵和外部齿轮油泵。

③ 待气缸冷却后停供冷却水，停供通向各级间冷却器、油冷却器的冷却水，并排除压缩机内的冷却水。

④ 冬季停车时，必须采取可靠的防冻措施，以防冻坏管道、设备。尤其在寒冷地区，停机时要排除冷却水以防止冻结。

⑤ 正常停车时，应为下次启动做好充分准备，如检查联锁装置是否完好，避免由于误操作引起突然启动。若较长时间不再启用压缩机，应将冷凝液排尽，系统内可封入干燥氮气。适当转动机器，以防止轴承和滑动部件等生锈。

4.6.3.4　活塞式压缩机的事故停车

① 当压缩机出现报警，压缩机、电动机及附属设备在运行中发生人身、机械事故时，应立即进行事故紧急停车。但在压缩机停车时，应尽可能查明不正常现象前后的状况，以便进行事故分析，确认事故的原因。

② 在发生事故紧急停车时，除按正常停车程序停车外，还应为制止事故扩大和消除事故而采取其他措施。

4.6.3.5　活塞式压缩机的运行和维护

① 压缩机在运行时，必须认真进行检查和巡视，监视压缩机的运行状况，密切注视吸、排气压力及温度、排气量、油压、油温、供油量和冷却水温度等各项控制指标，注意异常响声，并每隔一定的时间记录一次。

② 操作中严防工艺气体由高压缸窜入低压缸和其他气体管道，严防带油、带水、带液。

③ 禁止压缩机在超温、超压和超速状态下运行。

④ 遇有超压、超温、缺油、缺水或电流增高等异常现象时，应认真排除故障，并及时向工长或调度人员报告。

⑤ 遇有下列情况之一、危及人身及设备安全时，操作人员有权首先紧急停车，然后向工长、调度人员报告：发生火灾、爆炸，大量漏气、漏油、带水、带液和电流突然升高；超温、超压、缺油、缺水，不能恢复正常；机械、电动机运转有明显的异声，有发生事故的可能等。

⑥ 易燃、易爆气体大量泄漏而紧急停车时，非防爆型电气开关、启动器禁止在现场操

作，应通知电工在变电所内切断电源。

⑦ 压缩机大、中修时，必须对主轴、连杆、活塞杆等主要部件进行探伤检查。其附属的压力容器应按照 TSG21—2016《固定式压力容器安全技术监察规程》的要求进行检验，发现问题及时处理，确保安全运行。

⑧ 压缩机大、中修时，必须对可能产生积炭的部位进行全面、彻底的检查，将积炭清除后方可用空气试车。严防积炭在高温下引起爆炸。有条件的企业可用氮气试车。

⑨ 检修设备时，生产工段和检修工段（或专业公司）应严格交接手续，并认真执行检修许可证和有关安全检修的规定，确保检修安全。

⑩ 添加或更换润滑油脂时，要检查油的标号是否符合规定。应选用闪点高、氧化和碳析出量少的高级润滑油；注油量要适当，并经过过滤。禁止用闪点低于规定的润滑油代用。还应根据气体的种类选择润滑剂，如乙炔气体采用非乳化矿物油；氯气采用浓硫酸；氧气采用水或稀释甘油水溶液；乙烯气体采用白油。

⑪ 对于特殊性气体（如氧气）压缩机，其设备、管道、阀门及附件严禁用含油纱布擦拭，不得被油类污染。检修后应进行脱脂处理，还应设置可燃性气体泄漏监视仪器。

⑫ 压缩机房内禁止任意堆放易燃物品，如破油布、棉纱及木屑等。

⑬ 移动式空气压缩机应放置在远离排放可燃性气体的地点，其电气线路必须完整、绝缘良好，接地装置安全可靠。

⑭ 安全装置、各种仪表、联锁系统和通风设施必须按期校验和检修。

⑮ 压缩机的试运转、无负荷试车、负荷试车和可燃性气体、有毒气体、氧气压缩机机组与附属设备及管道系统的吹扫和置换，应按有关规定进行。

⑯ 空气压缩机开车前，应检查吸入管防护罩、滤清器是否完好，防止吸入易燃、易爆气体或粉尘，避免积炭和引起燃烧爆炸事故。

⑰ 禁止使用吊车进行盘车。

* 4.6.4　离心式压缩机的操作维护

4.6.4.1　离心式压缩机启动前的准备

① 对运行人员来说，首先要了解离心式压缩机的结构、性能和操作指标。

② 检查管道系统内是否有异物（如焊屑、废棉纱、砂石和工具等）和残存液体，并用气体吹扫干净。初次开车前对管道系统进行吹扫时，应在缸体吸入管内设置锥形滤网，经吹扫运行一段时间后再拆除，以防异物进入缸内，导致出现严重的事故。

③ 检查管道架设是否处于正常支承状态，膨胀节的锁扣是否已打开。应使压缩机缸体受到的应力最小，不允许管道的热膨胀、振动和重量影响到缸体。

④ 检查润滑油和密封系统。油系统在机组启动前应确认油清洗合格，油箱的油量适中且经质量化验合格，油冷却器的冷却水畅通，蓄压器按规定压力充氮，以及主油泵及辅助油泵正常输油和密封油保持液封良好等。

⑤ 检查电气线路和仪表系统是否完好。各种仪表、调节阀门应经校验合格，动作灵活准确，自控保安系统应动作灵敏可靠。

⑥ 检查压缩机本身。大型机组均设有电动机驱动的盘车装置，小型机组配置盘车杠，启动前应通过盘车检查转子是否顺利转动，有无异常现象；检查管道和缸体内积液是否排尽，中间冷却器的冷却水是否畅通。

⑦ 拆除所有在正常运行中不应有的盲板。

4.6.4.2 离心式压缩机的启动

① 与其他动力机械相仿，主机未开辅机先行，在接通各种外界能源（如电、空气、冷却水和蒸汽等）后，首先启动润滑油泵和油封的油泵，使其投入正常运行。

② 检查油温和油压，使其调整到规定值。刚开车时油温较低，特别是冬季开车，要用油箱底部的蒸汽盘管进行加热。油温在 15℃ 以上时允许启动辅助油泵进行油循环，加热到 24℃ 以上时方能启动主油泵。停辅助油泵并将其放在适宜的备用位置。油泵的出口压力一般调整到 0.147MPa。

③ 启动可燃性气体压缩机时，在油系统投入正常运行后应首先用惰性气体（如氮气）置换压缩机系统中的空气，使氧含量小于 0.5％ 后方可启动。然后用工艺气置换氮气到符合要求，并将工艺气加压到规定的入口压力。

④ 启动前将气体的吸入阀门按要求调整到一定开度，对于不同的机组要求不一样。对于电动机驱动的压缩机，为了防止在启动加速过程中电动机过载，因此应关闭吸入阀，同时旁路阀全部打开，使压缩机空负荷启动且不受排气管道负荷的影响。十几秒钟后压缩机达到额定转速，再渐渐打开吸入阀和关闭旁路阀。而对汽轮机驱动的压缩机，转速由低到高逐步上升，不存在电动机驱动由于升速过快而产生的超负荷问题，所以一般是将吸入阀全开，防喘振用的回流阀或放空阀全开。如有通工艺系统的出口阀，应予以关闭（CO_2 压缩机通工艺系统的出口放空阀按现场经验开启为 50％ 左右较适宜）。

⑤ 启动前全部仪表、联锁系统投入使用，中间冷却器通水。

⑥ 用汽轮机驱动压缩机时，要对汽轮机进行暖管、暖机。暖管结束后逐渐打开主汽阀在 500～1000r/min 下暖机，稳定运行半小时，全面检查机组。检查内容包括：润滑油系统的油温、油压和轴承回油温度是否异常；密封油系统、调速油系统、真空系统、汽轮机的汽封系统和蒸汽系统以及各段进、出口气体的温度、压力是否异常；机器有无异常响声等。当一切正常，油箱油温已达到 32℃ 以上时，则可开始升速。油温升高到 40℃ 时，可切断加热盘管蒸汽，并向油冷却器通冷却水。

⑦ 然后全部打开最小流量旁路阀，按预先制订的机组负荷试运行升速曲线进行升速。从低速 500～1000r/min 到正常的运行转速的升速过程中，中间应分阶段适当停留，以避免因蒸汽突然变化而使蒸汽管网压力波动。但注意在通过临界转速区（临界转速的 ±10％）时不要停留，以防转子产生较大振动，造成密封环迷宫齿片和轴承等间隙部位的损伤，防止甚至可能导致的密封严重破坏。通过临界转速区进入调速器起作用的转速区（最低转速一般为设计转速的 85％ 左右）时可较快地升速，使机组逐渐达到额定转速。在升速的同时对机组的运行状况要进行严密监视，尤其注意机组的异常振动。

4.6.4.3 离心式压缩机的运行和维护

① 建立一套完好的操作记录。压缩机的操作记录是记载压缩机运行状况的依据，可以避免不必要的修理。操作记录的项目大体包括：压缩机轴承温度，各级的振动情况，各级进、出口的气体温度和压力，润滑油、密封油的油温和油压，油箱的油位高度，中间冷却器、油冷却器和后冷却器进、出口冷却水的温度以及电动机的电流读数等。必要时测试、记录冷凝液的 pH 值。上述各项记录数据，无论是用目测或用自动方式连续记录而得到的，都要经过核实和校正才能使用。在正常操作情况下，机器每一个零部件的使用寿命取决于操作人员的工作是否谨慎、细致。

② 操作人员最好将本装置与其他类似装置中所列举的正常操作压力、温度等控制值列成表格。此外，还应将最大允许偏差值列入表内，以便比较。

③ 运行中的监视。为保证压缩机在苛刻条件下长期安全运转，防止事故发生，运行中的监视是很重要的。运行中的监视项目主要有：异常喘振和振动监视、诊断（主要监视项目），密封系统的异常诊断（其中包括气体泄漏检测、密封压力差、密封油的喷淋量和工艺过程的压力、温度变化的监视），其他监视项目（轴承温度与润滑油、密封油的压力、温度和油质状态）。

④ 大容量压缩机设有许多保护装置和调节系统，其重要性与压缩机相当，因此在压缩机的启动或运转中，都要监视保护系统和调节系统是否正常。

⑤ 在压缩机运行中，随着出口压力的升高，汽轮机的转速可能有所下降，此时要进行调整，必须使机组在额定转速下运行。

4.6.4.4　离心式压缩机的停车

离心式压缩机的正常停车顺序与开车顺序相反，其程序如下。

① 接到生产车间或调度的停车通知后，关闭送气阀，同时打开出口防喘振回流阀或放空阀，使压缩机与工艺系统切断，全部自行循环。

② 关闭进口阀，启动辅助油泵，在达到喘振流量前切断汽轮机或电动机的电源。

③ 通过调速器使汽轮机降速。降到调速器起作用的最低转速时，打开所有的防喘振回流阀或放空阀。开阀顺序应为先开高压后开低压。阀门的开、关都必须缓慢进行，以防止因关得太快而使压力比超高造成喘振；也要防止因回流阀或放空阀打开太快而引起前一段入口压力在短时间内过高，而造成转子轴向力过大，导致止推轴承损坏。

④ 用主汽阀手动降速到 500r/min 左右，并保持运行半小时（注意快速通过临界转速）。

⑤ 利用危急保安器或手动停车开关停机。

⑥ 在停机后要使油系统继续运行一段时间，一般每隔 15min 盘车一次。当润滑油回油温度降到 40℃ 左右时再停止辅助油泵，关闭油冷却器中的冷却水以保护转子、轴承和密封系统。

⑦ 关闭压缩机中间冷却器的冷却水。

如果工艺气体是易燃、易爆或对人身有害的，需在机组停车后继续向密封系统注油，以确保易燃、易爆或有害气体不漏到机外。如机组需要长时间停车，在把进、出口阀都关闭以后，应使机内气体卸压并用氮气置换，再用空气进一步置换后，才能停止油系统的运行。

*4.6.5　离心机的操作维护

离心机的形式不同，操作方法也不完全相同。这里仅以螺旋沉降离心机和卧式刮刀卸料离心机为例，介绍离心机的安全操作和维护。

4.6.5.1　离心机启动前的准备

① 清除离心机周围的障碍物。

② 检查转鼓有无不平衡迹象。所有离心机转子（包括转鼓、轴等）均由制造厂进行过平衡试验，但如果在上次停车前没有洗净残留在转鼓内的沉淀物，将会出现不平衡现象，从而导致启动时振幅较大，不够安全。一般采用手拉动 V 带转动转鼓进行检查，若发现不平衡状态，应用清水冲洗离心机内部，直至转鼓平衡为止。

③ 启动润滑油泵，检查各注油点，确认已注油。

④ 将刮刀调节至规定位置。

⑤ 检查刹车手柄的位置是否正确。

⑥ 液压系统先进行单独试车。

⑦ 暂时接通电源开关并立即停车，检查转鼓的旋转方向是否正确，并确认有无异常现象。

⑧ 必须认真进行下列检查，检查合格后方可启动离心机：电动机架和防振垫已妥善安装和紧固；分离机架已找平；带轮已找正，并且带张紧程度适当；传动带的防护罩已正确安装和固定；全部紧固件均已紧固适当；管道已安装好，热交换器、冷却水系统已安装好；润滑油系统已清洗干净，并能对主轴供应足够的冷却润滑油；润滑油系统控制仪表已接好，仪表准确、可靠；所使用的冷却润滑油（液）均符合有关规定；所用的电气线路均已正确接好；主轴、转鼓的径向跳动偏差在允许范围内。

4.6.5.2　离心机的启动

① 驱动离心机主电动机。

② 调节离心机转速，使其达到正常操作转速。

③ 打开进料阀。

4.6.5.3　离心机的运行和维护

① 在离心机运行中，经常检查各转动部位的轴承温度、各连接螺栓有无松动现象以及有无异常声响和强烈振动等。

② 维持离心机设计安装的防振、隔振系统效果良好，振动和噪声没有明显增大。在正常运行工况下，噪声的声压级不大于 85dB(A)。

③ 原来运转时振动很小的离心机，经检修拆装后其回转部分振动加剧，应考虑是否是由于转子的不平衡所致。必要时需要重新进行一次转子的平衡试验。

④ 空车时振动不大，而投料后振动加剧，应检查其布料是否均匀，有无漏料或塌料现象，特别是在改变物料性质或悬浮液浓度时，尤其要密切注意这方面的情况。

⑤ 离心机使用一段时间后如发现振动越来越大，应从转鼓部分的磨损、腐蚀、物料情况以及各连接零件（包括地脚螺栓等）是否松动进行检查、分析研究。

⑥ 对于已使用的离心机，在没有经过仔细的计算校核以前，不得随意改变其转速，更不允许在高速回转的转子上进行补焊、拆除或添加零件及重物。

⑦ 离心机的盖子在未盖好以前，禁止启动。

⑧ 禁止以任何形式强行使离心机停止运转。机器未停稳之前，禁止人工铲料。

⑨ 禁止在离心机运转时用手或其他工具伸入转鼓接取物料。

⑩ 进入离心机内进行人工卸料、清理或检修时，必须切断电源、取下保险、挂上警示牌，同时还应将转鼓与壳体卡死。

⑪ 严格执行操作规程，不允许超负荷运行；下料要均匀，避免发生偏心运转而导致转鼓与机壳摩擦产生火花。

⑫ 为安全操作，离心机的开关按钮应安装在方便操作的地方。

⑬ 外露的旋转零部件必须设有安全保护罩。

⑭ 电动机与电控箱接地必须安全可靠。

⑮ 制动装置与主电动机应有联锁装置，且准确可靠。

4.6.5.4　离心机的停车

① 关闭进料阀。一般采取逐步关闭进料阀的操作方法，使其逐渐减少进料，直到完全停止进料为止。

② 清洗离心机。

③ 停电动机。

④ 离心机停止运转后，停止润滑油泵和水泵的运行。

4.6.6　阀门的操作维护

4.6.6.1　阀门的日常操作维护要求

在化工操作中，经常要关阀、开阀或调节流量。所以维护好阀门是很重要的事情。阀门的日常操作维护主要要求如下。

① 阀门的外露螺纹、阀杆与螺母的结合部位，应经常保持清洁，润滑良好。机械传动的阀门，其齿轮部分应涂润滑脂，以利开关灵活。

② 阀杆应保持光滑无锈，启闭灵活。室外阀门的阀杆可加保护套，以防雨、雪、尘土等。

③ 阀体支架和手轮等部件，应保持完整清洁。

④ 阀体大盖、支架、手轮上以及机械传动阀上各个部位的螺栓等紧固件，应保持齐全、完好。

⑤ 阀门（填料）盘根应保持清洁不漏。如有渗漏应更换或补盘根，并均匀地拧紧压盖螺栓。

⑥ 启闭阀门时，不要动作过快；关闭阀门时，应在关闭到位后回松一两次，以便让流体将可能存在的污物冲走，然后再适当用力关紧（强制关死，用力太大，会损坏阀门）。

⑦ 在寒冷地区使用流水的或其他含水易冻介质的阀门，特别是铸铁阀，均应进行保温，防止冻坏阀门。在下列情况下应进行排空处理：

a. 阀门关闭后，应将阀门内的水放尽，阀门和阀门前的水仍需做好防冻措施；

b. 装置停汽时，应及时将管道内和阀门内的水放尽（如阀体下有丝堵，可将丝堵打开）。

4.6.6.2　阀门的常见故障及维修

一般阀门在使用过程中，常出现的故障是填料（盘根）泄漏、关不严及腰垫（阀门大盖的垫片）泄漏等。对于特殊阀门，应特别注意操作手册的要求。

4.6.6.2.1　填料泄漏

（1）填料泄漏的原因

阀门填料泄漏的原因较复杂，一般有以下几种情况。

① 阀件开关频繁，填料磨损。

② 高温条件下填料被烧损，老化变硬，失去弹性，孔隙增大。

③ 阀杆被介质腐蚀，出现麻坑。

④ 填料加量不足，压不紧，压盖在后期没有压缩量。

⑤ 填料加量太多，压盖没有压到填料函里，填料部分外露或填料压法不正确等。

（2）填料泄漏的处理方法

尽管采取措施，正确选用了填料并采用正确的安装方法，但经过一段时间的使用，还是会泄漏，这是填料正常磨损后的泄漏。应尽早维修，恢复密封状态。

对于开关频繁的阀门，填料磨损较大，填料阀杆之间易产生间隙。对于不经常使用的阀门，一经使用，盘根处多半会有介质漏出，原因是填料的弹性降低、变硬，阀杆转动后，两者间便产生了间隙。对于这两种情况，维修时可将阀门关闭，再紧一紧填料压盖。如用此种方法不见效，说明填料已失去应有的弹性。这时应把旧填料清除，按规定重新装入新填料。如在正常生产时更换阀门填料，必须把阀门关闭（截止阀需仔细检查，其方向是否装反，阀体外壁有箭头标记，只有在进出口方向安装正确时，关闭截止阀填料才与介质不接触，并注意阀门关闭后，应将另一端泄压），然后将阀门压盖拆开，取出旧填料，更换新填料。

4.6.6.2.2　阀门关不严

阀门关不严的原因或是有杂质卡住密封面，或是阀杆螺纹生锈，或是阀门密封面被破坏。

（1）有杂质卡住阀门密封面

阀门有时突然关不严，可能是阀门密封面间有杂质卡住，此时不应用力强行关闭，应把阀门稍开大一些，然后再试图关闭，反复试试，一般即可排除，否则应进行检查。

（2）阀杆螺纹生锈

对于通常在开启状态的阀门，偶然关闭时，由于阀杆螺纹已经生锈，也会发生关不严的情况。对于这种情况，可反复开关几次阀门，同时用小锤敲击阀体底部，即能将阀门关严，无须对阀门进行研磨修理。

（3）阀门密封面被破坏

对于试着多次关阀门仍然关不紧的情况，应怀疑由于磨损、腐蚀、介质中的颗粒划伤等破坏了密封面，应报修。

4.6.6.2.3　腰垫泄漏

腰垫泄漏的维修一般应报修并协助修理。

4.7　化工设备管理

传统的设备管理是指设备交付使用后的维修管理，这是设备管理的狭义解释；广义的现代设备管理是对设备进行综合管理，是为了使设备的寿命周期最经济，而对机械设备的工程技术、管理、财务等实际业务进行综合研究；对设备的可靠性、规划、设计、制造、安装、试车、使用、维修、改造和更新以及费用等进行管理，包括决策、计划、组织、协调、控制等一系列活动，或者说是对设备的整个生命周期（图 4-14）进行管理。由此可见，企业的设备管理，从工作内容来讲，按综合工程学的观点，是对设备运动的全

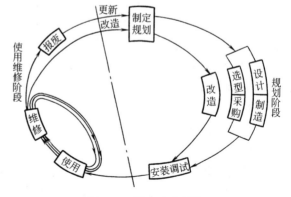

图 4-14　设备生命周期

过程实行管理，即从科研、设计、制造到设备的购置、安装、投入生产，以及设备在生产过程中的使用、维护和检修，直到报废、退出生产领域的全过程，即设备一生的管理。它是工

业企业管理的一个重要方面。

随着科学技术的发展，设备的结构越来越复杂。当前，设备管理的对象已经由单个设备发展到成套设备。因此，要以系统的原理和方法来指导和组织设备的管理工作。尤其是化工设备，大型自动控制和联锁装置很多，设备价格昂贵，若管理不善，会使自动联锁装置损坏，故化工设备管理与其他行业相比，重要性更为突出。

4.7.1 设备管理的目的和任务

4.7.1.1 设备管理的目的

设备管理是生产管理的一项重要内容，是现场管理的重要环节。加强设备管理，及时维护保养，使设备处于最佳状态。对于保持正常生产秩序、保证均衡稳定生产、降低产品制造成本和提高企业经济效益，有着重要意义。对于化工生产企业，设备完好率是设备管理的重要指标，也是设备管理的目的所在。

4.7.1.2 设备管理的任务

简单地说，现代设备管理主要包括以下几方面的内容。

① 设备的选择和评价。根据技术先进、经济合理、生产可行的原则选择设备并进行技术经济论证和评价，以选择最优方案。

② 设备的使用。使用是设备物质运动过程中所占时间最长的环节。正确合理地使用设备，可减轻磨损，保持良好的性能，延长使用寿命，防止设备与人身事故。应减少或避免设备闲置，提高设备的利用率，尤其是精密、大型、稀有设备的利用率，使设备能优质、高产、低耗、节能、安全地运行。要针对设备的特点，合理地安排生产任务，建立健全规章制度，使操作人员参与设备管理，使设备管理工作有广泛的基础。

③ 设备的检查、维护、保养和修理。它是设备管理中工作量最大的环节。在掌握故障与磨损规律的基础上，合理地制定设备检查、维护、保养和修理的周期与作业内容；采用先进的检修技术，灵活地运用各种维修方式，有效地采取先进的修理方法。

④ 设备的改造与更新。根据提高产品质量、发展新产品、改造老产品和节约能源等的需要，有计划、有重点地对现有设备进行改造和更新，实现企业技术进步。

⑤ 设备日常管理。包括设备的分类、登录、编号、调拨、事故处理、报废等。

4.7.2 设备的使用和管理

4.7.2.1 设备的使用

设备的合理使用是设备管理中的重要环节，保证设备合理使用应做到以下几点。

① 要科学安排生产负荷，严禁设备超负荷运转，禁止精机粗用。

② 配置合格的设备操作人员，实行持证上岗制度。严格控制工艺条件各项指标，安全操作。

③ 要为设备创造良好的工作条件，注意防腐、保温、防潮等设施的设置。

④ 要针对设备的不同特点，为合理使用设备建立健全一系列规章制度，并严格执行。只有做到正确合理地使用设备，才能保持其良好的性能。

4.7.2.2 设备的维护保养

按工作量的大小，设备的维护保养可分为以下几种。

① 日常保养（或例行保养）：重点是进行清洗、延长使用寿命。主要有润滑、紧固易松

动的螺纹配合件、检查零部件的状况等。

② 一级保养：除普遍地进行紧固、清洗、润滑和检查外，还要部分地进行调整。

③ 二级保养：主要是进行内部清洗、润滑、局部解体检查和调整。

④ 三级保养：设备主体部分进行解体检查和调整工作，同时更换一些磨损零件，并对主要零部件的磨损状况进行测量、鉴定。

日常保养是一种经常性的不占设备工时的维护保养，它是维护保养的基础。一、二、三级保养，要占一定的设备工时。前两项保养由操作人员负责执行；后两项保养由维修人员执行，操作人员参加。

4.7.2.3 设备的资产管理和事故处理

设备资产是指按规定列入固定资产的设备，是企业固定资产中最主要的部分。设备调试合格交付使用后，转入固定资产，就进入了资产管理范围。资产管理与维修管理都发生在设备投入使用之后，直到设备更新。

（1）设备资产的编号

在现代化工企业中，设备资产的种类、数量很多，设备资产占的比例较大。为了把这些设备管好、用好、修好，避免混乱和差错，一般都对设备等固定资产进行编号。

在化工企业中，经常用编号取代设备的名称，便于交流和管理。

设备编号的方法各企业可能不同，表 4-6 和表 4-7 是设备编号的两个例子。一般来讲，前面字母表示设备类型或设备代号，代表不同类别的设备；后面的数字是设备定位号，第一位数字代表装置（或车间），第二位数字代表工号（或工段），后两位数字代表设备位号，按工艺顺序排列。

表 4-6 设备代号一览表 （一）

代号	主 机 类 别	代号	主 机 类 别	代号	主 机 类 别
F	反应设备	S	理化试验设备	Q	起重机械类
T	塔器	G	储槽	Y	运输机械类
L	化工炉类	G1	过滤设备类	C	车辆船舶类
H	热交换器	G2	干燥设备类	Q	其他设备类
X	机修设备类	J	压缩机类	B	变速机类
G	锅炉、发电设备	B	各种泵类	M	电动机
D	电器类	P	破碎机械类		

表 4-7 设备代号一览表 （二）

代号	主 机 类 别	代号	主 机 类 别	代号	主 机 类 别
A		M	电动机	W	
B	造粒塔	N		WB	皮带输送机
C	反应塔	O		WD	包装机
D	分离器、变换炉、槽	P		WH	耙料机
E	热交换器、冷却器	Q		WJ	振动筛
F	工业炉(有燃烧器的)	R		WK	热合机
G	各类泵	S	槽、池	WT	卸料车、料斗
H	锅炉	T		WZ	推袋机
I	(不用，避免误解)	XT	动设备用透平	Z	造粒机
J	喷射器、搅拌机	U		TR	变压器
K	离心式鼓风机、压缩机	V	阀门	SG	开关柜
L		AV	自动控制和调节阀门		

注：此表是以年产 30 万吨合成氨、48 万吨尿素的某化肥厂为例。未注明主机类别的代号可供企业以后选用。

对于电气设备，凡是生产装置的电动机，仅在主机编号的字母之后、数字之前加字母M，其他与设备完全相同；其他电气设备，如变、配电所内的变压器与开关柜，则与辅助装置编号方法相同。

（2）管道的编号

对于新型化工企业，装置的管道都比较多，形成管道走廊（通称管廊），大、中型的老企业的外管道也基本集中在管廊。为加强管理，也将管道编号，并用管外的涂色表示管道内的介质。管道涂色注字的规定见表4-8。

表 4-8 关于管道涂色注字的规定

序　号	介 质 名 称	涂　色	管道注字名称	注字颜色
1	工业水		上水	白
2	井水	绿	井水	白
3	生活水	绿	生活水	白
4	过滤水	绿	过滤水	白
5	循环上水	绿	循环上水	白
6	循环下水	绿	循环回水	白
7	软化水	绿	软化水	白
8	清净下水	绿	净化水	白
9	热循环水（上）	暗红	热水（上）	白
10	热循环回水	暗红	热水（回）	白
11	消防水	绿	消防水	红
12	消防泡沫	红	消防泡沫	白
13	冷冻水（上）	淡绿	冷冻水	红
14	冷冻回水	淡绿	冷冻回水	红
15	冷冻盐水（上）	淡绿	冷冻盐水（上）	红
16	冷冻盐水（回）	淡绿	冷冻盐水（回）	红
17	低压蒸汽	红	低压蒸汽	白
18	中压蒸汽	红	中压蒸汽	白
19	高压蒸汽	红	高压蒸汽	白
20	过载蒸汽	暗红	过热蒸汽	白
21	蒸汽回水冷凝液	暗红	蒸汽冷凝液（回）	绿
22	废弃的蒸汽冷凝液	暗红	蒸汽冷凝液（回）	黑
23	空气（工业用压缩机）	深蓝	压缩空气	白
24	仪表用空气	深蓝	仪表空气	白
25	氧气	天蓝	氧气	黑
26	氢气	深蓝	氢气	红
27	氮（低压气）	黄	低压氮	黑
28	氮（高压气）	黄	高压氮	黑
29	仪表用氮	黄	仪表用氮	黑
30	二氧化碳	黑	二氧化碳	黄
31	真空	白	真空	天蓝
32	氨气	黄	氨	黑
33	液氨	黄	液氨	黑
34	氨水	黄	氨水	绿
35	氯气	草绿	氯气	白
36	液氯	草绿	液氯	白
37	纯碱	粉红	纯碱	白
38	烧碱	深蓝	烧碱	白

续表

序　号	介 质 名 称	涂　色	管道注字名称	注字颜色
39	盐酸	灰	盐酸	黄
40	硫酸	红	硫酸	白
41	硝酸	管本色	硝酸	蓝
42	乙酸	管本色	乙酸	绿
43	煤气等可燃气体	紫	煤气(可燃气体)	白
44	可燃液体(油类)	银白	油类(可燃液体)	黑
45	其他流体管道	红	按管道内注字	黄

（3）设备事故的处理

当设备发生意外事故无法控制时，要及时报告，并注意保护现场。对重大设备事故，一定要查清原因，确定防止其再发生的措施，使员工受到安全教育。

4.7.3　设备的润滑管理

据一些工厂设备事故的分析，由于润滑不良引起的故障约占 30%，如通常所说的"抱轴"、"烧瓦"等设备事故，多数是由于润滑不当所引起的。搞好设备润滑有利于节约能源、材料和费用等，有助于提高生产效率和经济效益。因此，必须重视设备润滑工作，加强设备润滑管理。

在设备润滑工作中，要定点、定质、定量、定人、定时，即"五定"。其主要内容和要求如下。

（1）定点

指按规定的润滑部位注油。在机器设备中均有规定的润滑部位和润滑装置，如油标、油槽、油泵、油池等。设备润滑人员必须熟悉这些润滑部位和润滑装置的位置、结构与数量，在日常润滑中对各自负责的润滑点按时进行加油、换油，不得遗漏。对自动注油装置，要经常检查油位、油温、油压、注油量，发现不正常情况应及时处理。

（2）定质

指按规定的润滑剂品种牌号注油，不得滥用或混用。润滑油（脂）的质量必须通过检验并符合国家标准。若需改变油品代用，必须经设备管理部门批准。

（3）定量

指按规定的油量注油。

（4）定人

指每台设备的润滑都应有固定负责人。一般在国有企业，其主要分工如下。

① 每班加一次油的润滑点，可由操作人员负责注油，如油孔、油嘴、油杯、油槽、手动油泵、给油阀和所有滑动导轨面、丝杆、光杆、活动接头等。

② 车间内所有的公用设备由操作人员和维修人员加油和换油。

③ 各种储油箱，如齿轮箱、液压箱及油泵箱等由操作人员定期加油或换油。

④ 需要拆卸后才能加油或换油的部位，由检修人员定期清洗换油。

⑤ 所有电气设备如电动机、整流器等，由电气检修人员负责加油、清洗和换油。

（5）定时

指定时加油、定期添油、定期换油。

4.7.4 设备的密封管理

设备在运行过程中由于密封不严，产生水、气（汽）、物料等的跑、冒、滴、漏，所造成的损失和危害不可轻视。因为物料和能量跑失造成消耗增加、成本上升；形成"三废"（指废液、废气、废渣）污染环境；腐蚀设备、厂房；物料泄漏还可能引起火灾、爆炸或中毒事故，造成人员伤亡、财产损失。因此，必须对设备进行密封管理，减少泄漏，文明生产。一般来讲，设备密封管理工作主要有以下几部分。

4.7.4.1 密封点分类与统计

密封分为动密封和静密封两类，密封零部件的密封处称为密封点，密封点也分为动密封点和静密封点两类。

各种机电设备连续旋转和往复运动的两个偶合件之间的密封，如压缩机油泵轴、各种釜类旋转轴等的密封均属动密封，其密封点均属于动密封的统计范围。连续旋转或往复运动的两个偶合件之间的密封计为一个密封点。

设备（包括机床和厂内采暖设备）及附属管线和附件，在运行过程中，两个没有相对运动的偶合件之间的密封是静密封，如法兰、阀门、丝堵、活接头、机泵设备上的油标、附属管线，电气设备的变压器、油开关、电缆头、仪表孔板、调节阀、附属引线以及其他设备的接合部位。一个静密封接合处计为一个静密封点；一个阀门一般计为四个密封点，如阀门后有丝堵或阀后有放空，则各多计一个密封点；一个螺纹活接头计为三个密封点。

无论是动密封点还是静密封点的泄漏，或者是焊缝裂纹、砂眼、腐蚀以及其他原因造成的泄漏，有一处泄漏就计为一个泄漏点。

4.7.4.2 静密封的检验标准

从理论上讲，绝对不泄漏是做不到的，实际生产运行中要有一个判断是否泄漏的相对标准。这里给出两个企业采用的检查是否泄漏的标准，仅供参考。

（1）泄漏检查标准（一）

① 各类往复压缩机曲轴箱盖或透平压缩机的轴瓦允许有微渗透，但要经常擦净。

② 各类往复压缩机填料或透平压缩机的气封使用初期不允许泄漏，到运行间隔期末允许有微漏。对有毒、易燃、易爆介质的填料，在距填料外盖 300mm 内取样分析，有害气体浓度不超过安全规定范围，填料函不允许漏油，而活塞杆应带有油膜。

③ 各种注油器允许有微漏，但要经常擦净。

④ 齿轮油泵允许有微漏，每 2min 不超过一滴。

⑤ 各种传动设备采用油杯润滑的轴承不允许漏油，采用注油润滑的轴承允许有微渗，但应随时擦净。

⑥ 水泵填料函允许泄漏量：初期每分钟不多于 20 滴，末期每分钟不多于 40 滴。

⑦ 输送物料的填料函允许泄漏量：每分钟不多于 15 滴。

⑧ 凡使用机械密封的各类泵，初期（检修之后三个月）不允许有泄漏，末期（计划检修前三个月）每分钟不超过 5 滴。

先进的企业比这个标准的要求高。

（2）泄漏检查标准（二）

① 设备及管线的接合部位用肉眼观察，不结焦、不冒烟、无漏痕、无渗迹、无污垢。

② 仪表设备及仪表风管线、焊接及其他连接部位用肥皂水试漏，无气泡（真空部位用

吸薄纸条的方法试漏）。

③ 电气设备、变压器、油开关、油浸纸绝缘电缆等接合部位，用肉眼观察，无渗漏。

④ 对乙炔气、煤气、乙烯、氨、氯等易燃、易爆或有毒气体的系统，用肥皂水试漏无气泡，或用精密试纸试漏不变色。

⑤ 对氧气、氮气、空气系统，用10mm宽、100mm长的薄纸试漏无吹动现象，或用肥皂水检查无气泡。

⑥ 对蒸汽系统，用肉眼观察，不漏气，无水垢。

⑦ 对酸、碱等化学系统，用肉眼观察，无渗迹、无漏痕、不结垢、不冒烟，或用精密试纸试漏不变色。

⑧ 对水、油系统，宏观检查，无渗漏，无水垢。

在以上检查标准中，标准（一）侧重于密封要求，主要面对机械设备；标准（二）侧重于检查方法，面对整个工艺系统。

4.7.4.3　静密封点泄漏的原因及预防

引起设备和管线法兰泄漏的原因主要有如下几条。

① 不按规定操作及开、停车，使系统的温度和压力变化频繁，变化速度过猛过快，从而使法兰密封面松弛加快，密封比压下降。

② 对温度影响垫片的后果缺乏了解，因而不按规定对高温设备开工升温时进行热紧，对低温设备降温时进行冷紧，以致正常生产时密封容易发生泄漏。

③ 对静密封点管理不善，不能及时通过调整消除一些微漏，在温度、压力、介质的作用下加速了密封的破坏。

设备和管道的静密封点泄漏的因素是多方面的，在防止泄漏做好消漏工作时也必须从多方面着手，才能取得较好效果。一般在保证设计、制造和安装质量的情况下，应按操作规程进行操作，防止操作压力和温度超过设计规定或波动过大。对高温设备在开工升温过程中应进行热紧，对低温设备在降温过程中应进行冷紧。

4.7.4.4　机械密封及其运行维护

（1）机械密封概念

要达到同样的密封效果，动密封比静密封要困难，因为动密封既要保证密封效果，又要让密封元件之间处于相对运动状态。机械密封是一种密封效果较好的动密封结构。其原理是选用耐磨材料做成两个具有光滑平面的密封构件，一个固定在机架上静止不动，称为静环；另一个与轴一起旋转，称为动环。通过弹簧力或其他力使静环和动环压紧在一起作平面摩擦运动，同时阻止介质通过转动件和静止件之间的缝隙向外泄漏。静环和动环之间一般有润滑液存在。优良的机械密封系统加上优良的运行维护，可以使用1年以上不泄漏。

（2）机械密封启用前的准备工作

① 全面检查机械密封以及附属装置和管道安装是否齐全，是否符合技术要求。

② 启动前应进行静压试验，检查机械密封是否有泄漏现象，若有泄漏，应查清原因并设法消除；如仍无效，则应拆卸检查并重新安装。一般机械密封静压试验压力为0.2～0.3MPa。

③ 按轴的转动方向盘车，检查是否轻快均匀。如盘车困难，则应检查装配尺寸是否错误，安装是否合理。

（3）机械密封的启动与停运

① 启动前应保持密封腔内充满液体。输送易凝固的介质时应用蒸汽将密封腔加热，使

介质熔化。启动前必须盘车，以防突然启动造成密封环碎裂。

② 采用外封液系统的机械密封，应先启动油封系统，停车时应最后停油封系统。

③ 热油泵停车后，不能马上停止油封腔及密封端面的冷却水，应待端面密封处油温降到80℃以下时，才可停止冷却水。

（4）机械密封的运行维护

① 运行中机械密封发生轻微泄漏时应仔细观察，找出原因。如超过4h仍继续泄漏，应停机检查。

② 机械密封装置中介质压力应平稳，压力波动不大于±0.1MPa。

③ 经常检查机械密封装置的运行情况，当泄漏超过标准时则应停机检查。

④ 离心泵应避免在运行中发生抽空现象，以免造成密封面的干摩擦，破坏密封。

4.7.5　设备的计划检修

设备的计划检修制是以预防为主，计划性较强的一种修理制度。设备的计划检修根据间隔期的长短和工作量的大小，可分为小修、中修、大修和全厂系统的大检修。

（1）小修

小修指对设备进行局部修理，清洗、更换和修复少量容易磨损和腐蚀较大的零部件并调整机构，以保证设备能使用到下一次修理。

（2）中修

中修指对设备进行部分解体、修理或更换部分主要零部件与基准件，或者修理那些使用期限等于或小于修理间隔期的零部件。中修内容除包括小修项目外，还对机器的主要部件及不活动部分（如主轴、机身、机座）进行局部修理，并更换那些认为不能使用到下次中修的较主要的零部件。

（3）大修

大修指机器设备在长期使用后，为了恢复原有精度、性能和生产效率而进行的全面修理。大修对于单机设备来说，是工作量最大的一种计划检修，要对设备进行全部拆卸、更换和修复所有已磨损及腐蚀的零部件，以求恢复设备的原有性能。中修和大修后必须试运行，并由使用车间验收。

（4）系统大检修

整个系统（装置）停车进行修理，所有系统的人员（包括操作、机、电、仪表工人、技术人员等）都要参加。一般需要维修的各种设备都在系统大检修中进行维修。系统性停车大检修所需时间一般大于等于一个月，加上停车、置换，以及开工时的置换、点火、升温、升压、打通流程，直至生产出合格产品，再提高负荷至正常生产，要消耗大量原材料、动力、人力和时间，大型装置尤其如此，许多大型装置的大检修周期已从每年一修延长到2年、3年、4年大检修一次。

为了确保系统大检修的安全，必须注意以下问题。

① 停车。执行停车，必须有上级指令，并与上下工序取得联系，按停车方案规定的停车程序执行。

② 泄压。泄压操作应缓慢进行，在压力未泄尽排空前，不得拆动设备。

③ 排放。在排放残留物料前，必须查看排放口情况，不能使易燃、易爆、有毒、有腐蚀性的物料任意排入下水道或地面上，应全部清理或回收，以免发生事故和造成污染。

④ 降温。降温的速度应按工艺要求进行，以防设备变形损坏。高温设备的降温，不能用冷水直接降温，应切断热源，适量通风或自然降温。

⑤ 抽堵盲板。为防止易燃、易爆、有毒、有害物质泄漏到检修系统，凡需要检修的设备，必须和运行系统可靠隔离，隔离的最可靠方法是装设盲板。这是危险作业，应办理作业许可证，由专人制定作业方案，绘制出系统盲板图，检查落实安全措施，务必了解清楚管线、物料性质和工艺参数。

施工前应仔细检查设备和管道内是否有剩液和余压，并防止形成负压，吸入空气发生爆炸。作业过程中有专人巡回检查，并落实防火、防爆、防中毒及防坠落等安全措施。要建立台账，盲板按工艺顺序编号，做好登记核查工作。堵上的盲板一一登记，记录地点、时间、号码、数量、作业人员姓名，抽去盲板时也应逐一记录，对照系统盲板图和抽堵盲板方案核查。漏堵会导致检修作业中发生事故，漏抽将造成试车或投产时发生事故。

⑥ 置换和中和。置换是指用水、蒸汽、惰性气体将设备、管道里的可燃性或有毒、有害气体彻底置换出来。为保证检修动火和罐内作业的安全，设备检修前必须进行置换。对介质为酸、碱等腐蚀性液体，或经酸洗或碱洗后的设备，则应进行中和处理，以保证施工安全和防止设备腐蚀。

置换作业一般应在可靠隔离之后进行，置换前应制定置换方案，绘制置换流程图。置换过程中应按照置换流程图上标明的取样分析点取样，取样分析点一般取在置换系统的终点和易形成死角的部位附近。

⑦ 吹扫。也称为扫线，对可能积附易燃、有毒介质残渣、油垢或沉淀物的设备、管道，用置换方法不易清除干净，置换后还应进行吹扫作业。它是利用蒸汽来吹扫设备、管道内残留的物质。作业前也要制定吹扫方案，绘制流程图，办理审批手续。

吹扫时要集中用汽，逐根管道吹扫。达到规定时间要求时，先关阀后停汽，防止管道系统介质倒回。要选择设备最低部位排放，防止出现死角和吹扫不净。吹扫中要防止静电的危害。忌水和残留有三氯化氮的设备和管道不能用蒸汽吹扫。吹扫结束并分析合格后，有的应加盲板与运行系统隔离，对下水道、阴井、地沟等进行清洗。

⑧ 清洗和铲除。经置换和吹扫无法清除的沉积物，要采取清洗的方法。对于列管式换热器等设备，可用高压水枪进行清洗。如果任何清洗方法均无效，则以人工铲除的方法予以清除沉积物。

人工铲除时，应符合罐内作业安全规定。若沉积物是可燃物，则要用木质、铜质、铝质等不产生火花的铲、刷、钩等工具刮除；若是残酸、有毒沉积物，应做好个人防护，铲刮下来的沉积物及时清扫并妥善处理。

⑨ 检验分析。清洗置换后的设备和工艺系统，必须进行检验分析。取样要有代表性，要正确选取样点，定时取样分析，确保清洗置换的可靠性。分析结果是检修作业的依据，应有记录，分析人员签字有效。只有在分析合格、符合安全要求的规定时方可进行检修作业。

⑩ 切断电源。对一切需要检修的设备，检修前必须切断电源，并在启动开关上挂上"禁止合闸"的标志牌。照明使用12V或24V的安全灯，电动工具要接地良好，严防触电。

⑪ 清理道路。检修现场的道路必须保持畅通，地面油污、易燃物品、积雪冰层要清除；危险地区，如沟、坑、井、陡坡及高压电气设备必须采取安全措施，阴井、地沟应设置安全防护栅栏或做好安全标志，夜间要设红灯信号。

⑫ 办理施工签证。这是实现安全施工的重要措施。施工单位在检修前必须按规定办理检修任务书、进塔入罐证、动火许可证、动土许可证等相应证件，方可进行检修施工。

必须说明的是，尽管化工运行技术和安全管理在不断进步，但是因种种原因，依然会偶尔出现生产事故，因此必须准备好应对突发事故、停车抢修的预案和各项措施。例如，石化厂储灌区就设置了消防水栓、配置了消防器材等。

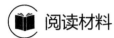 **阅读材料**

在线监测与故障诊断技术

机械设备、桥梁、道路、建筑以及人、植物、环境等都有自身的运行状态，是否正常、是否产生了故障等问题，如何维持其运行使用过程处于正常状态呢？传统办法一种是定期进行检查或直接维修（治疗），另一种方法是出问题后进行维修（治疗）。

从20世纪70年代至今，随着时代发展和现代化的推进，提出并研究实施了随着时间推移一直进行运行状态监测的技术，即在线监测技术。随着计算机技术和网络的发展，在线监测技术日渐成熟。

对于化工设备等行业的设备来说，主要是大型旋转机械更需要适时地进行运行状态监测。监测的内容主要是机器在工作中的激励方式下，特征信号的检测、变换、分析处理以及显示记录，并输出诊断所需要的信息，为故障诊断提供依据。状态监测是故障诊断的基础。故障诊断的目的是判断设备内部运行中隐含的故障，识别故障的性质、程度、类别、部位、原因等，以及故障发展的趋势及影响，可作出中长期预报。

设备运行状态的监测，可分为人工现场检测和在线监测。人工现场监测是利用点检仪、点温仪、手持式红外热像仪、振动测量仪等监测工具，作为现场设备状态监测和数据采集工具，并与后台系统实现数据交互。后台系统是一个数据分析和决策的服务器，主要进行检测结果分析、归纳，可帮助管理人员提高检测工作效率和分析决策的准确性，为最后的设备检修和维护决策提供支持。在线监测选配各种状态监测传感器，如视频监控、测振、测温、测厚、测转速、测冲击脉冲、油液质量分析等，直接将测量数据进行在线采集，由系统自动进行分析并给出监测的即时结果（以图形、波形、数据等形式显示出来），供技术人员读取并可存储、传输、调阅等。

伴随计算机和网络的发展，在线监测已经实现集约化。另一方面，对于一般运转设备（如泵），已经实行"半在线"监测，即用手持式检测仪定期在设备现场采集数据输入到监测系统中进行分析。也就是说，大型重要设备适时采集数据进行监测，一般设备定时采集数据进行监测。

监测参数主要有：电磁参数，包括电压、电流、功率、磁场强度；振动参数，包括频率、振幅、相位、速度、加速度；声学参数，包括声强、声压、声功率；力学参数，包括压力、拉力、转矩；运动参数，包括速度、转速、位移；液压参数，包括温度、压力、流量；污染参数，包括元素成分及含量。

监测和诊断的技术方法主要有振动诊断、无损检测（如射线探伤、超声波探伤、磁粉探伤、声发射等）、温度诊断、铁谱分析、油液分析等。

在线监测和诊断系统方面实现了不需要人工干预的自动监测、不需要人为更换测点、不需要专门的测试人员、不需要专业技术人员参与分析判断，而是将人工智能、专家系统、诊断树理论等新理论、新成果应用到故障诊断领域，出现了故障诊断专家系统、基于神经网络技术的故障诊断专家系统、模糊诊断系统等。

有人预测不久之后，只需要绕着飞机走一圈就可以完成对飞机的检查并且可以由机器人来完成，因为通过一个小芯片不停发出寻呼信号获取信息便可以掌握飞机是否存在问题。或者未来的飞机上安装一系列传感器后就成为被监控的机器。

我国在经过一个建设高潮后，对基础设施的管理和养护将会成为社会的重要需求。基础设施、桥梁、建筑等结构物的健康监测领域及微变形监测技术将大有用武之地。

4.7.6　压力容器的安全使用

内部具有一定压力的设备，在操作中更需要精心对待，做好操作维护。主要操作要求是平稳、不超限、多巡查。

（1）操作平稳

保持压力和温度的相对稳定、减小压力和温度的波动幅度，是防止容器疲劳破坏的重要环节之一。在升压、升温和降压、降温时，都应缓慢，不能使压力、温度骤升骤降。要谨慎对待阀门的启闭，开车、正常运行和停车时各阀门的开关状态以及开关的先后顺序不能搞错，要防止憋压闷烧，防止高压介质窜入低压系统，防止性质相抵触的物料相混以及液体和高温物料相遇。由于阀门操作不当而发生的爆炸事故是为数不少的。

（2）禁止超压、超温、超负荷

超压是引起容器爆炸的一个主要原因，虽然有时并不立即导致容器爆炸，但是会加快裂纹的扩展。

严格控制化学反应温度是预防燃烧、爆炸的一个重要措施。运行中是不准超过最高允许工作温度的，同样也不准低于最低允许工作温度，特别是低温容器或工作温度较低的容器。如果温度低于规定值，就可能导致容器脆性破坏。

超负荷可加快容器和管道的磨损。液化气槽罐等充装过量后，温度稍有升高，压力将急剧上升，危害很大。

（3）巡回检查并及时发现和消除隐患

压力容器的破坏大多有先期征兆，只要勤于检查、仔细观察，是能够及时发现异常现象的。因此，在容器运行期间应该定时、定点、定线进行巡回检查，认真、按时、如实地作好运行记录。检查内容包括工艺条件、设备状况和安全附件。

① 在工艺条件方面，主要检查操作压力、温度、流量、液位等指标是否正常；介质的化学成分、杂质含量等是否符合要求。

② 在设备状况方面，着重检查容器法兰等各连接部件有无泄漏；容器防腐层或保温层是否完好；有没有变形、鼓包、腐蚀等缺陷和可疑迹象；容器及连接管道有无振动、磨损。

③ 在安全附件方面，主要检查安全阀、爆破片、压力表、液位计、紧急切断阀以及安全联锁、报警信号等是否齐全、完好、灵敏、可靠。

检查中发现异常情况、缺陷问题应分别妥善处理。容器内部有压力时，不得对受压元件进行任何修理或紧固工作。

（4）紧急停止运行

压力容器在运行中，如果发生故障，出现严重威胁安全的下列情况之一时，操作人员应立即采取措施，停止容器运行，并尽快向有关部门报告。

① 容器的压力或壁温超过操作规程规定的最高允许值，采取措施后仍不能使压力或壁温降下来，并有继续恶化的趋势。

② 容器的主要承压元件产生裂纹、鼓包、变形或泄漏等缺陷，危及容器安全。

③ 安全附件失灵、接管断裂或紧固件损坏，难以保证容器安全运行。

④ 发生火灾直接威胁到容器安全操作。

停止容器运行的操作，一般应切断进料，泄放器内介质，使压力降下来。对于连续生产的容器，紧急停止运行前务必与中心控制室及前后有关岗位做好联系工作。

4.7.7 压力容器的定期检验

化工压力容器不仅承受压力，而且受到介质的腐蚀和压力、温度波动的影响。因此，在使用过程中没有裂纹等缺陷的会产生裂纹等缺陷，已有的微小缺陷会扩展为超标缺陷。为了保证压力容器的安全使用，要对压力容器进行定期检验，及早发现并清除缺陷。这是一个十分重要的环节。

（1）定期检验的周期和内容

压力容器每年至少进行一次外部检查，每三年进行一次内外部检查，每六年作一次全面检验。遇到一些特殊情况，检验周期应适当缩短或延长，定期检验的内容如下。

① 外部检查。主要是检查容器的保温层和防腐层、设备铭牌是否完好；有无裂纹、变形、鼓包、泄漏；安全附件是否齐全完好、灵敏可靠；容器及其连接管道有无振动和摩擦；容器基础有无下沉、倾斜；紧固螺栓是否齐全、完好，螺栓留在螺母外的部分是否符合安全要求；运行的压力、温度、流量等参数是否符合规程规定；运行报表、检修记录以及故障和故障处理措施等是否记录完整等。

② 内外部检查。除了外部检查的全部项目外，还应检查容器内部的焊缝、内壁表面有无裂纹和腐蚀，衬里是否变形、开裂等。对筒体、封头等选择多处进行测厚，对高压容器主螺栓应逐个进行表面探伤等。

③ 全面检验。除内外部检查的全部项目外，还应对容器焊缝进行无损探伤，对容器进行耐压试验。

（2）耐压试验

由于容器大多用水来进行耐压试验，所以习惯上常称为水压试验。耐压试验有较大的危险性，因为试验压力一般高出最高工作压力的1/4以上。参加耐压试验工作人员应服从统一指挥，掌握试验过程中的安全注意事项，遵守有关安全规定。

要注意对试验介质温度和环境温度的要求。不锈钢容器进行水压试验时，还要求水中的氯根（氯离子）含量不得超过 25mg/kg。

试验时，升压和降压都必须分级、缓慢地进行。压力升高到最高工作压力后，不要靠近或停留在容器附近。从试验压力降到最高工作压力后，若无异常方可靠近容器进行检查。检查时，不要用铁锤敲击容器。

试验中，若发现有异常响声（是不是局部破裂）、压力下降（可能有渗漏）、油漆剥落，或加压时压力表指针不动（材料可能屈服了）、压力表指针来回不停地摆动（大多是容器里的空气未排尽），或加压装置发生故障等异常情况，应立即停止试验，卸压查明原因，根据具体情况决定是否继续进行试验。

容器经耐压试验，若无泄漏，无可见变形，修理改造过的部位无超标缺陷，则试验合格。

4.7.8　压力容器的安全附件

压力容器的安全附件主要有安全阀、爆破片、易熔塞、压力表、温度计、液位计、紧急切断阀和紧急排放装置等。

4.7.8.1　安全阀

为防止超压，压力容器经常设置安全阀。安全阀在安装使用中应注意以下问题。

① 直接连接、垂直安装。安全阀与容器应直接连接，安装在容器的最高位置。如果安全阀和容器之间用短管连接，那么短管的内径必须不小于安全阀的进口直径，确保安全阀迅速排放、泄压。安全阀与容器之间原则上不准装任何阀门。如果容器内介质是易燃、剧毒或黏稠性物质，为了便于更换、清洗安全阀，可以加装截止阀，但必须确保运行中截止阀处在全开位置，并加铅封或上锁，防止误关截止阀。安全阀，特别是杠杆式安全阀应垂直安装，保持阀杆、阀芯和阀座的同轴度，以利于阀芯和阀座良好闭合。

② 防止腐蚀、安全排放。要保持安全阀清洁干净，防止油垢、灰尘及其他脏物堵塞和产生腐蚀。要保持排放管的泄液通畅，及时排除积液，防止排放管被积聚的凝液或雨水腐蚀。要检查排放管的支架是否牢靠，防止安全阀排放时排放管晃动倾倒。要经常检查排放管的静电导除措施是否完好，如有异常，及时汇报。

③ 铅封完好、定期试排。按照规定安全阀经检验合格后应加上铅封，防止调整螺钉被拧动或重锤被移动而改变了开启压力。要经常检查铅封是否完好，防止超压时安全阀不动作而发生爆炸事故，或者在正常工作压力下安全阀也动作，影响生产。

为了防止阀芯和阀座粘牢，用于空气、水蒸气或其他无危害介质的安全阀，应定期手提排放。排放时，要站位得当，动作缓慢，事前与上下工序联系。手提排放试验的时间间隔没有统一的规定，应根据运行工况和介质性质来确定。

④ 消除泄漏、定期检验。如果阀芯和阀座不同心，或安全阀中有脏物黏附，或阀芯、阀座因腐蚀而产生沟槽，以及弹簧的弹力受外界温度等影响而减小，安全阀便会产生泄漏。运行中发现安全阀泄漏应及时检修或更换。绝不允许用移动重锤或拧紧调整螺钉、加大对阀芯的作用力的办法来消除泄漏。这样做在大多数情况下既不能达到消除泄漏的目的，又会使安全阀失去超压保护的作用。安全阀应按规定进行定期检验，一般每年至少检验一次。

4.7.8.2　爆破片

爆破片也称防爆膜，也是一种压力容器的超压泄放装置。当压力容器发生超压并达到爆破片的爆破压力范围时，爆破片即自行爆破，压力容器内的介质迅速外泄，压力很快下降，从而压力容器得到保护。为适应不同条件，爆破片有多种结构，如图4-15、图4-16所示。

（1）爆破片的特点及应用场合

① 优点。结构极为简单，动作非常迅速。与安全阀相比，它受介质黏附积聚的影响较小；在膜片破裂之前能保证容器的密闭性；排放能力不受限制。

② 缺点。膜片一旦破裂，生产就必须中断，直至换上新的爆破片。

③ 应用场合。用于存在爆燃及异常反应而压力骤增，安全阀由于惯性来不及动作、排放口径过小的场合；产生大量沉淀或粉状黏附物，妨碍安全阀动作的场合；剧毒介质或昂贵

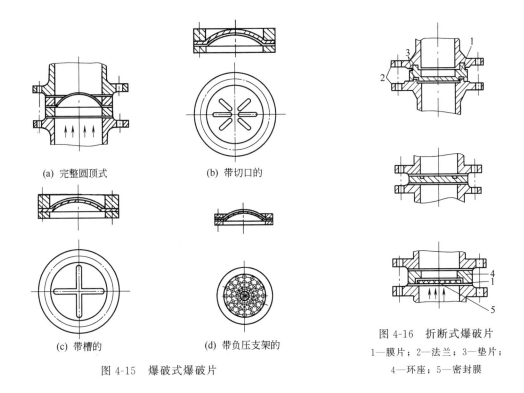

(a) 完整圆顶式

(b) 带切口的

(c) 带槽的

(d) 带负压支架的

图 4-15 爆破式爆破片

图 4-16 折断式爆破片
1—膜片；2—法兰；3—垫片；
4—环座；5—密封膜

介质，不允许有任何泄漏的场合等。

（2）爆破片的使用

爆破片的材料、厚度、结构形式是经过理论计算和实验测试决定的，要按照计算和测试结果，对照产品说明书上的指标，购买专门制造爆破片的厂家生产的产品，切不可随意选用。

运行中应经常检查爆破片法兰连接处有无泄漏，爆破片有无变形。由于特殊情况，在爆破片与容器之间装有切断阀时，则要检查该阀的开闭状态，务必保持全开。有伴热设施的爆破片，还应检查伴热是否正常。

通常情况下，爆破片每年更换一次。发生超压而未爆破的爆破片应立即更换。

4.7.8.3 压力表

（1）压力表的选用和安装

压力表应该根据被测压力的大小、安装位置的高低、介质的性质（如温度、腐蚀等），来选择精度等级、最大量程、表盘大小以及隔离装置。

用于低压容器的压力表，其精度应不低于 2.5 级；中压的不低于 1.5 级；高压、超高压的不低于 1 级。压力表精度级别以压力表允许误差占表盘刻度极限值（即最大值）的百分数来表示。对于精度 1.5 级的压力表，其允许误差为表盘刻度极限值的 1.5%。因此，应严格按上述原则选择压力表精度级别，不然就会造成压力表允许误差过大。例如，最高工作压力为 10MPa，选用量程为 0～25MPa，精度级别本应是 1 级，这时允许误差＝25×（±1%）＝±0.25MPa，若选 2.5 级则允许误差＝25×（±2.5%）＝±0.625MPa，显然允许误差太大了。

压力表的量程通常为最高工作压力的 1.5～3 倍，最好为 2 倍。表盘直径在不妨碍操作和检修的前提下，尽可能选大一点为好，一般不宜小于 100mm。如果压力表安装位置与操作岗位相距较远则表盘直径更应选大一点，以便操作人员观察。

装设压力表的场所应有足够的照明，安装位置要便于观察，并要防止高温辐射和振动，防止低温冻结，引起事故。

为了现场校验和调换的方便，应在压力表与容器连接的管道上安装三通旋塞（或针阀），三通旋塞上应有启闭的标志。工作介质为高温或具有腐蚀性时，要在弹簧管式压力表与容器的连接管道上装存液弯管或隔离装置，使高温或腐蚀介质不与弹簧管直接接触。介质的腐蚀特性不同，选用不同的隔离液。例如，氨、水煤气的隔离液用变压器油；氧气用甘油；重油用水；硝酸用五氯乙烷；氯化氢用煤油。

（2）压力表的使用和校验

根据容器允许的最高工作压力，在表面刻度盘上画上一条红线，以示警戒。应当指出，红线不允许画在表盘玻璃上，这是因为一则会产生很大的视差；二则表盘玻璃会转动的，红线位置也随着玻璃转动，往往导致事故。启用蒸汽等高温介质系统的压力表时，应先用三通旋塞使高温介质冷凝，积聚冷凝液体，随后使冷凝液和弹簧管接触，防止高温介质直接进入弹簧管。

运行中要保持压力表洁净，表盘上玻璃清晰明亮。为了防止连接管堵塞，压力表应定期吹洗。经常观察压力表指针的转动和摆动是否正常，若同一容器装有两只压力表，则应经常核对。压力表按规定进行定期校验，一般是每六个月校验一次，校验合格的压力表应铅封。

压力表若发生下列情况之一时，应停用并更换：容器卸压后压力表指针回不到零位，指针偏离零位的数值超过了压力表规定的允许误差；表盘玻璃破碎或表盘刻度模糊不清；超期未作校验；表内漏气或指针剧烈跳动等影响压力表准确度。

4.7.8.4 液位计

液位计是用来观察和测量设备内液面位置变化情况的测量仪表。它不但是生产中监察、测量料位的重要仪表，也是保证容器安全的重要附属装置。在许多气相和液相反应器、储罐、锅炉汽包等压力容器上都装有液位计。液位计的种类很多，应用广泛，用量很大。有板式液位计，带衬里的板式液位计，带颈板式液位计，双面玻璃板液位计、双面铸铁玻璃板液位计，旋塞玻璃管液位计等。在低温场合，有低温防霜式液位计；在高压和耐腐蚀的场合，有碳钢制玻璃板液位计，简易不锈钢液位计等。随着技术的发展，磁性浮子液位计得到了广泛应用；还有一些自动化液位指示仪表，如同位素料位计等，可以精确测出某些储罐内的液面位置。

许多液位计已经标准化。压力容器使用的液位计，应根据压力容器的介质、最高工作压力和温度正确选用。使用前，应进行压力试验。0℃以下工作的压力容器，应选用防霜液位计；寒冷地区室外使用的液位计，应选用夹套型或保温型结构的液位计；用于易燃介质，毒性程度为极度、高度危害介质的液化气体压力容器，应采用板式或自动液位计，并应有防止泄漏的保护装置。液位计的最高和最低安全液位，应作出明显的标记。

液位计应安装在便于观察的位置，如不便观察，则应增加其他辅助设施。大型压力容器还应有集中控制的设施和报警装置。

在压力容器的运行操作中，应加强维护管理，保持液位计完好清晰，防止出现假液位而被误读，定期检修。液位计有下列情况之一，应停止使用：超过检验周期；玻璃板（管）有裂纹、破碎；阀件固死；经常出现假液位。

4.7.8.5 测温仪表

压力容器的另一主要操作参数就是温度。任何压力容器都必须有准确可靠的测温装置，以指示出介质的温度。

测温装置是一个组合件，由感温元件、接口、指示仪表组成。测温装置主要有热电偶温度计、热电阻温度计和膨胀式温度计。水银温度计是其中之一，一般只在一些反应釜及设备比较低矮、又不需要进行自动控制的场合应用。大部分的压力容器都采用热电偶和热电阻温度计。

在压力容器上，要测量压力容器内的介质温度，必须有测温元件接口装置，以保证温度计既能进入容器内部，又能密封内部介质不致泄漏。温度计接口结构有带套管和无外加套管两类。无外加套管的温度计接口有法兰连接和螺纹连接两种。法兰连接一般采用 $DN32$ 或 $DN40$ 两种公称直径。这种接口适用于碳钢、不锈钢或复合钢板制的设备。螺纹连接适用于公称压力 $PN \leqslant 6.28MPa$ 的场合。带套管的温度计接口安全可靠，应用比较广泛，在中、高压反应容器中常被采用，套管与压力容器外壳的连接也有螺纹连接和法兰连接两种。

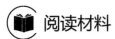 阅读材料

高压容器的一种结构形式——多层包扎式压力容器

一、背景资料

1956 年，我国自行设计制造的第一台高压容器——多层包扎式高压容器，在当时的永利宁厂机械车间（即现在的中国石化集团南化集团公司南京化工机械厂）研制成功。7 月 31 日成功地进行了这台高压容器的爆破试验，这是我国压力容器制造史上的一座里程碑，标志着我国机械设备的设计水平和制造能力有了新的突破。为此《人民日报》于当年 10 月 25 日发表了《自己动手制造更多的工业设备》的社论。

1986 年，南京化工机械厂成功制造了 $\phi2800mm$、高 30m、年产 52 万吨尿素的多层包扎式尿素合成塔；同年，获得国际通行的美国机械工程师学会（ASME）压力容器设计制造授权证书，进入国际先进行列，走向国际市场。

二、多层包扎式高压容器简介

压力容器多数是圆筒形结构，一般用钢板制造。当容器厚度较厚时，可以采用多层结构，如多层热套、多层包扎、多层绕带等。其中，多层包扎式压力容器的圆筒由多层钢板包扎而成。首先用钢板卷焊成一个内筒，然后在内筒的外面包扎若干层层板，每层层板由 2～3 片被弯成圆弧状的钢板组成，包扎时用钢丝绳拉紧该层层板，然后焊接层板的焊缝，焊缝自然冷却收缩，使层板抱紧里面各层。层板包扎完毕后就形成一个筒节，几个筒节对接起来就组成一个长筒体。

多层包扎式高压容器具有如下优点：不需要大型复杂的设备；如某一层板出现裂缝，不会延伸至其他层板；层板的焊缝小，容易焊接，并且各层板的焊缝相互错开，减少了焊缝的不利影响；层板薄、性能好（我国大多用 6mm 厚钢板制作层板），与厚板相比，其塑性好、缺陷少、脆性转变温度较低，爆破呈塑性破裂，不会产生大量碎片；对于腐蚀性强的介质，只要求内筒选用防腐蚀性能强的钢板，而层板仍可用普通容器用钢制造，节省了合金钢用量；可在环焊缝附近的层板上打一些小孔，一方面防止环焊缝焊接时把空气密封在层板间造成不良影响，另一方面可作为操作时的安全孔用；在层板上开检漏小孔，一旦内筒破裂，使工作介质从内筒往外渗出，即可从此孔发现，有利于防止恶性事故的发生。

多层包扎式厚壁容器也有一些缺点，如制造工序多、复杂以及生产周期长等。当大型制造设备增强、大型设备制造能力增强了以后，可以采用圆筒加热后直接套合的方法制造高压容器，即多层热套。

思考题

1. 为什么要在化工生产操作中进行设备维护？包括哪些过程？
2. 化工设备有可能出现哪些损坏？
3. 思考和讨论设备操作、维护、故障、损坏之间的关系。
4. 简述列管式换热器操作维护与维修的主要内容。
5. 塔设备的维护检查有何重要意义？要进行哪些检查工作？
6. 塔设备在修理前要做好哪些准备工作？
7. 运转设备会出现哪些磨损？磨损的规律是什么？
8. 如何减轻磨损？润滑剂的作用和种类有哪些？
9. 怎样对设备进行润滑？
10. 机械振动和噪声有什么关系？振动的原因、危害和污染有哪些？
11. 如何控制振动和噪声？简述几种常用的振动控制技术。
12. 为什么在薄壁金属机罩上涂上阻尼材料后便可以降低噪声强度？
13. 离心机在运转时的振动及其原因以及减振措施有哪些？
14. 离心机常用的减振元件有哪些？
15. 要对运转设备进行哪些维护？
16. 怎样对离心泵进行开停车操作？在离心泵的运行中要做好哪些检查维护工作？
*17. 应怎样做好活塞式压缩机的启动准备和开车启动？
*18. 如何做好活塞式压缩机的运行维护？
*19. 活塞式压缩机怎样停车？
*20. 应怎样做好离心式压缩机的启动准备和开车启动？
*21. 如何做好离心式压缩机的运行维护？
*22. 离心式压缩机怎样停车？
*23. 压缩机停车后应注意什么？
*24. 为什么要十分注意离心机启动前的准备和检查？应做好哪些准备和检查工作？
*25. 为什么离心机要先启动、后进料；先逐步停料、后停车？
*26. 在离心机的运行操作中，应如何注意和保证安全？
27. 什么是设备管理？设备管理的任务有哪些？与化工生产操作关系较密切的是哪些？
28. 设备和管道为何要编号？如何编号？
29. 说明化工设备润滑与密封的重要性；怎样做好设备的润滑和密封工作？
30. 大检修的准备工作包括哪些内容？
31. 怎样做好压力容器的使用和检验工作？
32. 压力容器主要有哪些安全附件？如何正确使用？

5

化工设备材料

📑 学习目标

① 明确学习材料知识对于设备的操作维护，关注易腐蚀操作条件波动的重要意义。

② 了解金属材料和非金属材料种类、特点及使用，初步熟悉化工设备材料。

③ 知晓化工腐蚀的危害，了解常见腐蚀类型和腐蚀破坏，懂得基本的材料防护措施，懂得减少腐蚀损失对环保和节能的意义。

化工生产有其特殊性，主要表现为有些物料毒性大、易燃烧、腐蚀性强，而生产过程往往需要在高温、高压、真空、低温等较恶劣的环境中进行，所以对设备的强度、密封、耐腐蚀等性能提出了很高要求。化工生产的特殊性不仅对化工设备的设计、制造、安装、维修提出了很高的要求，而且对设备所用的材料提出了很高的要求。

长期的科学研究使人们对材料的性能有了较科学、准确的认识。长期的工程使用经验与积累，促使材料标准更加实用、适用，体系丰富，会适时更新标准。飞速发展的社会需求和技术进步促使新材料技术不断发展。

腐蚀是化工设备失效的重要原因之一，而化工设备被腐蚀的原因，不但与物料品种有关，而且与浓度、温度、压力、物态、时间等有关，对易被腐蚀的设备、部位，易使腐蚀加剧的操作条件的波动情况，都应引起注意。

5.1 化工设备与管道常用的金属材料

5.1.1 金属材料的主要性能

化工设备中常用的金属材料主要是钢铁材料以及铜合金、铝合金等。钢铁是钢和铸铁的统称，其实就是铁碳合金。钢分为以铁和少量碳组成的碳钢，以及再加入其他元素组成的合金钢两类。金属材料的基本组织是晶体，由一颗颗小晶粒组成。不同的晶体结构、合金元素以及它们的化合物和杂质，形成了各种不同性能的金属材料。

5.1.1.1 力学性能

材料在外力作用下表现出来的性能称为材料的力学性能。它的主要指标有强度、硬度、弹性、塑性和韧性等。

（1）强度

强度是金属材料在外力作用下，抵抗产生塑性变形和断裂的能力。常用的强度指标是屈服极限和强度极限。

① 屈服极限。在低碳钢的拉伸实验中，观察到试件受载后，随着载荷增加试件有变形，当载荷增大到某一值时，载荷不再增加，试件却可以继续产生明显的变形，并且卸除载荷后，这部分变形不会消失，称这部分变形为塑性变形。这种现象习惯上被称为屈服，发生屈服时的应力称为屈服极限（屈服点），用 σ_s 表示，它代表材料抵抗塑性变形的能力。

说明：对于材料或构件的"应力"，可以简单理解为材料内部单位面积上所受到的力。

实际生产中，绝大部分零部件都不允许发生塑性变形，即应力 σ 不能超过屈服极限。一般取

$$\sigma \leqslant \frac{\sigma_s}{n}$$

式中，n 为安全系数，其大小随工作条件而定，且 $n > 1$。σ_s/n 也称为许用应力，用 $[\sigma]$ 表示。

② 强度极限。金属材料在受力过程中，从开始受载到发生断裂所能达到的最大应力值，称为强度极限。化工压力容器设计中常用的材料强度性能指标是抗拉强度，它是拉伸实验时，试件拉断前在最大载荷作用下的应力，用 σ_b 表示。强度极限是压力容器选材的重要性能指标。

③ 疲劳强度。化工设备零部件在工作中常承受大小和方向都可能出现变化的载荷，在这种载荷作用下，金属材料有可能在受力远低于屈服极限时即发生断裂，这种现象称为疲劳。例如，用手弯一根铁丝，反复正反向弯曲，不需加多大的力，弯曲一定次数后铁丝折断了（只向单方向弯曲铁丝不会断），就是因为铁丝发生了疲劳破坏。金属材料在变载荷作用下，经过一特定时间段而不发生破坏的最大应力称为疲劳极限。它反映了材料在变化的载荷作用下的承载能力，一般疲劳强度比强度极限低得多。

（2）弹性与塑性

材料在外力作用下尺寸和形状发生变化，当外力卸除后材料又恢复到原始形状和尺寸，这种特性称为弹性。一般情况下，材料在弹性范围内，应力和应变成正比，其比值为弹性模量。弹性模量越小，材料的弹性越好。

材料的塑性是断裂前发生塑性变形的能力。塑性指标也是由拉伸实验测得的。用伸长率（δ）和断面收缩率（ψ）表示，δ 和 ψ 的值越大，塑性越好。

（3）硬度

材料抵抗硬物体压入而产生塑性变形（包括产生压痕或划痕）的能力称为硬度。硬度不是一个单纯的物理量，而是反映材料弹性、强度与塑性等的综合性能指标。例如，齿轮齿面硬度提高，齿面抗点蚀能力、抗胶合能力和耐磨性都增强。

（4）冲击韧性

金属材料抵抗冲击载荷而不破坏的能力称为冲击韧性。在冲击载荷作用下的零部件，不能单纯用静载荷作用下的力学指标来衡量是否安全，必须考虑冲击韧性。冲击韧性指标，可由常温下材料冲击实验测得。

（5）材料在高温和低温下的力学性能

一般金属材料在高温和低温下，其力学性能会有显著改变，除了强度、塑性、硬度等的

数值会发生变化以外，还会产生高温蠕变和低温脆性。

① 高温蠕变。长期在高温下工作的金属材料，当它的应力值不高且大小也不变时，其塑性变形却随时间而缓慢增加，这种现象称为蠕变。

化工生产中，常有因蠕变而造成破坏的事故发生。例如承受高温、高压的蒸汽管道，由于存在蠕变，管径随时间不断增大，壁厚变薄，最后导致破裂。再例如蒸汽管道上的法兰螺栓，因蠕变而使法兰密封面上的压紧力降低（松弛），而引起法兰泄漏。

材料抵抗在高温下发生缓慢塑性变形的能力，称为蠕变极限，用 σ_n^t 表示（t 为工作温度，n 为变形量的百分比）。σ_n^t 是材料在温度 t 时经过 $10^5 h$ 产生蠕变量为 1% 时的最大应力。

② 低温脆性。在低温下工作的金属材料，随着温度的降低，其强度和硬度逐渐提高，塑性和韧性却逐渐下降，并且在低于某个温度后冲击韧性数值突然降得很低，这种现象称为低温脆性。

由于材料的低温脆性，使得低温下操作的化工设备会产生脆性破坏。且断裂前不发生明显的塑性变形，因而有较大的危险性。操作低温设备时要重视材料的低温脆性。

5.1.1.2　物理性能

金属材料的物理性能有热膨胀性、导电性、导热性、熔点、相对密度等。化工生产中使用异种钢焊接的设备，要考虑到它们的热膨胀性能要接近，否则会因膨胀量不同而使构件变形或损坏。有些加衬里的设备也应注意衬里材料的热膨胀性能要与基体材料相同或相近，以免受热后因膨胀量不同而松动或破坏。

5.1.1.3　化学性能

金属材料的化学性能主要是耐腐蚀性和抗氧化性。

（1）耐腐蚀性

材料抵抗周围介质，如大气、水、各种电解质溶液等对其腐蚀破坏的能力称为耐腐蚀性，简称耐蚀性。金属材料的耐蚀性，常用腐蚀速度来表示，一般认为介质对材料的腐蚀速度在 $0.1mm/a$ 以下时，在这种介质中材料是耐腐蚀的。

（2）抗氧化性

在高温下使用的化工设备的材料会与氧气或其他气体介质（如水蒸气、CO_2、SO_2 等）产生化学反应而使材料氧化。因此，在高温下所使用设备的材料要具有抗氧化性。

5.1.1.4　加工工艺性

化工设备制造过程中，其材料要具有适应各种制造方法的性能，即具有工艺性，它标志着制成成品的难易程度。主要加工工艺性能有可焊性、可铸性、可锻性、热处理性、切削加工性和冷变形性等。一般塑性好的材料，焊接性能和冷冲压性能都好。

5.1.2　碳钢

在工业上使用的金属材料一般不是纯金属，而是合金。合金是一种金属与其他金属或非金属熔合在一起的金属材料。铁与碳及少量其他元素熔合的合金为铁碳合金。它按含碳量的不同分为碳钢和铸铁。

（1）碳钢的分类

碳钢是含碳量小于 2.11% 的铁碳合金。除了铁和碳外，碳钢还含有少量的磷、硫、硅、锰等其他杂质元素,这些杂质主要是从铁矿石中带来的。其中硫使碳钢有热脆性,磷使碳钢有冷脆性,因此硫、磷是有害杂质。硫、磷含量越小,碳钢的品质越好,依此碳钢分为三类:普通钢、优质钢和高级优质钢。根据碳钢的用途,碳钢又分为制造机器设备的结构钢和制造刃具、量具等的工具钢。还有特殊用途钢,如锅炉钢、容器用钢等。

(2) 普通碳素结构钢(GB/T 700—2006《碳素结构钢》)

普通碳素结构钢含碳量较低,杂质含量较高,是质量不高的碳钢,具有一定的力学性能。这种钢冶炼相对容易,价格低廉,广泛用于要求不高的金属结构和机械零件。

国家标准规定,这类钢材按保证力学性能供应,并按屈服点将其分成不同的牌号。每种牌号又按质量分为 A、B、C、D 四级。A 级、B 级为普通质量钢,C 级、D 级为优质钢。

普通碳素结构钢牌号举例:

普通碳素结构钢的常用牌号是 Q195、Q215、Q235、Q275。其中 Q195、Q215 可用于承受轻载的零件,Q235、Q275 可用于制造螺栓、螺母等,Q235-D 可用于制造化工设备。详见 GB/T 700—2006《碳素结构钢》。20 多年来,我国在改革开放中不断加强与国际先进技术的交流、融合,更新了许多材料标准。

(3) 优质碳素结构钢(GB/T 699—2015)

优质碳素结构钢在供货时,除保证钢材的力学性能和化学成分外,还对硫磷的含量严格控制,品质较高,多用于重要的零件,应用非常广泛。

依据含碳量的不同,这种钢分为低碳钢、中碳钢和高碳钢。

① 低碳钢。含碳量小于 0.25%,钢的强度较低,但塑性好,焊接性能好,在化工设备中广泛使用。

② 中碳钢。含碳量为大于等于 0.25%,小于 0.60%,强度、硬度高,塑性、韧性稍差;焊接性能较差,不宜用于制造化工设备壳体。多用于制造传动设备的零件。

③ 高碳钢。含碳量大于或等于 0.60%,它的强度和硬度均较高,塑性、焊接性差,不适合用于制造化工设备,常用来制造弹簧、刃具及钢丝绳等。

优质碳素结构钢根据含锰量不同,分为普通含锰量优质碳素钢(含 Mn 量在 0.35%～0.80%范围内)和较高含锰量优质碳素钢(含 Mn 量在 0.70%～1.20%范围内)。锰可以改善钢的热处理性能。

优质碳素结构钢的牌号是两位数字,表示含碳量的万分数。例如,20 钢表示平均含碳量为 0.20%的钢。如果优质碳素结构钢中含锰量较高,则在两位数字后标以 Mn 元素符号。例如,20Mn 表示较高含锰量优质碳素钢。

对特殊用途用钢,规定在数字后加注字母。R 为容器用钢,20R 表示含碳量 0.20%,普通含锰量的容器用优质碳素结构钢。

5.1.3　合金钢

为了改善碳钢的力学性能和耐腐蚀性能,特意在钢中加入少量合金元素,如铬、镍、钛、锰、钼、钒等，所得到的钢统称为合金钢。化工生产中常用的主要类型有低合金结构钢、不锈耐酸钢和耐热钢等。

5.1.3.1　低合金结构钢（GB/T 1591—2018《低合金高强度结构钢》）

低合金结构钢由含碳量较低（<0.20%）的碳素钢加入少量合金元素（如锰、钒、铌、镍、铬、钼）熔合而成，合金元素的含量一般小于5%。由于合金元素的作用，低合金结构钢具有优良的综合力学性能和加工性能，如可焊性、冷加工性能好，低温性能和中温性能比碳素钢好，在化工设备及压力容器上应用广泛。

国家标准（GB/T 1591—2018《低合金高强度结构钢》）采用普通碳素结构钢的牌号表示方法，来表示低合金钢中的低合金高强度结构钢的牌号，其牌号有Q355、Q390、Q420、Q460、Q500、Q550、Q620和Q690，质量等级有B、C、D、E、F五级。本标准版本还增加了与国外标准牌号对照表。

另外，目前工程上还有使用老国家标准来表示钢号的：以前面两位数字表示含碳量的万分数；以化学元素符号表示含有何种合金元素，合金元素后面的数字表示该元素含量的百分数，当合金元素含量小于1.5%时不标数字，平均含量为1.5%～2.5%、2.5%～3.5%……时则相应标注2、3……例如，16MnR表示含碳量为万分之十六左右、含锰量小于1.5%的压力容器用低合金结构钢。16Mn对应于Q345，15MnVN对应于Q420。

5.1.3.2　合金结构钢（GB/T 3077—2015）

合金结构钢的牌号是以前面两位数字表示含碳量的万分数；以化学元素符号表示含有何种合金元素，合金元素后面的数字表示该元素含量的百分数。化工设备使用的合金结构钢主要是不锈耐酸钢和耐热钢。

（1）不锈耐酸钢

① 不锈耐酸钢的含义。不锈耐酸钢是不锈钢和耐酸钢的总称。不锈钢是在大气、水及较弱腐蚀性介质中耐腐蚀的钢，不锈耐酸钢是指能抵抗酸及强腐蚀性介质的钢，耐酸钢同时是不锈钢。

② 不锈耐酸钢中主要合金元素及其作用。不锈耐酸钢中的主要合金元素是铬、镍、钼、钛，它们对钢的性能影响如下。

铬是不锈耐酸钢中起耐腐蚀作用的主要元素。钢只有在含铬量为12%以上时才有耐蚀性，不锈耐酸钢的平均含铬量都在13%以上。但含铬量不能超过30%，否则降低钢的韧性。

镍可扩大不锈耐酸钢的耐蚀范围，特别是提高耐碱能力。化工生产中广泛使用的含铬18%、含镍8%的不锈耐酸钢具有良好的耐腐蚀性，习惯上称为18-8型不锈钢。

钼能提高不锈耐酸钢对氯离子的抗蚀能力，钼还可提高钢的耐热性能。

钛能提高不锈耐酸钢抵抗晶间腐蚀的能力。

③ 含碳量对不锈耐酸钢性能的影响。含碳量越低，不锈耐酸钢的耐蚀性越强。为了提高耐蚀性，含碳量应小于0.06%；如果对耐蚀性有更高要求，则可采用超低碳不锈钢，主要有含碳量小于0.03%的奥氏体不锈钢和含碳量小于0.01%的铁素体不锈钢。超低碳不锈钢具有很低的晶间腐蚀敏感性。

④ 不锈钢牌号。我国缺铬少镍，随着对外开放和国家建设的发展，国内牌号的不锈钢、国外牌号的不锈钢都得到了较多应用。例如，美国牌号304这种不锈钢是在市面上应用比较广泛的牌号之一。2007年，我国国家标准GB/T 20878—2007《不锈钢和耐热钢　牌号及化学成分》更新了不锈钢牌号，新牌号最前面的两位数字表示含碳量有万分之几，如果是三位

数则是加了小数点后的一位数字；合金元素后面的数字表示该元素的含量有百分之几（含量小于1％时不写数字）。例如对应于美国牌号304的新牌号06Cr19Ni10，表示含碳量万分之六（0.06％），含铬量19％，含镍量10％；对应于美国牌号316L的新牌号022Cr17Ni12Mo2，表示含碳量万分之二点二（0.022％），并且分别含Cr17％Ni12％Mo2％左右。表5-1列出了部分不锈钢材料中外对应牌号。

⑤ 不锈耐酸钢的应用举例见表5-2。

（2）耐热钢

为了抵抗高温蠕变、高温氧化等失效而发展起来的耐热钢，与碳素结构钢相比，在使用温度大于350℃时，无显著的蠕变（具有抗热性），在570℃以上不发生氧化现象（具有热稳定性）。

表 5-1 部分不锈钢材料中外牌号对照表

中国		台湾地区	日本	美国		韩国	欧盟 BS EN	澳大利亚
大陆地区(GB)								
旧牌号	新牌号(07.10)	CNS	JIS	ASTM	UNS	KS		AS
0Cr18Ni9	06Cr19Ni10	304	SUS304	304	S30400	STS304	1.4301	304
00Cr19Ni10	022Cr19Ni10	304L	SUS304L	304L	S30403	STS304L	1.4306	304L
0Cr25Ni20	06Cr25Ni20	310S	SUS310S	310S	S31008	STS310S	1.4845	310S
0Cr17Ni12Mo2	06Cr17Ni12Mo2	316	SUS316	316	S31600	STS316	1.4401	316
00Cr17Ni14Mo2	022Cr17Ni12Mo2	316L	SUS316L	316L	S31603	STS316L	1.4404	316L
1Cr17	10Cr17	430	SUS430	430	S43000	STS430	1.4016	430
1Cr13	12Cr13	410	SUS410	410	S41000	STS410	1.4006	410

表 5-2 不锈耐酸钢的耐蚀性及应用

老牌号	耐 蚀 性	应 用 举 例
0Cr13	耐水蒸气、碳酸氢铵母液及540℃以下含硫石油等介质腐蚀	制造设备衬里、内部元件、垫片等
1Cr13	在30℃以下的弱腐蚀介质中有良好的耐蚀性，在淡水、蒸汽和潮湿的大气中有足够的耐蚀性	一般使用温度在450℃以下，制造法兰、汽轮机叶片、螺栓、螺母等零件
1Cr17	对氧化性酸(如一定温度及浓度的硝酸)耐蚀性良好	制造介质腐蚀性不强的防污染设备、家庭用品、家用电器部件
00Cr19Ni8	对氧化性酸(如硝酸)有强的耐蚀性，对碱液及大部分有机酸和无机酸也有一定的耐蚀性，有一定耐晶间腐蚀能力	制作食品设备、化工设备、输酸管道、容器等
00Cr19Ni10	耐蚀性比0Cr18Ni9Ti好，耐硝酸、大部分有机酸和无机酸的水溶液、碱等的腐蚀，耐晶间腐蚀	使用温度为-196~600℃,制造硝酸、维尼纶、制药等工业设备和管道
Cr17Ni12Mo2	在海水和其他介质中耐蚀性比0Cr18Ni9Ti好，主要作为耐小孔腐蚀材料，高温下有良好的蠕变强度	制作大型锅炉过热器、蒸汽管道、高温耐蚀螺栓、耐孔蚀的零件等
1Cr18Ni9Ti	在不同温度和浓度的各种强腐蚀性介质中耐蚀性良好	使用温度为-196~600℃,广泛用于制造耐酸设备、管道、衬里层等

钢中熔入铬、铝、硅可提高热稳定性，熔入镍、铝、钨、钒等可提高钢的抗热性。钢号多，使用时可参阅国标 GB/T 8492—2014《一般用途耐热钢和合金铸件》等有关资料。

5.1.4 铸铁

铸铁是含碳量为2％~4.5％的铁碳合金。其中硅、锰、硫、磷的含量都高于钢。碳在铸铁中以游离状态的石墨存在，铸铁的力学性能与石墨的形状、大小和分布状态有关。常用的铸铁有灰铸铁、球墨铸铁、可锻铸铁、耐蚀铸铁和耐热铸铁等。

（1）灰铸铁（GB/T 9439—2010《灰铸铁件》）

碳元素以片状的石墨存在，石墨割裂了铸铁基体，使灰铸铁的抗拉强度和塑性比钢低很多，但抗压强度并不降低。石墨的存在还使灰铸铁具有良好的耐磨性、减振性、铸造性能和切削性能。

灰铸铁常用于制造机座、带轮、不重要的齿轮等，还用来制作烧碱大锅、淡盐水泵等，灰铸铁可以用来制造常压容器，使用温度在$-15\sim250℃$之间，并且不允许用来储存剧毒或易燃的物料。

灰铸铁牌号由"灰铁"两字的汉语拼音字首"HT"及后面的一组数字组成，数字表示最低强度极限。例如，HT200表示灰铸铁，其强度极限为200MPa。

（2）球墨铸铁（GB/T 1348—2019《球墨铸铁件》）

碳在铸铁基体中以球状石墨存在，它的强度和塑性比灰铸铁高，综合力学性能接近于钢，可以代替钢制造一些机械零件，如曲轴、阀门等。

球墨铸铁以"QT"为首（"球铁"两字汉语拼音字首），后面的两组数字表示强度极限和伸长率，如QT 400-18。

（3）可锻铸铁（GB/T 9440—2010《可锻铸铁件》）

铸铁中的石墨呈团絮状，与灰铸铁相比有较高的强度、塑性和韧性。由于其有一定的塑性变形能力，故得名可锻铸铁，实际上可锻铸铁并不能锻造。

（4）耐蚀铸铁和耐热铸铁（GB/T 8491—2009《高硅耐蚀铸铁件》、GB/T 9437—2009《耐热铸铁件》）

在铸铁中加入适量的合金元素后形成具有耐蚀、耐热性能的铸铁，如加入硅形成的耐蚀铸铁、加入铬形成的耐热铸铁等，常用于铸造化工机械的泵、阀门等。

5.1.5　有色金属及其合金

M5-1　有色金属及其合金

在化工生产中，由于腐蚀、低温、高温、高压等特殊工艺条件的要求，设备的材料也经常用有色金属及其合金。常用的有铝、铜、钛、铅等。

（1）变形铝及其合金（GB/T 3190—2020《变形铝及铝合金化学成分》）

铝密度小，导电性、导热性好，塑性好，但强度低，铝压力加工性能好，还可以焊接和切削。铝能耐硝酸、乙酸、碳酸氢铵及尿素的腐蚀。工业纯铝1A50、1A99等用来制造热交换器、塔、储罐、深冷设备及防止污染产品的设备。

铝合金中最常用的是铝与硅、镁、锰、铜、锌等组成的合金。铝合金的强度比纯铝高得多。在化工中用得较多的是铸造铝合金和防锈铝。铸造铝合金可以制作泵、阀、离心机等。防锈铝的耐蚀性好，常用来制作与液体介质相接触的零件和深冷设备中液气吸附过滤器、分离塔等。

纯铝和铝合金最高使用温度为150℃，低温时铝和铝合金韧性不降低，适宜制造低温设备。

（2）加工铜及其合金（GB/T 5231—2022《加工铜及铜合金牌号和化学成分》）

铜具有很高的导热、导电性和塑性。在低温下可保持较高的塑性和韧性，多用于深冷设备和换热器。

铜在大气、水及中性盐、苛性碱中都相当稳定；在稀的和中等浓度的盐酸、乙酸、氢氟酸及其他非氧化性酸中也有较高的耐蚀性；在氨及铵盐中不耐蚀。

铜与锌的合金称为黄铜。它的铸造性好，强度比纯铜高。化工上常用的牌号有 H80、H68 等（H 后数字表示平均含铜量的百分数）。

铜与锡、铅、铝、锑等组合成的合金统称青铜。它具有较高的耐蚀性和耐磨性，常用来制造耐蚀和耐磨的零件。

（3）钛及其合金板材（GB/T 3620—2007《钛及钛合金牌号和化学成分》）

纯钛是银白色的金属，密度小，熔点高，热膨胀系数小，塑性好，强度低，容易加工，可制成细丝薄片，在 550℃ 以下有很好的耐蚀性，不易氧化，在海水和水蒸气等许多介质中的抗腐蚀能力比铝合金、不锈钢还高很多。

在钛中添加锰、铝或铬、钒等金属元素，能获得性能优良的钛合金。钛还是一种很好的耐热材料。钛及其合金是很有发展前途的材料，目前已有较多应用于新型化工设备中。

（4）铅及其合金

铅强度低，硬度低，不耐磨，非常软，不适合单独制造化工设备，只能作为设备衬里。铅耐硫酸，特别在含有 H_2、SO_2 的大气中具有极高的耐蚀性，不耐甲酸、乙酸、硝酸和碱溶液等腐蚀。

铅与锑的合金称为硬铅，强度、硬度都比纯铅高，化工上用它制造输送硫酸的泵、阀门、管道等。

5.2　化工设备与管道使用的非金属材料

在化工生产中，由于非金属材料具有优良的耐腐蚀性而获得广泛使用。换句话说，化工装置上使用非金属材料往往与需要具备的耐磨蚀性能有关。在某些领域已有取代钢材的趋势。非金属材料包括除金属材料以外的所有材料，依其组成分为无机非金属材料、有机非金属材料两大类。

M5-2　化工设备常用非金属材料

5.2.1　无机非金属材料

无机非金属材料的主要化学成分是硅酸盐。在化工生产中应用较多的有化工陶瓷、化工搪瓷、玻璃和辉绿岩铸石等。

（1）化工陶瓷

化工陶瓷由黏土、瘠性材料和助熔剂用水混合后经过干燥和高温焙烧而成。其表面光亮，断面像致密的石质材料。化工陶瓷具有良好的耐蚀性，除氢氟酸和含氟的其他介质以及热浓磷酸和碱液外，能耐几乎所有化学介质如热浓硝酸、硫酸甚至"王水"的腐蚀。

化工陶瓷是化工生产中常用的耐蚀材料，许多设备都用它制作耐酸衬里，还可以用于制造塔器、容器、管道、泵、阀等化工生产设备和腐蚀介质输送设备。但是，由于化工陶瓷是脆性材料，其抗拉强度低，冲击韧性差，热稳定性差，在使用时应防撞击、振动、骤冷、骤热等，以避免脆性破裂。

（2）化工搪瓷

化工搪瓷是由含硅量高的瓷釉通过 900℃ 左右的高温煅烧，使瓷釉紧密附着在金属胎表面而制成的成品。

除强碱外，化工搪瓷能耐各种浓度的酸、盐、有机溶剂和弱碱的腐蚀。

化工搪瓷设备还具有金属设备的力学性能，但搪瓷层较脆易碎裂，且不能用火焰直接加热。化工搪瓷设备具有优良的耐蚀性，只有氢氟酸、含氟离子的介质、高温磷酸能损坏搪瓷面层。

目前，我国生产的搪瓷设备有反应釜、储罐、换热器、蒸发器、塔和阀门等。

（3）玻璃

玻璃在化工生产中主要作为耐蚀材料，且玻璃中的 SiO_2 含量越高，耐蚀性越强。除氢氟酸、热磷脂和浓碱以外，玻璃几乎能耐一切酸和有机溶剂的腐蚀。

玻璃可用来制造管道或管件，也可以制造容器、反应器、泵、换热器衬里层、填料塔中的拉西环填料等。

玻璃质脆，耐温度急变性差，不耐冲击和振动。在使用玻璃制品时要特别注意。

（4）辉绿岩铸石

辉绿岩铸石是用辉绿岩熔融后，铸造成一定形状的板、砖等材料，主要用来制作需要耐高温的炉体等设备的衬里，也可制作管道。辉绿岩铸石除对氢氟酸和熔融碱不耐腐蚀外，对各种酸、碱都有良好的耐腐蚀性能。

5.2.2　有机非金属材料

在化工生产中广泛使用的有机非金属材料主要有塑料、橡胶、不透性石墨等。下面分别介绍它们的组成、特性和应用。

5.2.2.1　塑料

（1）塑料的含义与组成

塑料是一类以高分子合成树脂为基本原料，在一定温度下塑制成型，并在常温下保持其形状不变的高聚物。

一般塑料以合成树脂为主，加入添加剂以改善产品的性能。常用的添加剂有：用于提高塑料性能的填料；用于降低材料的脆性和硬度，使其具有可塑性的增塑剂；用于延缓塑料老化的稳定剂；使树脂具有一定机械强度的固化剂；着色剂、润滑剂等其他成分。

（2）塑料的分类

塑料按树脂受热后表现出的特点，分为热塑性塑料和热固性塑料。热塑性塑料的分子结构是线型或支链型的，热塑性塑料可以经受反复受热软化和冷却凝固，如聚氯乙烯、聚乙烯等。热固性塑料的分子结构是体型的，热固性塑料经加热熔化和冷却成型后，不能再次熔化，如酚醛树脂、氨基树脂。塑料按用途还可分为通用塑料和工程塑料，化工生产中的设备、管道及化工机械零件有一些是用工程塑料制造的。

（3）化工生产中的常用塑料

① 硬聚氯乙烯。它是氯乙烯的聚合物。硬聚氯乙烯有良好的耐蚀性，能耐稀硝酸、稀硫酸、盐酸、碱、盐等腐蚀，但能溶于部分有机溶剂，如在四氢呋喃和环己酮中会迅速溶解。

硬聚氯乙烯具有一定的强度，加工成型方便，焊接性好；其缺点是热导率小，冲击韧性较低，耐热性较差。使用温度为 $-15 \sim 60℃$，当温度在 $60 \sim 90℃$ 时，强度显著降低。

硬聚氯乙烯可用于制造各种化工设备，如塔、储槽、容器、排气烟囱、离心泵、通风机、管道、管件、阀门等。

② 聚乙烯。它是由单体乙烯聚合而成的高聚物。聚乙烯有优良的电绝缘性、防水性和化学稳定性；在室温下，除硝酸外能抗各种酸、碱、盐溶液的腐蚀，在氢氟酸中也非常稳

定。聚乙烯的耐热性不高，其使用温度不超过100℃。聚乙烯比硬聚氯乙烯的耐低温性好，室温下几乎不被有机溶剂溶解。

聚乙烯的强度低于硬聚氯乙烯，可以制作管道、管件、阀门、泵等。也可制作设备衬里，还可涂于金属表面作为防腐涂层。

③ 聚丙烯。聚丙烯是丙烯的聚合物。它具有优良的耐腐蚀性能和耐溶剂性能，除氧化性介质外，聚丙烯能耐几乎所有的无机介质的腐蚀，甚至到100℃都非常稳定。在室温下，聚丙烯除在氯代烷、芳烃等有机介质中产生溶胀外，几乎不溶于所有有机溶剂。

聚丙烯的使用温度高于硬聚氯乙烯和聚乙烯，可达100℃，但聚丙烯耐低温性较差，温度低于0℃，接近−10℃时，材料变脆，抗冲击能力明显降低。聚丙烯的密度低，强度低于硬聚氯乙烯但高于聚乙烯。

聚丙烯可用于化工管道、储槽、衬里等，还可制作食品和药品的包装材料及一些机械零件。增强聚丙烯，可制造化工设备。若添加石墨改性，可制聚丙烯换热器。

④ 耐酸酚醛。它是以酚醛树脂为基本成分，同时作为热黏合剂，以耐酸材料（如石墨、玻璃纤维等）作为填料的热固性塑料。它具有良好的耐蚀性和耐热性，能耐多种酸、盐和有机溶剂的腐蚀。使用温度为−30～130℃。

耐酸酚醛塑料可制作管道、阀门、泵、塔节、容器、储槽、搅拌器，也可制作设备衬里。在氯碱、染料、农药等化工行业应用较多。这种塑料质脆，冲击韧性低，使用时应注意。

⑤ 聚四氟乙烯。它又称塑料王，具有极高的耐蚀性，能耐"王水"、氢氟酸、浓盐酸、硝酸、发烟硫酸、沸腾的氢氧化钠溶液、氯气、过氧化氢等腐蚀作用，除某些卤化胺或芳香烃使聚四氟乙烯塑料有稍微溶胀外，其他有机溶剂对它均不起作用，但熔融的碱金属会腐蚀聚四氟乙烯。聚四氟乙烯耐高温、耐低温性能优于其他塑料，使用温度范围是−200～250℃。

聚四氟乙烯的缺点是加工性能稍差，这使它的应用受到一定的限制。它可以用于填料、垫圈、密封圈以及阀门、泵、管道，还可用于设备的衬里和涂层。

5.2.2.2 橡胶

橡胶由于具有良好的耐蚀性和防渗漏性，在化工生产中常用于设备的衬里层或复合衬里层中的防渗层，以及密封材料。

橡胶分为天然橡胶和合成橡胶两大类。天然橡胶是用橡胶树汁经炼制得到的，它是不饱和异戊二烯的高分子聚合物。天然橡胶的化学稳定性较好，可耐一般非氧化强酸、有机酸、碱溶液和盐溶液的腐蚀，但在强氧化性酸和芳香族化合物中不稳定。合成橡胶在化工生产中常用的有氯丁橡胶、丁苯橡胶、丁腈橡胶、氯磺化聚乙烯橡胶、氟橡胶、聚异丁烯橡胶等多种。由于化学成分不同，这些橡胶的性能有所差异，使用时应根据有关资料选用。

5.2.2.3 不透性石墨

（1）石墨的含义

石墨分为天然石墨和人造石墨两种。化工生产中使用的是人造石墨。人造石墨是由无烟煤、焦炭与沥青混合压制成型后，在电炉中焙烧制成的。石墨具有优良的导电性、导热性，但其机械强度较低，性脆，孔隙率大。

石墨的耐蚀性很好，除强氧化性酸（如硝酸、铬酸、发烟硫酸）外，在所有的化学介质中都很稳定，但由于石墨的孔隙率大，气体和液体对它具有很强的渗透性，因此不宜制造化工设备。为了弥补这一缺陷，常用各种树脂填充石墨中的孔隙，使之具有"不透性"，即为不透性石墨。

（2）不透性石墨

石墨在加入树脂后，性质发生变化，表现出石墨和树脂的综合性能。提高了机械强度和抗渗性，但导热性、热稳定性、耐热性均有不同程度的降低，这些性质的变化与制造不透性石墨的方法和加入的树脂有关。

不透性石墨可制造各类热交换器、反应设备、吸收设备、泵类设备和输送管道等。

5.2.2.4 玻璃钢

玻璃钢是用合成树脂作黏结剂，以玻璃纤维为增强材料，按一定方法制成的塑料。其中玻璃纤维是以玻璃为原料，在高温熔融状态下拉丝制成的，以玻璃纤维布或带等织物的形式使用，玻璃纤维质地较柔软。

玻璃钢中常用的合成树脂有环氧树脂、酚醛树脂、呋喃树脂、聚酯树脂等。可以同时使用一种或两种树脂以得到不同性能的玻璃钢。

玻璃钢强度高，加工性好，耐蚀性好。由于使用树脂和玻璃纤维的种类不同，玻璃钢的耐蚀性有所差异。

玻璃钢可制造化工生产中使用的容器、储槽、塔、鼓风机、槽车、搅拌器、泵、管道、阀门等多种机械设备。由于玻璃钢具有良好的性能，在化工生产中使用比较广泛。

综上所述，非金属材料在化工装备中的应用主要分为三类：一是制作整体化工设备，其材料有塑料、增强塑料、石墨、搪玻璃、陶瓷等；二是作为耐腐蚀衬里层使用，既发挥了钢的优良力学性能，又发挥了非金属材料优良的耐腐蚀性能，例如使用耐酸砖板、天然岩石、铸石、石墨板、橡胶、塑料、玻璃钢、玻璃等；三是作为表面涂料，喷、涂、刷、浸在设备的内外表面。

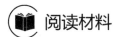 阅读材料

纳米科学技术与纳米材料

纳米科学技术是 20 世纪 80 年代末诞生并还在发展的新科技，它的基本含义是在纳米尺寸（$10^{-10} \sim 10^{-8}$ m）范围内认识和改造自然，通过直接操作和安排原子、分子创造新物质。它所研究的领域是人类过去很少涉及的非宏观、非微观的中间领域，从而开辟了人类认识世界的新层次，这标志着人类的科学技术进入了一个崭新的时代——纳米科技时代。

纳米材料是指在三维空间中至少有一维处于纳米尺寸范围或由它们作为基本单元构成的材料。纳米材料可以有多种形态：颗粒尺寸在 $1 \sim 100$ nm 的超微粒；颗粒尺寸在 $1 \sim 100$ nm 的超微粒压制成的块状材料；溅射或气相方法形成的纳米薄膜等。

纳米材料具有许多奇异的特性。例如，任何金属超微粒，像铁、铜、金、钯等当其尺寸在纳米量级时都呈黑色。金属超微粒表面具有很高的活性，在空气中很快自燃。通常金属催化剂铁、钴、镍、钯、铂制成纳米微粒可大大改善催化效果。粒径为 30nm 的镍可把有机化学加氢反应和脱氢反应速度提高 15 倍。再如，陶瓷通常是脆性材料，而纳米陶瓷可变为韧性材料。TiO_2 纳米陶瓷在室温下可以塑性变形，在 180℃ 下塑性变形高达 100%，即使是带裂纹的 TiO_2 纳米陶瓷也能经受一定程度的弯曲而裂纹不扩展。除此之外，纳米半导体材料、纳米磁性材料、纳米生物医学材料等也具有普通材料无法比拟的优异性能。

5.3　化工设备的腐蚀与防护

材料由于和环境作用而引起的破坏或变质称为材料的腐蚀。材料包括金属材料和非金属材料,环境指的是与材料接触的所有介质和气氛,包括水、水汽、土壤、化工介质、压力、温度等,材料和环境的作用包括化学反应、电化学反应等。材料腐蚀所造成的破坏指的是质量损失、穿孔、开裂等;变质即材料性质变差,包括强度下降、脆性增大、溶胀等。例如,钢铁在大气中生锈,塑料在溶剂作用下溶解、溶胀破坏,塑料的老化等都属于腐蚀。

据统计,在化工生产强腐蚀的环境下,报废的化工设备中80%以上是因腐蚀破坏造成的。化工生产是在高温、高压下连续操作运行的,一旦某个设备出现腐蚀破坏,整个装置就将被迫停产,会造成严重的经济损失,而且由于腐蚀造成设备与管道的泄漏会污染人类生存环境,更严重的情况是某些腐蚀的发生难以预测,容易引起高温、高压化工设备的爆炸、火灾等突发性灾难事故,危及员工人身安全。因此,化工生产中必须重视腐蚀与防护问题。

化工生产中使用非金属材料的一个重要原因是发挥非金属材料优良的耐腐蚀性能,所以,材料的腐蚀与防护主要是指金属材料的腐蚀与防护。

5.3.1　常见的腐蚀类型及腐蚀机理

腐蚀的机理是复杂的,通常认为是由于化学作用和电化学作用引起的,分别称为化学腐蚀和电化学腐蚀。

（1）化学腐蚀

化学腐蚀是指金属与介质发生纯化学作用而引起的破坏。其反应过程的特点是,非电解质中的氧化剂直接与金属表面的原子相互作用,电子的传递是在它们之间进行的,因而没有电流产生。例如,金属钠在氯化氢气体中的腐蚀属于化学腐蚀。实际生产中单纯的化学腐蚀较少见。

（2）电化学腐蚀

电化学腐蚀是金属与介质之间由于电化学作用而引起的破坏。其特点是在腐蚀过程中有电流产生,它的反应过程特点与电池中的电化学作用原理是一样的。

如图 5-1 所示,是锌和铜在稀硫酸溶液中所构成的电池。因为锌的电极电位比铜低,所以锌不断以离子状态进入溶液,将电子遗留在金属锌上。这是一个失去电子的氧化反应,称

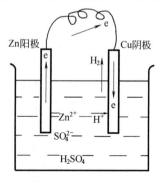

图 5-1　Zn-Cu 电池

为阳极反应。阳极反应是锌被溶解。

阳极反应产生的电子经过外部导线可以移到铜片处，在铜极上电子被吸收电子的物质 H^+ 所吸收，结果在铜片上放出氢气。

$$2H^+ + 2e \longrightarrow H_2 \uparrow$$

这是一个得电子的还原反应，称为阴极反应。

在这一电池反应中，锌片不断被溶解，即锌片被腐蚀了。

在大多数情况下，金属表面组织结构是不均匀的，其电化学性能也是不同的，即相邻两个区域的电极电位是不同的。在腐蚀介质中，金属表面存在许多局部的微电池，而使金属受到腐蚀。

5.3.2 常见的腐蚀破坏形式

金属材料常见的腐蚀破坏的形式有多种，对应于化学腐蚀机理的腐蚀形式称为全面腐蚀，以及高温条件下的气体腐蚀；对应于电化学腐蚀机理的腐蚀形式称为局部腐蚀。

（1）全面腐蚀

全面腐蚀遍布金属结构的整个表面上，腐蚀的结果是质量减少，壁厚均匀地减薄，所以也称为均匀腐蚀。为了控制全面腐蚀，一般在设计时增加设备的壁厚和使用表面涂层，这样来保证设备具有足够长的寿命。

（2）局部腐蚀

局部腐蚀只集中在局部区域而大部分金属表面几乎不被腐蚀。在化工生产中，局部腐蚀对设备和人身安全的危害比全面腐蚀大得多，预测和防止也比较困难，许多突发的恶性事故都是由局部腐蚀引起的，因此要重视局部腐蚀。以下介绍几种局部腐蚀发生的条件和防腐蚀的措施。

① 电偶腐蚀。两种不同金属在同一腐蚀介质中接触时，原来电极电位较负的金属因接触而引起腐蚀速度增大的现象称为电偶腐蚀，也称双金属腐蚀。例如，在换热器碳钢管板与铜换热管胀接处，碳钢管道与不锈钢阀门连接处等，碳钢件会受到电偶腐蚀。因此，应尽量避免不同电极电位的金属材料直接接触，或者用绝缘材料隔开相接触的两种金属材料，以防电偶腐蚀。

② 缝隙腐蚀。在具有腐蚀性的液相介质中，由于设备结构的原因，使金属与金属之间或金属与非金属之间形成很小的缝隙，从而使缝内液相介质处于滞流状态，缝内介质的浓度与缝外流动良好的介质的浓度有差别，造成电极电位有不同，从而形成浓差电池。这样引起的缝内金属的加速腐蚀，称为缝隙腐蚀。能产生缝隙腐蚀的缝隙宽度一般为 0.025～0.1mm，实际生产中这样的缝隙是常见的，因此缝隙腐蚀比较普遍。例如，法兰的连接面间，螺母或螺钉头的底面，灰尘、污物或锈层沉积在金属表面所形成缝隙以及未经胀贴的换热管与管板孔间的间隙内，都有可能由于积存少量静止的腐蚀介质而产生缝隙腐蚀。

几乎所有的金属在各种介质中，都可能发生缝隙腐蚀，但不同的金属在不同介质中产生缝隙腐蚀的趋势不同。例如，在含有氯化物的中性介质中，易钝化的金属（如不锈钢和铝等）最易发生缝隙腐蚀。一般情况下，溶液的温度越高，越容易引起缝隙腐蚀。

防止缝隙腐蚀，首先要合理进行结构设计，尽量避免狭缝结构和液体滞流区。当结构设计中缝隙不可避免时，宜采用含有缓蚀剂的密封剂进行密封，或用不吸湿的有机聚合物膜片、橡胶等填实缝隙。

③ 小孔腐蚀。在金属的大部分表面不发生腐蚀（或腐蚀轻微）时，只在局部区域出现向深处发展的腐蚀小孔，这种腐蚀形态称为小孔腐蚀，也称孔蚀或点蚀。所形成的腐蚀小

孔，孔口直径一般小于 2mm。

孔蚀多发生在设备表面的水平面上，蚀孔沿重力方向生长。少数发生在垂直面上，极少数发生在设备底部水平面上。在实践中发现，容易钝化的金属或合金（如不锈钢、铝和铝合金等），在含有氯离子的介质中经常发生孔蚀。碳钢在表面有氧化皮，或者锈层有孔隙的情况下，若同时处在含氯离子的水中也会出现孔蚀现象，但实践证明碳钢比不锈钢的抗孔蚀能力强。

介质温度升高会增加孔蚀的速度，而增大液体介质的流速会使孔蚀减速。例如，不锈钢泵在静止的海水中会发生孔蚀，而在运转中不易产生孔蚀。

孔蚀是破坏性和隐患最大的腐蚀形态之一。由于蚀孔很小且常被腐蚀产物覆盖，孔蚀难以被发现，又因设备失重很少，宏观上难以估计孔蚀发展的程度，且孔蚀一旦发生，其小孔发展的速度很快，常使设备突然发生穿孔破坏而引起严重后果，因此要重视对孔蚀的控制。

可采用选择耐孔蚀的材料制造设备或在介质中添加缓蚀剂及控制介质的温度和流速等方法控制孔蚀。

④ 晶间腐蚀。大多数金属都是由若干小晶体（晶粒）组成的多晶体，其中晶粒与晶粒之间存在着边界（晶界）。由于金属从液相结晶凝固时，晶界处最后凝固，因而往往晶界处杂质较多而成为耐腐蚀的薄弱区域。沿着晶界或晶界的邻近区域发生严重腐蚀，而晶粒本身腐蚀轻微，这种腐蚀形态被称为晶间腐蚀。

晶间腐蚀使晶粒之间的结合力大大降低，严重时可使材料的机械强度完全丧失。虽然金属外表似乎没有变化，但是金属材料已经发不出清脆的金属声音，在稍大力量的打击下，金属材料可以破成碎块。由于晶间腐蚀不易被发现，所以容易造成设备的突然破坏，危害很大。

不锈钢、镍基合金、铝合金等都是对晶间腐蚀敏感性高的材料。其中不锈钢的晶间腐蚀是常见的腐蚀形态。

防止晶间腐蚀的主要措施是从材料的化学成分上采取措施，如降低不锈钢的含碳量，在不锈钢中加入增强抗晶间腐蚀能力的合金元素等。

⑤ 应力腐蚀破裂。在拉伸应力和特定腐蚀介质共同作用下发生的破坏，称为应力腐蚀破裂。应力腐蚀破裂发生前没有明显征兆，而且几乎没有宏观的塑性变形，在宏观上材料所受应力远低于其许用应力时，突然发生材料脆性断裂，引起重大事故，危害极大。

产生应力腐蚀的条件如下：必须存在一定的拉应力，拉应力的来源可以是载荷，也可以是设备制造过程中的残余应力（如焊接应力、形变应力、装配应力等），当拉应力大于产生应力腐蚀临界应力值时才会产生应力腐蚀；金属本身对应力腐蚀有敏感性，一般来讲，合金和含有杂质的金属比纯金属容易产生应力腐蚀；存在能引起该金属发生应力腐蚀的特定介质，每种合金的应力腐蚀只发生在某些特定的介质中，表 5-3 为产生应力腐蚀破裂与介质的组合。

表 5-3 产生应力腐蚀破裂材料与介质的组合

金属材料	腐蚀介质
碳钢和低合金钢	NaOH 溶液、硝酸盐溶液、含 H_2S 和 HCl 溶液、CH_3COOH 水溶液、沸腾的 $MgCl_2$ 溶液、海水、海洋大气和工业大气、NH_4Cl 溶液等
18-8 型铬镍不锈钢	沸腾的氯化物、沸腾的 NaOH 及 KOH、高温高压蒸馏水等
铜和铜合金	水、NH_3 气和溶液、$AgNO_3$、湿 H_2S、含 SO_2 大气、水蒸气等
镍和镍合金	NaOH 水溶液
铝合金	熔融 NaCl、NaCl 水溶液、海水、水蒸气、含 SO_2 大气

防止应力腐蚀破裂的措施如下：在特定环境中选择没有应力腐蚀破裂敏感性的材料；设备制造中设法消除加工残余拉应力；严格控制腐蚀环境，如控制诱发应力腐蚀介质的含量、介质种类、介质温度等；添加缓蚀剂，对一些有应力腐蚀敏感性的材料-环境体系，添加缓蚀剂，能有效降低应力腐蚀敏感性，如在储存和运输液氨的低碳钢容器中加入 0.2% 以上的水，能有效防止应力腐蚀破裂（各种腐蚀环境下的缓蚀剂类型可查有关手册）；采用覆盖层使金属设备与腐蚀环境隔离开。降低环境温度、降低介质中含氧量及提高溶液 pH 值通常可降低应力腐蚀的敏感性。

（3）高温气体腐蚀

在化工生产中高温气体对金属的腐蚀经常发生。例如，石油化工生产中各种管式加热炉的炉管，其外壁常受高温氧化而破坏；在合成氨工业中，氨合成塔的内件常受高温、高压的氢、氮、氨等气体的腐蚀。

常见的高温气体腐蚀有以下三种。

① 钢铁的高温氧化。碳钢在空气中加热到 570℃ 以上时，表面金属迅速被氧化，形成氧化亚铁，丧失原有的力学性能。

② 钢的脱碳。当碳钢在高于 700℃ 加热时，除生成氧化铁皮外，钢中的铁碳化合物 Fe_3C 与介质中的氧、氢、二氧化碳、水等发生下列反应：

$$Fe_3C + O_2 \longrightarrow 3Fe + CO_2$$

$$Fe_3C + CO_2 \longrightarrow 3Fe + 2CO$$

$$Fe_3C + H_2O \longrightarrow 3Fe + CO + H_2$$

$$Fe_3C + 2H_2 \longrightarrow 3Fe + CH_4$$

出现脱碳现象，使钢的耐蚀性和表面的强度、硬度降低。

③ 氢腐蚀。在高温环境中，碳钢中的碳和氢发生反应而生成甲烷，使钢的机械强度大大降低，直至开裂。

常用的防止高温气体腐蚀的方法主要是从改变材料的化学成分上采取措施，防止金属的气体腐蚀，如开发耐热钢中的抗氧化钢等材料。

5.3.3　化工设备常用的防腐蚀措施

（1）改善介质的防腐蚀条件

为了改善介质的防腐蚀条件，可以采用以下两种方法。

① 去掉介质中的有害成分（如 O_2、Cl^- 等）。例如，锅炉用水先加热至沸腾后，除去氧气再使用。

② 添加缓蚀剂。缓蚀剂是一种可使腐蚀速度减慢的物质，添加缓蚀剂是一种常用的、很有效的防腐蚀措施。对应不同的介质和材料体系要选用与之相适应的缓蚀剂，即不同的缓蚀剂只在特定的环境中才有效。

（2）采用电化学保护

由电化学腐蚀的机理可知，被腐蚀的材料是腐蚀电池的阳极。由此人为地采取措施，使被保护的金属成为腐蚀电池的阴极，或者通过阳极极化，使被保护金属钝化而免遭腐蚀。具体方法有以下三种。

①利用外加电流使需要保护的金属成为阴极。这种方法仅消耗外加电流的能量，常用于保护地下管道及设备、海上石油平台、海船、铁塔脚、在有水及弱电解的环境下工作的金属结构等，但在强酸性电解质中，采用此方法保护钢材需消耗过多电能，意义不大。

②牺牲阳极保护法。在被保护的金属设备上接上一种电极电位更负的金属或合金，使其成为腐蚀电池的阳极而被消耗。牺牲阳极保护法所用阳极材料有镁及其合金（大多用于海水中）以及锌等，它们在使用中要被损耗。

③阳极保护法。阳极保护是将被保护的金属构件与外加直流电源的正极相连，在电解质溶液中使金属阳极极化至一定电位而成为稳定的钝态，从而阳极溶解受到抑制，腐蚀速度显著降低，使设备得到保护。

阳极保护只适用于能钝化的材料，如不锈钢、钛等，且是在特定的环境介质中。如保护成功，可控制这些金属的全面腐蚀，而且能防止孔蚀、应力腐蚀、晶间腐蚀等局部腐蚀。对不能钝化的金属如增高电位则使其腐蚀加剧。

在化工生产中，阳极保护已用于保护生产硫酸的设备，如碳钢储槽、各种换热器、三氧化硫发生器等。在氨和铵盐生产中用于保护碳化塔、氨水储槽等，效果良好。

（3）采用表面覆盖层保护

表面覆盖层是一种较经济、方便的防腐蚀方法，在工业中应用广泛。

①金属覆盖层。它的主要特点是用金属材料作覆盖层，主要用于弱腐蚀介质或高温场合。按覆盖层性质分为阴极覆盖层和阳极覆盖层及钝化覆盖层三种。

在基体金属表面覆盖一层电位更正的金属（如 Au、Ag、Cu、Ni、Sn 等），以起隔离保护作用，此金属层称为阴极覆盖层。覆盖层必须完整连续才有保护作用。

在基体金属表面覆盖一层电极电位更负的金属，覆盖层为阳极，基体为阴极。当覆盖层有一些微孔时，仍能使基体金属受到保护，此覆盖层称为牺牲阳极覆盖层。

另一类覆盖层是利用产生钝化的金属（如 Cr、Al、Ti 等）作覆盖层起隔离保护作用，常用覆盖方法有电镀法、喷镀法及碾压法等。

②非金属覆盖层。在金属设备上覆盖一层有机或无机的非金属材料以起隔离保护作用，有涂层、玻璃鳞片保护层和衬里层三种。

涂层中的无机覆盖层主要是搪瓷，有机覆盖层是涂料。涂料覆盖层施工方便，成本低，广泛用于耐蚀要求不高的常温场合。常用的涂料有酚醛树脂涂料、环氧树脂涂料、环氧酚醛涂料等，各适用于不同的腐蚀环境。值得注意的是，由于难以保证设备表面涂料层的完整连续，因此在化工生产中涂料覆盖层不能单独用于强腐蚀介质中的设备防腐。

玻璃鳞片涂料是近年来新兴的具有高效抗渗性能的涂料。它是在耐蚀树脂的基础上加 $20\%\sim40\%$ 的玻璃鳞片为填料的一种涂料。由于大量鳞片状玻璃重叠在金属表面，使这种覆盖层具有优异的防腐蚀性能。

衬里层是在设备内层衬上耐蚀材料，以使金属基体与腐蚀介质隔离的一种防腐方法。常用的衬里层有砖板衬里、橡胶衬里、玻璃钢衬里、塑料衬里等多种。大多数衬里层具有较强的耐强腐蚀介质腐蚀的能力，在化工设备中应用广泛。

 阅读材料

化工腐蚀危害大

腐蚀遍及各个行业，由腐蚀造成的经济损失十分惊人。据报道，全球每年因腐蚀造成的经济损失约 7000 亿美元，腐蚀损失为自然灾害（如地震、风灾、水灾、火灾等）损失总和的 6 倍。根据 1997 年我国的粗略统计，每年因腐蚀造成我国的经济损失至少为 2800 亿元人民币。腐蚀还造成严重的资源浪费。据统计，每年约 30％ 的钢铁产品报废，10％ 的钢铁全部变为无用的铁锈。

由于化工生产过程经常接触各种酸、碱、盐和有机溶剂等强腐蚀性介质，所以化工行业腐蚀损失尤为严重。随着现代化工的发展，化工过程越来越多地要求在高温、高压、强腐蚀和连续操作条件下运行，一旦设备出现腐蚀破坏，整个装置就将被迫停车，造成严重的经济损失。

化工生产中的腐蚀危害还表现在由于某些腐蚀问题难以解决而妨碍新工艺上马和化工装置的正常运行。例如，尿素生产工艺早在 1870 年就被提出来，但直到 1953 年，荷兰的 Stamicarbon 公司解决了尿素装置结构材料的腐蚀问题后，才使尿素生产工艺真正走上了工业化道路。又如，国内有两家硫酸厂曾采用一种热利用率高、尾气中酸雾少的高温三氧化硫吸收工艺，温度高达 120℃，但整个系统中的泵、管道和吸收塔内的分酸器都遭到高温浓硫酸的严重腐蚀而无法实现生产的正常运行，这两家工厂又只好改回低温吸收工艺。

与其他工业部门相比，化工生产的腐蚀危害性还表现在其设备的腐蚀破坏更容易引起火灾、爆炸、有毒气体泄漏等突发恶性事故，严重危及人身安全、污染环境。美国保险公司曾公布近几年发生的重大化工事故中，因腐蚀而造成的占 31.1％。例如，某天然气管线多次发生破裂爆炸而引起火灾，其中最严重的一次伤亡 20 多人，就是硫化氢应力腐蚀破裂所致。某化肥厂废热锅炉进口管突然爆炸着火，造成 7 人死亡，就是由于氢腐蚀引起的。

腐蚀使化工设备发生跑、冒、滴、漏，有毒气体及化工物料的泄漏，污染了大气、河流、湖泊。除此之外，大量腐蚀报废的各种金属、玻璃钢、塑料、橡胶、石墨、涂料回收处理问题难以解决，对生态环境的危害也是其他工业部门无法相比的。

还有，化工设备大量采用含铬、镍的不锈钢以及铜、铝、锌、铅、钼、钛等金属，这些元素中大多数在地球上已经所剩无几，只够人类再使用几十年，可是化工生产仍然在大量吞噬这些宝贵资源。因此，为了子孙后代，加强防腐工作，减少材料的损耗，防止地球上有限的资源过早枯竭，具有重要的战略意义。

 思考题

1. 化工设备常用金属材料的基本性能及其性能指标有哪些？
2. 什么是材料的高温蠕变和低温脆性现象？
3. 说明下列碳钢、合金钢牌号的含义：20、20R、Q235、16Mn 和 0Cr19Ni9。
4. 常用的非金属化工材料有哪些？各适合在哪些设备上使用？
5. 电偶腐蚀产生的条件是什么？怎样控制电偶腐蚀？
6. 缝隙腐蚀、小孔腐蚀产生的条件、破坏的特征有哪些相同之处？
7. 应力腐蚀产生的条件、破坏的特征及控制的措施是什么？
8. 常用的腐蚀防护措施有哪些？

^{*6}

实验与分析

使用一定的材料，制作成具有一定功能的化工设备，在一定的化工环境中担负一定的工作任务，经过精心的使用维护，其能力得以发挥、寿命得以正常延伸……设备在正确工作时，其材料内部处于何种状态，承受外载荷后内部的力学行为如何，可以通过一些实验进行粗浅地分析了解。

6.1 钢材的力学性能实验与分析（一）

众所周知，不同材料有不同的特性，现代社会生产和生活中常用的钢铁材料也是如此。随着含碳量的不同，低碳钢、高碳钢或铸铁，所表现出的力学性能有很大差异。较有使用经验的人会知道：铸铁性脆，容易断；低碳钢软，容易被弯成某种形状；高碳钢强度高，但也有可能突然断掉；经过"热处理"（加热后再以某种速度冷却），钢材的性能还会改变。例如，在水中急冷（称为淬火），强度和硬度会提高……这是定性判断，其中的原因、如何进一步定量判断其程度，还要做实验并仔细进行分析研究。

【实验 1】 低碳钢、铸铁的拉伸实验

（1）试件

标准试件，圆柱体，两头为夹紧部分，如图 6-1 所示。

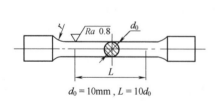

$d_0 = 10\text{mm}，L = 10d_0$

图 6-1 标准拉伸试件

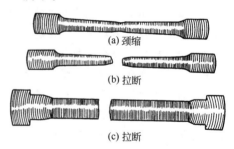

(a)颈缩

(b)拉断

(c)拉断

图 6-2 颈缩与断裂后的试件

（2）实验方法

在材料实验机上夹住试件两头，进行拉伸。随着拉力（称为载荷）逐步增大，试件将产生变形，其长度略有伸长，横截面积略有缩小，最后被拉断，如图 6-2 所示。其中图 6-2（c）是脆性材料被拉断后的形状，断口齐平，没有肉眼可见的变形，是突然脆性断裂。在实验时可以用装在材料实验机上的自动记录绘图设备记下载荷 P 与试件有效段的伸长量 ΔL 之间的对应关系，并绘出坐标图，以供分析研究，如图 6-3（a）所示是塑料材料的拉伸

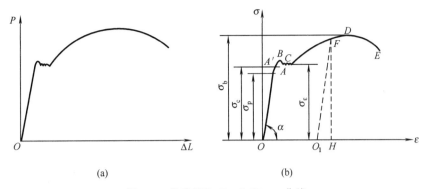

图 6-3   低碳钢的 $P\text{-}\Delta L$ 和 $\sigma\text{-}\varepsilon$ 曲线

曲线图。

（3）实验分析

坐标图上的 $P\text{-}\Delta L$ 曲线（载荷-伸长曲线）全面反映了拉伸实验的结果。为了消除试件粗细的影响，将纵坐标换为试件内部单位横截面积上所受到的力，称为内应力，简称应力，符号用 σ 表示（单位是 N/mm^2，但工程上一般用 MPa 表示，即 1MPa＝1N/mm^2）。若试件的横截面积为 A，则应力为 $\sigma＝P/A$。为了消除试件长短的影响，将横坐标换为单位长度材料的相对伸长量，即试件有效部分的伸长量 ΔL 与试件有效部分长度 L 之比，称为应变，符号用 ε 表示，其值为 $\varepsilon＝\Delta L/L$，如图 6-3（b）所示，这样作出的 $\sigma\text{-}\varepsilon$ 曲线称为材料的应力-应变曲线（它消除了试件尺寸的影响，更能反映出材料被拉伸时的实质）。

从 $\sigma\text{-}\varepsilon$ 曲线可以看出，无论是低碳钢还是高碳钢或铸铁，在拉伸实验的初期，都有一段线段为直线且较陡直，这是因为在这一阶段拉力 P 小，材料应力小，材料抵抗变形的能力大；而且，卸除载荷时，随着应力的逐步减小，应变也逐步减小，仍然沿着拉伸时的直线关系恢复到零点，就像拉长橡皮筋又松开，橡皮筋仍回到原来长度一样。所以，这一阶段称为弹性阶段。超过弹性阶段，低碳钢抵抗变形的能力急剧下降，很容易变形；铸铁很快断裂。所以，设备在工作时，其零件材料的应力不应超出弹性范围。

材料拉伸实验的目的一是认识材料性能；二是确保设备工作时零件不发生断裂，也不产生过大变形。但是不可能对所有零件都进行拉断试验，而是应该通过分析，将零件的应力 σ 控制在某个允许值以内，这个值称为许用应力，符号为 $[\sigma]$。也就是说，要保证

$$\sigma\leqslant[\sigma]$$

由于要有一定的安全储备或安全裕量，所以许用应力比弹性阶段的最大应力（图 6-3）小。通过实验可确定 $[\sigma]$，通过以下分析可确定 σ。

如图 6-4（a）所示，一物体在外力作用下处于平衡状态，物体被拉伸，物体中有应力存在。物体的应力可用截面法求出。假设用一个平面截开物体，原来物体内部的相互作用力——内力就被暴露出来了，如图 6-4（b）所示。在没有截开之前，就在被截开的位置，一定存在被现在移走的另一半物体对没移走的这一半物体的作用力 N，N 是物体内部两部分之间的相互作用力，称为物体的内力。在图 6-4（b）所示情况下，这个内力

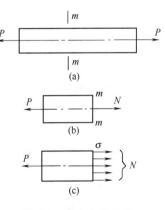

图 6-4   求内力的普遍
方法——截面法

N 与外力 P 相平衡，即 $N=P$。如果该物体的横截面积为 A，则由图 6-4 (c) 可得

$$N=\sigma A \quad 或 \quad \sigma=N/A=P/A$$

于是，物体或零件受拉伸时的强度条件为

$$\sigma=P/A\leqslant[\sigma]$$

（4）思考题

① 你所做拉伸实验的最大拉力 P 是多少？材料能承受的最大拉应力（称为强度极限）σ_b 是多大？如何从实验中得出？

② 低碳钢和铸铁的拉伸实验现象有什么不同？实验中记录的曲线有何不同？拉断后的试件有何不同？说明什么？

③ 要保证一定材料制作的工程构件在工作时不被拉断，且有足够的安全裕量，应当满足什么条件？

④ 在低碳钢拉伸曲线的第一阶段，$\sigma/\varepsilon=$ 常数，该常数用 E 表示，称为弹性模量。若在此阶段停止加载，卸载时对应的 σ/ε 仍为常数 E，当 $\sigma=0$ 时 $\varepsilon=0$，这种现象说明什么？如果再加载、再卸载……会怎样？

【实验2】 低碳钢、铸铁的压缩实验

（1）试件

试件为圆柱体，如图 6-5 所示。

（2）实验方法及实验观察

在材料实验机上进行压缩。随着压力增大，观察试件变形，是否其高度缩短、直径增加。由于上下压紧面上有摩擦力，阻碍了试件两端的横向变形，于是试件呈现鼓形……然后继续加载……

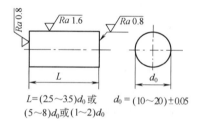

$L=(2.5\sim3.5)d_0$ 或 $\quad d_0=(10\sim20)\pm0.05$
$(5\sim8)d_0$ 或 $(1\sim2)d_0$

图 6-5　标准压缩试件
（GB 7314—87）

（3）思考题

① 低碳钢和铸铁的压缩实验现象有什么不同？实验中记录的曲线有何不同？说明什么？

② 如果构件受到压缩，其应力应当如何计算？强度条件是什么？将拉伸和压缩进行比较。

③ 通过实验可知，有些材料属于塑性材料，有些材料属于脆性材料。压力容器应当使用塑性材料还是脆性材料？为什么？

6.2　钢材的力学性能实验与分析(二)

【实验3】 低碳钢、高碳钢、铸铁的硬度实验

硬度是指金属抵抗比它更硬的物体压入时引起塑性变形的能力，是金属材料的重要力学性能之一。许多机械零件的表面都需要有足够或合适的硬度，而不同的材料、不同的加工制造过程会得到不同的材料硬度。由于测定硬度的实验设备比较简单，操作方便、迅速，又属于无损检测，所以应用十分广泛。

要求：观察实验现象和实验结果。

【实验4】 低碳钢、高碳钢、铸铁的冲击实验

以很快的速度作用于零件上的载荷称为冲击载荷。许多机械零件在工作时会遇到冲击载

荷。如火车开车、刹车改变速度时，车辆间的挂钩、连杆以及曲轴等都将受到冲击。刹车越急、启动越猛，冲击力越大。另外，还有一些机械本身就是利用冲击载荷工作的，如锻锤、冲床、冲击电钻（锤）、凿岩机、铆钉枪等，其中一些零件必然要受到冲击。对于承受冲击载荷的零件的力学性能不能只以静载荷下的强度和硬度指标来衡量，还要求具有一定的冲击韧性。

金属抵抗冲击载荷作用而不被破坏的能力称为冲击韧性。为了确定各种金属材料的冲击韧性值，目前工程技术上常采用一次摆锤冲击弯曲实验（图 6-6）。实验时，首先将被测金属加工成一定的标准试样，然后放在实验机的支座上，同时将具有一定质量的摆锤举至一定的高度，使之获得一定的能量，最后落下摆锤冲断试样，实验机表盘上指出了冲击功的大小。用冲击功除以试样缺口处的截面积，就得到冲击韧性的值。材料冲击韧性越差，冲断时消耗的冲击能量就越小，表明材料就越脆，在使用中越容易断裂。

冲击韧性的大小与温度有关，有些材料在室温（20℃）实验时并不显示脆性，但在较低温度实验时可能发生脆性断裂。化工生产中有些压力容器要在很低的温度下使用，要特别注意材料在使用温度下的性能。为了确定金属材料由塑性状态向脆性状态变化的倾向，可用不同温度的试件测定冲击韧性，将实验结果绘成坐标图。所得结果往往如图 6-7所示：冲击韧性值随温度的降低而减小，在某一温度范围时，冲击韧性显著降低，材料呈现脆性，这个温度范围称为脆性转变温度范围，脆性转变温度越低，材料的低温冲击性能越好。

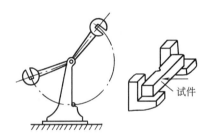

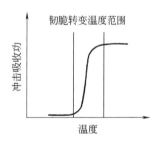

图 6-6　冲击实验机与试件　　　图 6-7　低碳钢冲击吸收功和温度的关系曲线

材料的冲击韧性对压力容器的安全性具有重要意义。

要求：做冲击韧性实验，观察实验现象和实验结果。

6.3　材料的晶相组织观察实验

【实验5】　低碳钢、高碳钢、铸铁的晶相组织观察实验

要求：通过对晶相组织的观察（或对晶相组织显微镜下照片的观察），能够了解金属材料是由复杂的晶体结构组织组成的；知道不同的晶体组织是使金属材料显示出不同力学性能的物理基础和化学基础；从而知道人们可以用不同的物理方法和化学方法得到不同性能的金属材料，以满足工程上对材料的不同要求。

对钢铁材料而言，还可以在机械零件（或设备）的制造过程中，用热处理的方法来改变、调整钢材内部的组织结构，以满足工程上对机械零件（或设备）的性能要求。热处理的基本方法是"加热→保温→冷却"，即将零件（或设备）加热到一定温度，并保温一段时间，

使内、外温度均匀，晶体组织发生改变，然后以某种冷却速度进行冷却，晶体组织又发生某种变化。

6.4 压力容器实验与分析

【实验6】 内压容器的爆破实验、外压容器的失稳实验

（1）实验仪器简介

一种比较简单、经济、直观的压力容器实验是用易拉饮料罐作为实验对象的小型实验仪（如图6-8所示，由南京化工职业技术学院发明制作）。实验仪上有三根油、气进出管道及阀门。有压力表和真空表，箱体内有加压泵和实验用的机油。

图6-8 容器内、外压爆破实验仪

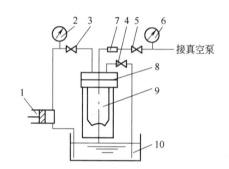

图6-9 易拉罐压力容器实验装置
1—泵；2—压力表；3～5—阀；6—真空表；
7—视镜；8—密封构件；9—易拉罐；10—油箱

（2）实验方法

将易拉罐安装在由螺纹连接的密封构件上，接上电源即可进行实验（图6-9）。

做爆破实验时，先打开各阀门，开泵将易拉罐灌满油，油满后停泵，关阀4、5，用泵加压，直至易拉罐爆破。然后记录下爆破压力，观察破口情况。

做外压失稳实验时，直接抽真空，使容器内部具有一定真空度，而容器外部承受一个大气压力的作用，外部压力比内部压力大，成为外压容器。继续抽真空，增大外部与内部的压力差，直至易拉罐被抽瘪。记录失稳压力，观察失稳后容器的形状。

（3）思考题

① 容器爆破断口在什么方向？是偶然的还是规律性的？这种现象说明什么问题？

② 有办法对容器进行强度计算吗？

③ 容器是如何在外压下失稳的？失稳后成什么形状？为什么？

（4）容器强度的分析

如图6-10所示，容器在内压下将有变形，就像气球充气后一样。这说明容器壳体中沿长度方向（轴向）和圆周方向（环向）都有应力。那么，哪一个方向的应力更大更危险呢（从容器爆破实验的结果中可得到答案）？

以下仅对圆筒的环向应力进行分析。假设沿着圆筒直径断面将圆筒截成两半（图6-11），被截到的圆筒材料有两块，每块的面积是圆筒的厚度乘以长度，共为 $2\delta L$。在这两块截面积上的内力为

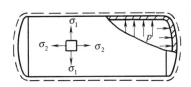

图 6-10　压力容器的受力与变形

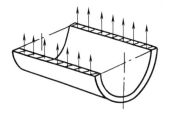

图 6-11　圆筒的环向应力

$$N = \sigma \times 2\delta L$$

被截开的半个圆筒上的外载荷的合力（简称外力）为

$$P = pDL$$

由于 $P = N$，所以有

$$pDL = \sigma \times 2\delta L$$

则得

$$\sigma = \frac{pD}{2\delta}$$

当 $\sigma \leqslant [\sigma]$ 时，认为是安全的。

（5）外压圆筒及其他构件的稳定性

上述外压圆筒失稳实验中，圆筒在外部压力作用下突然变瘪，形状完全破坏了。这种在载荷作用下突然出现很大变形的现象称为失稳。失稳破坏了原有构件的形状，失去了正常工作能力。工程上常见的失稳现象有不少，图 6-12 所示为其中的几例。失稳的原因是构件的稳定性不足。影响构件稳定性的因素有多种，对于受压的杆状构件来讲，稳定性的大小与杆件长度有关。图 6-13 所示的木材杆，其短杆加压力 6000N 被压坏，而长杆加压力 30N 就失稳，两者的承压能力相差很远。

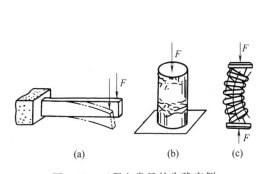

图 6-12　工程上常见的失稳实例

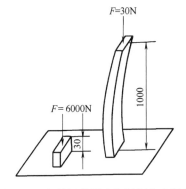

图 6-13　木材杆的强度与压杆稳定问题

对于承受外压的圆筒，其稳定性不但与壁厚有关，还与圆筒长度有关。较短的圆筒可以受到圆筒两端封头的支承和加强，不易失稳。不缩短圆筒的长度，而是在圆筒外面（或里面）用整圈刚性构件来加强，同样能起到支承和加强的效果，工程上经常使用这种方法。用来加强筒体稳定性的刚性构件称为加强圈，图 6-14 中所示的外压圆筒的稳定性，

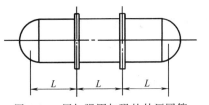

图 6-14　用加强圈加强的外压圆筒

与长度为 L 的圆筒的稳定性是一样的。

6.5　化工设备制造或检修后的试验

化工设备制成以后或经过长期使用进行大检修以后，在交付使用前都必须进行压力试验（其试验压力超过工作压力，是一种短时间的超压试验）。试验的目的是检查密封结构和焊缝有无渗漏以及容器的强度。容器经过压力试验合格以后，才能交付使用。通常用水进行压力试验，称为水压试验。

【实验7】　水压试验

（1）试验目的

① 熟悉压力容器压力试验的方法、步骤和注意事项。

② 观察压力试验过程中的现象，讨论压力试验的结果。

（2）试验内容

采用较小的工业容器进行水压试验。最好是对管壳式换热器进行水压试验，先试壳程，后试管程。也可以到有关工厂进行参观。

（3）试验装置

试验装置如图 6-15 所示。

（4）实验注意事项

① 本试验应按 GB 150—2011《压力容器（合订本）》的要求进行。

② 试验容器应有制造施工的图纸，按装配图上注明的试验压力和试验温度要求进行试验。

③ 必须使用两个量程相同、经过校验且在校验有效期内的压力表，压力表的量程在试验压力的 2 倍左右为宜，不应低于试验压力的 1.5 倍，也不应高于试验压力的 4 倍。

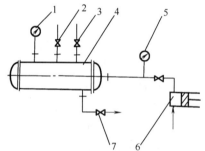

图 6-15　水压试验装置

1,5—压力表；2—灌水阀；3—排气阀；
4—试验容器；6—加压泵；7—排水阀

④ 加压试验前，容器内应灌满水、排净空气。试验时压力应缓慢上升，达到试验压力后，一般应保压 30min，压力基本不下降。然后降压至试验压力的 80%，并保持足够长时间，对所有焊缝和密封连接部位进行检查，没有渗水等现象。泄压后应将水排尽并用压缩空气将容器内部吹干。

⑤ 试验后应对试验结果作出评价。如果试验中有渗漏，应对焊缝渗漏处打磨、补焊，对有渗漏的密封连接重新密封，然后重新进行水压试验，直至合格为止。

6.6　机械传动实验与分析

【实验8】　各种机械传动演示参观实验

（1）实验要求

参观机械传动实物或模型，了解其传动构件组成，观察其运动状态，探讨其受力状态。

（2）典型零件受力状态分析

轴、键等是机械传动的基本构件。其受力状态和杆件的受拉或受压是不同的。这里仅定性分析轴和键等构件的受力状态。它们的形状相对比较细、长，都属于杆件。

键的受力状态主要是受到剪切（图 6-16），其特点是构件受到一对大小相等、方向相反、作用线相隔很近的外力的作用。在两力作用线之间的截面有可能会因为受力过大而发生相对错动，强度不够时将被剪断。用截面法沿剪切面将键截断，截面上的内力称为剪力 F_r，应力称为切应力 τ，切应力的大小为

$$\tau = \frac{F_r}{A}$$

式中，A 为受剪截面的面积。切应力 τ 是"睡"在剪切面上的，而正应力 σ 是垂直于截面的，分别用不同的应力符号表示，以示区别。

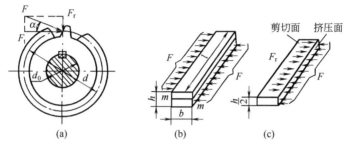

图 6-16　剪切与挤压

经实验可得到许用切应力 $[\tau]$，其强度条件为

$$\tau = \frac{F_r}{A} \leqslant [\tau]$$

轴类零件传递动力时，会受到扭转作用。先做个试验：用双手的拇指和食指分别捏住长橡皮或粉笔的两端并扭转，可以观察到扭转变形和扭转破坏的情形（图 6-17）。在这种情况下，杆件横截面上有切应力存在，其强度条件为

$$\tau = \frac{T}{W_T} \leqslant [\tau]$$

图 6-17　扭转和弯曲小试验

式中，T 为截面上受到的扭矩，与力或功率有关；W_T 的大小反映了截面抵抗扭转的能力，称为抗扭截面系数或抗扭截面模量，与截面积有关。

许多时候，轴不但受到扭转，而且受到弯曲。也可以做个试验：用双手的拇指和食指扳弯长橡皮或扳断粉笔，同样可以观察到弯曲变形和弯曲破坏的情形（图 6-17）。在这种情况下，杆件横截面上有弯曲应力存在，其强度条件为

$$\sigma = \frac{M}{W} \leqslant [\sigma]$$

式中，M 为截面上受到的弯矩，与力、力的分布方式及距离有关；W 的大小反映了截面抵抗弯曲的能力，称为抗弯截面系数或抗弯截面模量，也与截面积有关。

由于零件受到弯曲和扭转时，横截面上应力分布不均匀（表 6-1），使得 W 和 W_T 不但与横

截面积 A 有关，也与横截面的形状有关。混凝土梁的横截面形状常采用矩形，但应竖放，不应横放（图 6-18），这是因为横截面积一样大时，竖放抵抗弯曲的能力大，W 的值大。

表 6-1　杆状构件的基本受力与变形

受　　力	变　　形	破　　坏	工　程　实　例	应　力　特　点
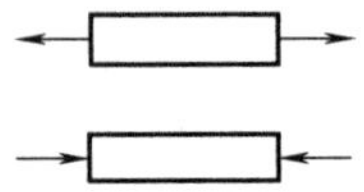	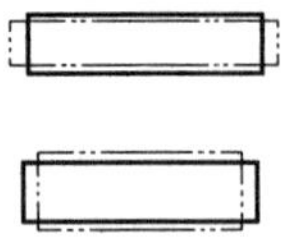	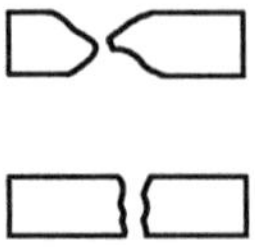 塑性 脆性	打气筒、压缩机活塞杆 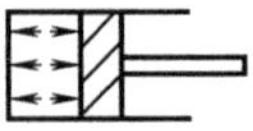	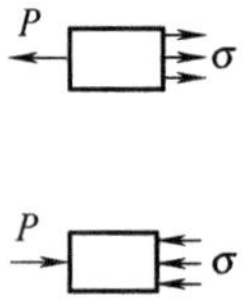 正应力，均匀分布
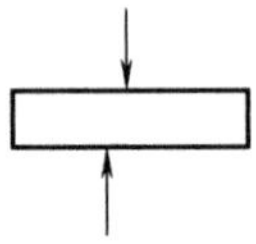	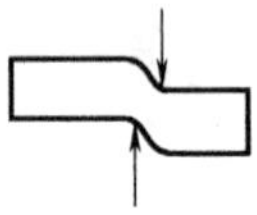	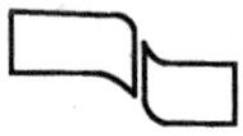	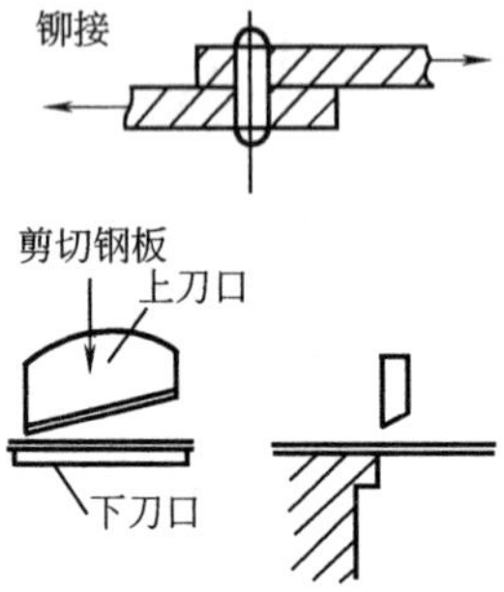 铆接 剪切钢板 上刀口 下刀口	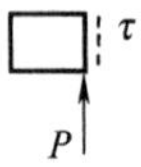 切应力，近似均匀分布
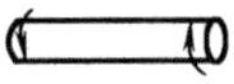			传动轴 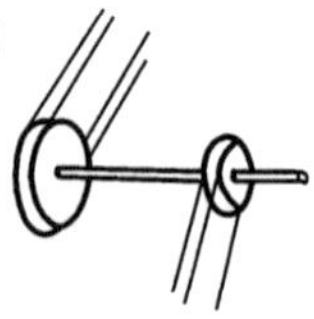	 切应力，截面外围扭转变形大，切应力大
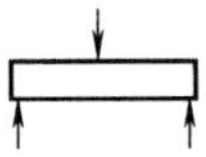			房梁、楼板、车轮轴、传动轴等 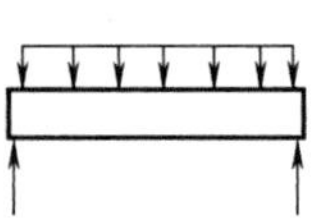	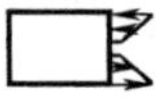 主要是弯曲应力（正应力），中间（中性层）变形小，应力小；离中间越远，变形越大，应力越大

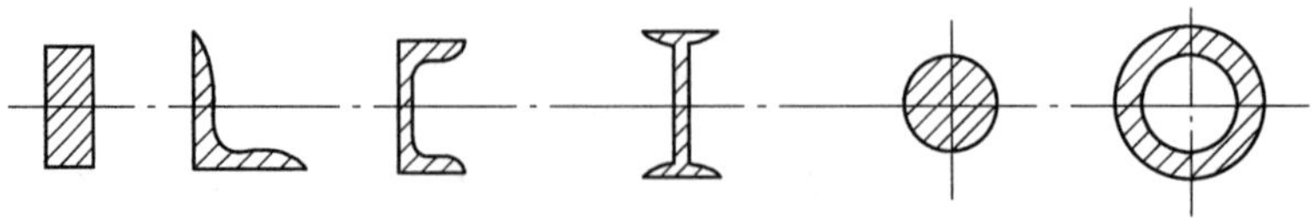

图 6-18　常见型材截面形状

　　除了轴以外，许多受到弯曲的构件被称为梁。梁的基本截面形状是矩形，但工程上为了增加结构零部件的刚性，使其不易变形，能更有效地抵抗弯曲，经常使用角钢、槽钢、工字钢、方钢等特定截面形状的钢材（简称型钢）。型钢有国家标准，轧钢厂按标准成批生产。现在使用越来越多的新型材料，如铝合金门窗、塑钢门窗的材料，都是特定的型材。

　　杆件受到弯曲时（图 6-19），直梁变弯了，靠近凹边的材料缩短，靠近凸边的材料伸长。也就是说，靠近凹边的材料受到压缩，靠近凸边的材料受到拉伸。分析表明，其应力分布如图 6-20 所示，梁中间部分变形小，应力小，靠凹或凸边变形大，应力也大。型钢在应力大的部位增加材料面积，可以提高梁的抗弯能力（使 W 增大），减小变形，降低应力。

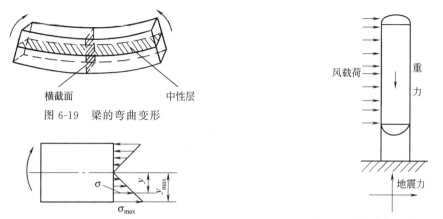

图 6-19　梁的弯曲变形

图 6-20　梁的弯曲应力

图 6-21　塔设备承受的载荷

基于同样的道理，圆轴在受到扭转时，轴外表面转动变形量大，轴中间转动变形量小。所以，轴心部扭转应力（切应力）小，轴外表面扭转应力大（见表 6-1 中扭转的应力特点）。

塔设备较为高大，露天放置，除了塔内介质的压力以外，还要承受风载荷、重力等，有些地区还要考虑地震的影响。其受力状态是组合型的。重力使塔承受轴向压应力，且越往下压应力越大；风载荷使塔承受弯曲，越往上风载荷越大（弯曲应力越往下越大）；垂直地震载荷使塔上下跳动，拉压交替；水平地震载荷使地面晃动，也使塔受到弯曲（图 6-21）。所以，塔的横截面上的应力由几部分组合而成。

对于容器部分有

$$\sigma = \sigma_p - \sigma_{mg} \pm \sigma_m \qquad （正压塔，操作时）$$

对于裙座部分（没有介质压力的作用力）有

$$\sigma = \sigma_{mg} + \sigma_m \qquad （压应力）$$

式中，σ_p 为介质压力产生的应力；σ_{mg} 为重力 mg 和垂直地震力产生的压应力；σ_m 为最大弯矩产生的弯曲应力。

（3）受力分析小结

长度尺寸明显大于宽度和高度的构件称为杆状构件，简称杆件。杆件的基本受力和变形：拉伸（或压缩）、剪切、扭转、弯曲，简称拉（压）、剪、扭、弯。其受力、变形、破坏、工程实例及应力特点见表 6-1。

在化工生产中，还广泛使用壳状、板状的构件，它们的受力和变形状态比杆件更复杂一些。例如，压力容器壳体主要受双向拉（或压）应力，平板封头（或平盖）受到双向弯曲作用。同时，除了介质压力以外，其他载荷的影响有时也不能忽视。例如，由于温差引起的膨胀和收缩量不一致而产生的热应力；塔设备除了介质压力以外，还要考虑重力、风力、地震力的影响等。

实操训练篇

在所有化工类企业，包含石油化工类、煤化工类、精细化工类等，不但需要使用化工设备进行化工生产操作，生产出合格优质的产品，而且还需要对化工设备进行维护管理，消除故障，使化工设备处于良好的运行状态。因此，化工企业的岗位需求是多元化的，对员工的技能与知识的要求则是需要尽可能多方面的。例如，对于生产操作，需要较多地了解化工设备，能够使用好化工设备；对于化工设备的维护管理，则需要具有一定的维修的实操技能，并需要进一步深入地学习相关化工设备本身及其维修管理方面的知识。为此，本篇挑选部分近年来得到较广泛应用的化工设备维修方面的实操训练项目案例，其中，"换热器拆装及压力检验"项目和"离心泵拆装与运行"项目是化工行业全国技能大赛、教育部全国职业院校技能大赛的经典项目，从大赛中走出了许多高级工、技师、技术能手、企业优秀员工、企业争相聘用的优秀学生等技能型人才；"管阀加工与安装"也是进一步学习管路和阀门知识、锻炼管路阀门维修等动手能力的好项目。

*7

换热器拆装及压力检验

7.1 换热设备相关知识

7.1.1 换热设备的应用

在化工生产中，绝大多数的工艺过程都有加热、冷却、汽化和冷凝的过程，这些过程总称为传热过程。传热过程需要通过一定的设备来完成，这些使传热过程得以实现的设备称之为换热设备。

换热设备是非常重要且被广泛应用的化工工艺设备。例如，在日产千吨的合成氨厂中，各种传热设备约占全厂设备总台数的 40%；在炼油厂中换热设备的投资占全部工艺设备总投资的 35%～40%。在化工生产中，传热设备有时还作为其他设备的一个组成部分出现，如蒸馏塔的再沸器、氨合成炉中的内部换热器等。

换热设备不仅应用在化工生产中，而且在轻工、医药、动力、食品、冶金、电力等行业也有广泛的应用。

7.1.2 换热设备的类型

7.1.2.1 按用途分类

化工生产中所用的各种换热设备按功能和用途不同，可分为以下几种。

① 冷却器。用水或其他冷却介质冷却液体或气体。用空气冷却或冷凝工艺介质的称为空冷器；用低温的制冷剂，如冷盐水、氨、氟里昂等作为冷却介质的称为低温冷却器。

② 冷凝器。若蒸气经过时仅冷凝其中一部分，则称为部分冷凝器；如果全部冷凝为液体后又进一步冷却为过冷的液体，则称为冷凝冷却器；如果通入的蒸气温度高于饱和温度，则在冷凝之前还经过一段冷却阶段，则称为冷却冷凝器。

③ 加热器。用蒸汽或其他高温载热体来加热工艺介质，以提高其温度。若将蒸气加热到饱和温度以上所用设备称为过热器。

④ 换热器。在两个不同工艺介质之间进行显热交换，即在冷流体被加热的同时，热流体被冷却。

⑤ 再沸器。用蒸汽或其他高温介质将蒸馏塔底的物料加热至沸腾，以提供蒸馏时所需的热量。

⑥ 蒸气发生器。用燃料油或可燃气的燃烧加热生产蒸气。如果被加热汽化的是水，也

称为蒸汽发生器，即锅炉；如果被加热的是其他液体物统称为气化器。

⑦ 废热（或余热）锅炉。凡是利用生产过程中的废热（或余热）来产生蒸汽的设备统称为废热锅炉。

7.1.2.2　按换热方式分类

换热设备根据热量传递方法的不同，可以分为间壁式、直接接触式和蓄热式三大类。

① 直接接触式换热器（又称混合式换热器）。冷流体和热流体在进入换热器后直接接触传递热量。这种方式对于工艺上允许两种流体可以混合的情况，是比较方便而有效的，如凉水塔、喷射式冷凝器等。

② 蓄热式换热器（又称蓄热器）。它是一个充满蓄热体（如格子砖）的蓄热室，其热容量很大。温度不同的两种流体先后交替地通过蓄热室，高温流体将热量传给蓄热体，然后蓄热体又将这部分热量传给随后进入的低温流体，从而实现间接的传热过程。这类换热器结构较为简单，可耐高温，常用于高温气体的冷却或废热回收，如回转式蓄热器。

③ 间壁式换热器。温度不同的两种流体通过隔离流体的器壁（固体壁）面进行热量传递，两流体之间因有器壁分开，故互不接触，这也是化工生产经常所要求的条件。

在化工生产中，应用最多的是各类间壁式换热器。在间壁式换热器中，由于传热过程不同，操作条件、流体性质、间壁材料及制造加工等因素，决定了换热器的结构类型也是多种多样的。根据间壁的形状，间壁式换热器大体上分为"管式"和"板面式"两大类。如套管式、螺旋管式、管壳式都属于管式；板片式、螺旋板式、板壳式等都属于板面式。其中，管壳式在化工生产中使用最为广泛。

7.1.3　管壳式换热器的类型及特点

管壳式换热器也称列管式换热器，具有悠久的使用历史，虽然在传热效率、紧凑性及金属耗量等方面不如近年来出现的其他新型换热器，但是具有结构坚固、可承受较高压力、制造工艺成熟、适应性强及选材范围广等优点。目前，管壳式换热器仍是化工生产中应用最广泛的一种间壁式换热器。管壳式换热器按结构特点可分为四种形式，即固定管板式换热器、浮头换热器、U形管式换热器、填料函式换热器，如图7-1～图7-4所示。

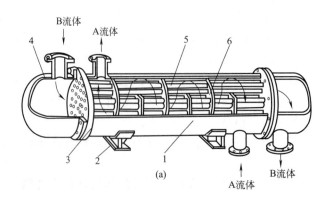

(a)

1—壳体；2—支座；3—管板；4—管箱；5—换热管；6—折流板

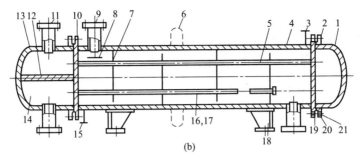

图 7-1 固定管板式换热器

1—封头；2—法兰；3—排气口；4—壳体；5—换热管；6—波形膨胀节；7—折流板（或支持板）；8—防冲板；
9—壳程接管；10—管板；11—管程接管；12—隔板；13—封头；14—管箱；15—排液口；16—定距管；
17—拉杆（在定距管内部）；18—支座；19—垫片；20,21—螺栓、螺母

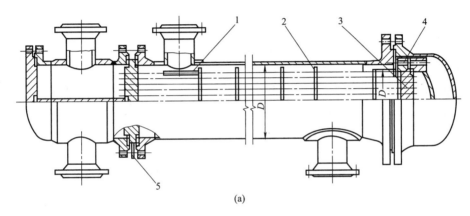

(a)

1—防冲板；2—折流板；3—浮头管板；4—钩圈；5—支耳

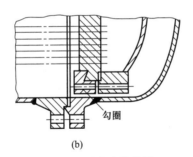

(b)

图 7-2 浮头式换热器

浮头式重沸器与浮头式换热器结构类似，如图 7-5 所示。壳体内上部空间是供壳程流体蒸发用的，所以也可将其称为带蒸发空间的浮头式换热器。

7.1.4 其他类型换热设备

7.1.4.1 板面式换热器

（1）螺旋板式换热器

螺旋板式换热器和管壳式换热器比较，具有结构紧凑、不用管材、传热系数大、可完全逆流操作、在较小温差下传热、有自身冲刷防污垢沉积等优点。但另一方面，它的阻力比较

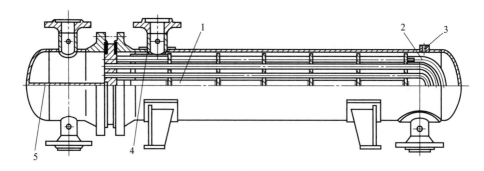

图 7-3　U 形管式换热器

1—中间挡板；2—U 形换热管；3—排气口；4—防冲板；5—分程隔板

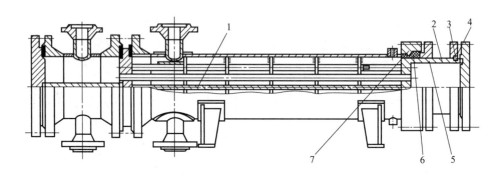

图 7-4　填料函式换热器

1—纵向隔板；2—浮动管板；3—活套法兰；4—部分剪切环；5—填料压盖；6—填料；7—填料函

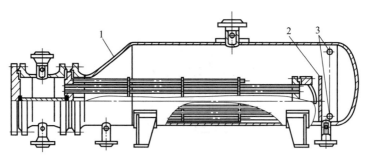

图 7-5　浮头式重沸器

1—偏心锥壳；2—堰板；3—液面计接口

大，检修和清洗比较困难，操作的压力和尺寸大小上也还受到一定的限制。常见的直径为
0.5～1.5m，板高为 0.2～1.5m，板厚为 2～4mm，板间距为 5～25mm，常用材料为不锈
钢和碳钢。

　　螺旋板式换热器是由两张平行的钢板在专用的卷床上卷制而成的。它是具有一对螺旋通
道的圆柱体，再加上顶盖和进、出口接管而构成的。如图 7-6 所示，两种介质分别在两个螺
旋通道内作逆向流动，一种介质由一个螺旋通道的中心部分流向周边，而另一种介质则由另
一个螺旋通道的周边进入并流向中心再排出，这样就形成完全逆流的操作。

根据使用的条件，螺旋本体的两个端面可以全部焊死，通常称为Ⅰ型。由于两个通道的两个端面均焊死，Ⅰ型结构的缺点是不能进行机械清洗或检修。如果将两个螺旋通道的一个端面交错地焊死，则两个通道均可进行清洗。但由于各有一端是敞开的，所以两端面需要加上可以拆卸的顶盖密封，这称为Ⅱ型。也有将螺旋体的一端全部焊死，而另一端有一个通道也是焊死的，仅留另一通道的端面是敞开的，可以清洗，即Ⅰ和Ⅱ两种结构的混合型，见图7-7。还有一种Ⅲ型的结构（图7-8），即只有一种介质沿螺旋通道流动，由周边流到中心后，再由中心流向周边，而另一介质作轴向流动。Ⅲ型通常用作蒸馏塔顶的冷凝器，也即蒸汽走轴向，而冷却介质则沿螺旋通道流动。

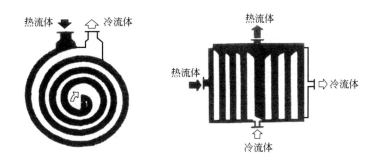

图 7-6　螺旋板式换热器示意图

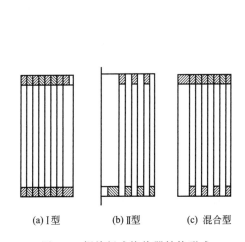

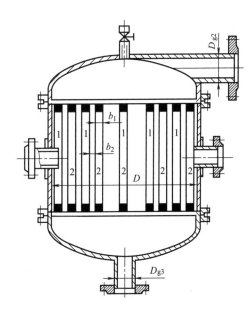

图 7-7　螺旋板式换热器结构形式

图 7-8　Ⅲ型螺旋板式换热器

为了保证两个螺旋通道的间隙维持一定，在螺旋通道内还有许多定距柱，它们事先焊在待卷的钢板上，通常作正三角形排列。定距柱不仅能保证螺旋通道间隙一定，而且承受操作压力，并在强化传热方面起着明显的作用；当然，也增加了通道中的流体阻力。

（2）矩形板式换热器

矩形板式换热器是由一组长方形的薄金属传热板片构成的，用框架将板片夹紧组装于支架上。两个相邻板片的边缘衬以垫片（各种橡胶或压缩石棉等制成）压紧，板片四角有圆孔，形成流体的通道，如图 7-9 所示。冷热流体交替地在板片两侧流过，通过板片进行换热。板片厚度为 0.5～3mm（相当薄），所以传热阻力小，但刚度不够。通常都将板片压制成各种槽形或波纹形的表面。这样既增强了板片的刚度，不致受压变形，同时也使流体流经不平的表面时，增强其湍流程度，从而提高传热效率；另外，也比光滑板面的面积有所增加。

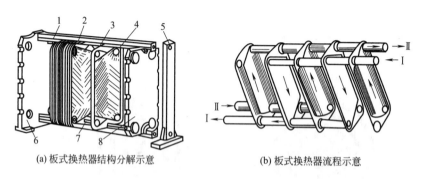

(a) 板式换热器结构分解示意   (b) 板式换热器流程示意

图 7-9　矩形板式换热器

1—上导杆；2—垫片；3—传热板片；4—角孔；5—前支柱；6—固定端板；7—下导杆；8—活动端板

　　矩形板式换热器具有传热效率高、结构紧凑、使用灵活、清洗和维护方便、能精确控制换热温度等优点，因此得到了应用广泛。其缺点是不易密封、承压能力低、使用温度受密封材料耐温性能的限制而不能过高，流道狭窄、易堵塞，处理量小，流动阻力大。

　　（3）板翅式换热器

　　板翅式换热器是一种紧凑、轻巧而高效的换热设备。板翅式换热器的结构形式很多，图 7-10 是其中一种，在两块平隔板之间放一个波纹板状的金属导热翅片，两边用侧条密封，构成单元体。对各个单元体进行不同的叠积和适当排列，并用钎焊构成牢固的组装件，称为芯部或板束。通常在板束顶部和底部各留一层起绝热作用的假翅片层。最后将带有流体进、出口的集流箱钎焊到板束上，就组成了完整的板翅式换热器。

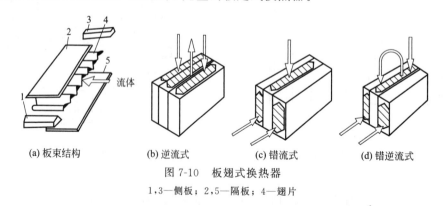

(a) 板束结构　　(b) 逆流式　　(c) 错流式　　(d) 错逆流式

图 7-10　板翅式换热器

1,3—侧板；2,5—隔板；4—翅片

　　板翅式换热器具有传热效率高、结构紧凑、轻巧而稳固、适应性大等优点，但也存在流道小、易堵塞、结构复杂、造价高、清洗和检修困难等缺点。

7.1.4.2　空冷器

　　空冷器以空气作为冷却介质，对流经管内的热流体进行冷却或冷凝。空冷器主要由管束、风机、构架及百叶窗等部件组成，如图 7-11 所示。由于环境污染和水源短缺等问题，空冷器在化学工业（如石油化工等）中使用越来越多，有些炼油厂 90% 以上的冷却负荷是由空冷器来完成的。随着用途的日益扩大，空冷器型式也比较多，按通风方式有送风式和抽吸式两类。

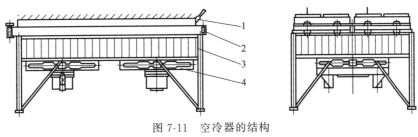

图 7-11　空冷器的结构

1—百叶窗；2—管束；3—构架；4—风机

7.1.4.3　套管式换热器

套管式换热器的结构如图 7-12 所示，由大管套小管组成同心套管。套管式换热器是最简单的管式换热器。根据传热面的大小，可以用 U 形肘管把许多套管段串联起来。当载热体的流量很大时，可以把套管段用管箱并联起来。外套管可以直接焊在传热管上，如果管间需要清洗或者内管材料不能焊接，也可以采用法兰或填料函来连接。

套管式换热器的优点是结构简单，工作适用范围大，传热面积增减方便，两侧流体均可提高流速，并可保证逆流，获得较高的传热系数；其缺点是单位传热面积的金属耗量大，检修、清洗比较麻烦，在可拆连接处易造成泄漏。此种换热器适用于高温、高压、小流量及所需传热面积不大的场合。

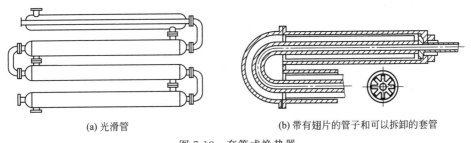

(a) 光滑管　　　　　　　　　　　(b) 带有翅片的管子和可以拆卸的套管

图 7-12　套管式换热器

7.2　填料函式换热器拆装及压力检验实训（竞赛）任务书

7.2.1　实训或竞赛内容

① 对于给定的填料函式换热器（图 7-13）能够正确地列出试压用工具、辅助部件、阀门、仪表清单，标明规格、数量，并能够正确选取和使用所列物品。

② 完成图 7-13 所示填料函式换热器的部件组装及管壳程试压操作，边组装边试压。

③ 正确填写换热器压力检验报告。

④ 拆除阀门、仪表等所有连接部件，拆卸设备，恢复到赛前状态，并清理现场。

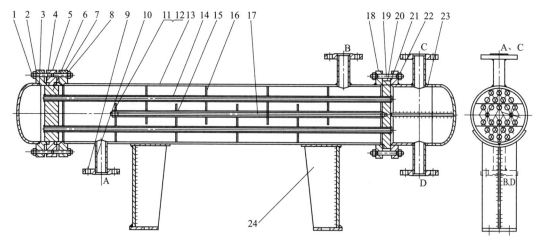

图 7-13 填料函式换热器结构示意

1,11,22—螺母；2,8—等长双头螺栓；3—封头；4—O形圈；5—管板法兰；6—活动管板；
7—容器法兰Ⅰ；9—接管法兰；10—接管；12,21—垫片；13—筒体；14—换热管；15—定距管；
16—折流板；17—拉杆；18—容器法兰Ⅱ；19—等长双头螺柱；20—管板；23—管箱；24—支座

本竞赛满分 130 分，按扣分制进行竞赛评分。

7.2.2 实训考核或竞赛时间

额定操作时间 110min，超时扣分，超过 180min 应自动停止比赛。

7.2.3 实训或竞赛过程注意事项

① 壳程及试压系统组装完成、壳程水压试压完成、管程及试压系统组装完成、管程水压试压完成和现场拆除清理完成都应举手示意裁判检查。

② 每次保压时都请裁判查看，保压时间均为 5min。

③ 在领工具时要及时核对清单与所领的物品是否一致，是否有遗漏或损坏情况。

④ 所有连接件处的密封均由选手负责上紧。

⑤ 竞赛过程应听从现场裁判口令操作。

7.3 换热器拆装及压力检验实训（竞赛）说明书

7.3.1 管壳程试压系统图

壳程试压系统图和管程试压系统图分别如图 7-14、图 7-15 所示。

7.3.2 填料函式换热器试压操作

7.3.2.1 工作准备

参照系统图安装试压用工具、管件、试压法兰圈、阀门、仪表等，均由参赛选手按领料清单指定的规格、数量到货架处选取。

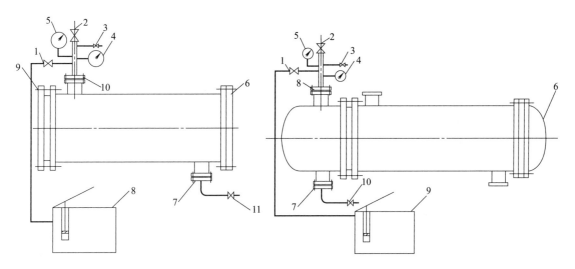

图 7-14　壳程试压系统图
1—进水节流阀；2—安全阀；3—出水节流阀；
4—压力表1；5—压力表2；6—管板压紧圈；
7—改造排水盲板；8—SYL手动试压泵；9—试压
辅助法兰；10—改造试压盲板；11—球阀

图 7-15　管程试压系统图
1—进水节流阀；2—安全阀；3—出水节流阀；
4—压力表1；5—压力表2；6—封头；
7—改造排水盲板；8—改造试压盲板；
9—SYL手动试压泵；10—球阀

7.3.2.2　换热器的壳程试压操作

在试压前应当正确组装设备，设备部件采用法兰连接，试压管线采用法兰连接或螺纹连接，各连接部分必须连接密封可靠；然后将壳程灌满水，采用手动试压泵对设备壳程进行打压，试压步骤正确，操作无误，壳程设计压力为1.0MPa，实验压力为1.25MPa，保压时间为30min。试压过程为：先将壳程压力缓慢升至1.25MPa（正负偏差不超过10%）→保压30min→降到设计压力1.0MPa→保压30min，在该压力下检查各连接部位是否泄漏→如有泄漏，泄压后消除泄漏点，重复上述步骤；若没有泄漏点且压力表读数没有变化则合格→卸压，拆卸设备，排水，填写试压报告（注意：比赛时保压时间一般只有3～5min，到时请参考竞赛任务单）。

7.3.2.3　换热器的管程试压操作

在试压前应正确组装设备，设备部件采用法兰连接，试压管线采用法兰连接或螺纹连接，各连接部分必须连接密封可靠；然后将管程灌满水，采用手动试压泵对设备管程加压。试压步骤应正确，操作无误，管程设计压力为1.5MPa，实验压力为1.9MPa，保压时间为30min。试压过程为：先将壳程压力缓慢升至1.9MPa（正负偏差不超过10%）→保压30min→降到设计压力1.5MPa→保压30min，在该压力下检查各连接部位是否泄漏，如有泄漏，泄压后消除泄漏点，重复上述步骤；若没有泄漏点且压力表读数没有变化则合格→卸压，拆卸设备，排水，填写试压报告，清理现场。

7.3.2.4　拆装及试压过程注意事项

① 到指定位置处一次性领取本项目操作时使用的物件，领取物件回到现场进行操作准备，领取的工具数量以两位选手在比赛现场够用为度，仪表阀门不允许多领，多领扣分。

② 阀门具有方向性，阀门安装过程中应当处于关闭状态，压力表应当正确安装不装错，组装的试压系统应当符合给定的试压系统图，各组件法兰连接时应当使用合适的垫片，螺纹连接时应当使用生胶带，否则扣分。

③ 每对法兰连接应当用同一种规格螺栓安装，方向应当一致，螺栓紧固的次序及方法应当正确，否则扣分。

④ 安装不锈钢设备时不得用工具及铁质金属敲击，法兰之间安装石棉板垫片时应当使用石蜡，应当只安装一个垫片，装错、装多扣分。

⑤ 开始加压前应当先排气，将设备内气体排干净（此处排干净的标志是柱塞泵在注水时出水截流阀能够连续出水），设备外壳应当保持清洁干燥，否则均应扣分。

⑥ 柱塞泵在打压过程中应均匀缓慢升压，当压力达到实验压力时应关闭进水截流阀，否则压力保不住要扣分。

⑦ 试压是否合格，试压不合格的返修过程是否正确；若有带压返修及带压加压情况，均应扣分。

⑧ 拆除后应当对照清单完好归还仪表、试压辅助法兰、工具等；现场不准有遗留物，垫片、垫圈不准遗留在法兰和螺栓上，遗留、少或损坏扣分。

⑨ 拆除过程中不应将水排到地上，少量漏到地面上的水在结束后应当清扫；在拆除过程中，无法排尽的水需要用小桶接，如没有用小桶接水造成漏到地上要扣分，未清扫和清扫不干净要扣分。

⑩ 拆装过程中选手是否越限：选手需在划定范围内进行操作，无论领取物件、安装设备和打扫卫生均不允许进入其他选手的划定范围，以保证不影响其他选手的操作和安全，否则扣分。

⑪ 撞头、伤害到别人或自己等不安全操作，如扳手打到人，没戴安全帽，扳手、盲板、试压组件以及其他工具掉地等，都要扣分。

⑫ 装拆、试压过程是否合理：两个压力表读数表盘安装时是否朝向一致，压力表数据读取是否正确；壳程试压组装时应先安装管箱侧辅助试压法兰，否则浮头侧 O 形密封圈不易密封紧；两位选手是否有明确分工，配合是否默契，装拆试压过程是否具有条理；操作时安全阀出口不应对着操作选手；打压超过 2MPa，压力表起跳，选手应停止操作。

7.3.2.5　压力检验报告

检验报告

检查项目	压力试验	■水压 □气压 □气密	设备名称	
试验部位			设备位号	
试验压力/MPa			压力表量程/MPa	
试验介质			压力表精度等级	
氯离子含量 CL⁻/(mg/L)			保压时间/min	

续表

实验曲线

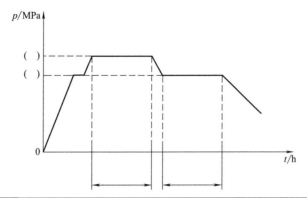

泄漏		备注		
异常变形				
异常响声				
试验结果				
试验员 1	试验员 2	试验员 3		日期

7.3.3 填料函式换热器试压操作的考核内容和考核评价细则

换热器工位号：_____　考核时间：_____　考核成绩：_____

项目	考核内容	记录	备注	分值	扣分
换热器装拆及试压前的准备（6分）	填写领料清单并完成领取工作		完成	3	
	拆装、试压总清单填写正确与否		填错、漏填一项扣 0.5 分,扣完为止	3	
换热器壳程试压（30分）	按壳程试压系统图组装壳程试压设备所选部件及组装顺序是否正确		部件安装拿错一件扣 1 分,步骤错一步扣 1 分,扣完为止	2	
	换热器各密封处垫片安装是否正确		错装一个扣 1 分,扣完为止	2	
	各法兰连接处螺栓紧固的次序以及方法是否正确		错一对法兰扣 1 分,扣完为止	2	
	排水盲板、试压改造盲板安装是否到位		盲板泄漏扣 1 分,试压改造盲板上各连接件连接不紧造成泄漏 1 处扣 1 分,扣完为止	2	
	试压用管件、阀门、仪表有无装错		阀安装不正扣 1 分,表盘方向不一致扣 1 分,节流阀方向有误扣 1 分	3	
	试压前有无排气、排气是否干净,各检验部位是否擦拭干净		错一项或漏一项扣 1 分	2	
	试验压力操作是否准确		到实验压力时没有向裁判示意即降压扣 1 分,实验压力操作有误扣 1 分	2	

续表

项目	考核内容	记录	备注	分值	扣分
换热器壳程试压 （30分）	对设备进行检查时压力_____MPa		未降压扣1分，降压操作有误扣1分	2	
	试压是否有泄漏，若有泄漏重新试压过程是否正确		带压返修扣2分，最终试压不合格（有漏点）扣2分	4	
	泄压及试压设备的拆除方法是否正确		带压排水扣1分，设备拆除过程及工具使用错一项扣1分，水没有排入水沟扣1分，打开与柱塞泵相连的阀泄压扣1分	3	
	安装设备过程中，有无用工具敲击设备（铜棒除外）		有，扣1分	1	
	折流板方向是否装错		方向装反，扣1分	1	
	压力检验报告填写是否完整、正确		有一项目填错或漏填扣0.5分，直至扣完（备注部分可填可不填）	3	
	设备内液体是否尽量放尽		没有尽量放尽造成拆除时液体较多扣1分	1	
换热器管程试压 （27分）	按管程试压系统图选择组装管程试压所需部件是否正确		安装时错拿一个部件扣1分	1	
	换热器各部件组装顺序是否正确		错装一步扣1分	1	
	换热器各密封处垫片、密封圈安装是否正确		错装一个扣0.5分，扣完为止	1	
	各法兰连接处螺栓紧固的次序以及方法是否正确		错一对法兰扣1分，扣完为止	2	
	排水盲板、试压改造盲板安装是否到位		盲板泄漏扣1分，试压改造盲板上各连接件连接不紧一处扣1分，扣完为止	2	
	排水阀是否有泄漏及装正		有泄漏或安装有误各扣1分	2	
	试压前有无排气、排气是否干净，各检验部位是否擦拭干净		错一项或漏一项扣1分	2	
	试验压力下操作是否准确		到实验压力时没有向裁判示意稳压扣1分，实验压力操作有误扣1分	2	
	对设备进行检查时压力_____MPa		未降压扣1分，降压操作有误扣1分	2	
	试压是否有泄漏，若有泄漏重新试压过程是否正确		带压返修扣2分，最终试压不合格扣2分（有漏点）	4	
	泄压及试压设备的拆除方法是否正确		带压排水扣1分，设备拆除过程及工具使用错一项扣1分，水没有排入水沟扣1分	3	
	安装设备过程时，有无用工具敲击设备（铜棒除外）		有，扣1分	1	
	有无法兰安装不平行，偏心		有一对，扣1分	1	
	压力检验报告填写是否完整、正确		有一项目填错或漏填扣0.5分，直至扣完（备注部分可填可不填）	3	

续表

项目	考核内容	记录	备注		分值	扣分
试压系统、换热器的拆除及现场清理（4分）	拆除后，是否对照清单，完好归还和放好设备部件、仪表、管件、工具等		遗留或损坏一件均扣1分，扣完为止		2	
	拆除结束后是否清扫整理现场，并恢复原样		没恢复原样扣1分，清扫不干净或整理不整洁扣1分		2	
文明安全操作（9分）	整个试压、装拆过程中选手穿戴是否规范，是否越限		穿戴不规范扣1分，越限1次扣1分，扣完为止		2	
	是否有撞头、伤害到别人或自己、物件掉地等不安全操作		螺栓、螺母、垫片掉地扣0.5分/次，其他情况每次1分		5	
	是否服从裁判管理		不服从扣2分		2	
操作质量及时间（24分）	拆装、试压过程的合理性		按评分细则说明分项扣分，每项1分		4	
	拆装、试压总时间 t		$t \leqslant 110\text{min}$	20	20	
			$110\text{min} < t \leqslant 120\text{min}$	17.5		
			$120\text{min} < t \leqslant 130\text{min}$	15		
			$130\text{min} < t \leqslant 140\text{min}$	12.5		
			$140\text{min} < t \leqslant 150\text{min}$	10		
			$150\text{min} < t \leqslant 160\text{min}$	7.5		
			$160\text{min} < t \leqslant 170\text{min}$	5		
			$170\text{min} < t \leqslant 180\text{min}$	2.5		
			$180\text{min} < t$	0		

评价人签名：_____

日期：_____年____月____日

7.3.4 换热器装拆及试压所用工具、仪表、阀门及耗材清单

序号	名　　称	型号及规格	数量	备注
1	梅花扳手	24/27	4	
2	活动扳手	$200 \times 24(\text{mm} \times \text{mm})$	1	
3	活动扳手	250mm	1	
4	活动扳手	$300 \times 36(\text{mm} \times \text{mm})$	1	
5	一字螺丝刀	4英寸	2	
6	铜棒	$\phi 30 \times 200(\text{mm} \times \text{mm})$	1	
7	针形阀（节流阀）	JSW-160P	2	
8	压力表	量程为4MPa	2	
9	安全阀	A21W-25P	1	
10	柱塞泵	SYL型手动	1	
11	试压用法兰盘	自制	1	

序号	名　称	型号及规格	数量	备注
12	改造进排水用盲板	自制	1	配套螺栓、螺母
13	改造试压用盲板	自制	1	配套螺栓、螺母
14	石棉板密封垫	$\phi241/\phi219,\delta=3$	1	
15	橡胶 O 形密封圈	$\phi200/\phi8.5$	2	
16	石棉板密封垫	$\phi248/\phi219,\delta=3$	1	
17	橡胶密封垫	$\phi100/\phi60,\delta=2$	2	
18	生胶带	四氟带	1盒	
19	黄油		1盒	

*8

离心泵拆装与运行

8.1 单级离心泵拆装与运行实训项目的内容和目标

8.1.1 实训和考核的主要内容

① 应知：学习泵的基础知识，了解泵在化工生产中的应用与类型、离心泵的工作原理、类型与特点；懂得离心泵的基本结构和主要零部件（如叶轮、泵壳、泵轴和轴封装置等）的作用与结构；通过咨询，初步掌握 IS 泵 IH 泵等单级单吸离心泵运行中的维护保养要点，泵的启动、运转、停车要点，泵体的拆卸与装配要点，泵在使用现场的整体安装要点等现场工作要点。

② 应会：通过实际拆装训练，较熟练地掌握常用阀门的拆卸、检查、安装等工作的实际技能；较熟练地掌握 IH 泵的拆卸、检查、装配、找正调试、试车运行等工作的实际技能。

在实训现场进行实际技能考核的主要内容如下。

① 首先，如果实训装置上安装有两个振动传感器及一个温度传感器，则应该细心地拆下振动传感器及温度传感器，在拆卸温度传感器时即可排放机油；请特别注意保护传感器，不要在操作中碰伤传感器。如果没有安装振动传感器和温度传感器，则本条内容取消。

② 管路拆卸及 IH 泵的拆卸。泵的拆卸区域可参考装置流程简图中的标示（图 8-9）；管路拆卸从进口靠近泵体的闸阀开始全部拆下，出口无须拆卸；阀门需全部解体；机封拆至动环、弹簧取下即可；轴承可与主轴同时卸下即可，无须从主轴上取下。拆卸与检查完成后，放下手中所有工具及零件并示意考评员停止计时（t_1）；同时将零部件检查记录表交给考评员，经考评员检查并同意后方可进行下一项工作。

③ 拆卸中的检查要有数据记录。如在检查中发现零部件有缺陷将会影响整机装配质量时应简单写出处理方法，并告知项目考评员，经确认后可重新领零件（而不必进行缺陷的处理）。

④ IH 泵及管路安装。安装完成后，放下手中所有工具及零件并示意考评员停止计时（t_2）；经考评员检查并同意后方可进行下一项工作。

⑤ 泵的联轴器找正。找正时采用一点找正法，找正记录要完整，找正中需要的计算工具由考生自备。计算（只计算垫片调整量）有公式，调整后有记录。（联轴器找正技术要求，

表读数：径向偏移≤0.1mm，轴向偏移≤0.1mm。）找正完成后，放下手中所有工具及零件并示意考评员停止计时（t_3）；同时将联轴器找正计算表交给考评员，经考评员检查并同意后方可进行下一项工作。

⑥ 开车前准备、试车与停车。完成后，考生工作全部完成，经考评员检查并同意后清理现场，交还领取的工具及剩余耗材。若有缺失工具或损坏工具的，除照价赔偿外，每缺失或损坏工具一件在总分中扣除相应分值。

8.1.2　通过实训达到的技能要求

要求考生在规定时间内完成泵、阀的解体及组装，并进行最终的调试，具体要求如下。

① 能根据现场提供的管路流程图，准确写出装拆设备所需的工具及耗材，列出清单，并能按清单要求正确领取物件。

② 能正确进行拆装，工具使用正确。

③ 能对各零部件进行正确的清洗，记录与检查。

④ 能对泵联轴器正确进行找正，包括记录正确，架表正确牢固、读数准确，画联轴器计算图，计算垫片调整量等。

⑤ 能对泵进行正确的开车前准备、试车与停车，包括油位检查、盘车、灌水、检查阀门开闭情况、试转向、开车和停车等。

⑥ 组装后泵振动值在规定的范围内。

⑦ 能做到泵、阀及管路拆装以及调试过程中的安全规范。

8.1.3　实训过程中培养的职业素质要求

① 在工作中具有团队协同合作精神，具有全局观念、协作观念。

② 遵守纪律，爱护实训工具和设备。

③ 具有爱岗敬业、钻研精业、系统思考的品质。

④ 符合 7S（7S 是指整理、整顿、清扫、清洁、素养、安全、节约），操作规范。

8.2　泵的基础知识

8.2.1　泵在化工生产中的应用与类型

将液体物料沿着管道从一台设备输送到另一台设备，或从一个车间输送到另一个车间，是化工生产中经常要进行的操作。输送液体时，经常需要将一定的外界机械能加给液体，泵就是输送液体并将外加能量加给液体的机械。利用泵可以将原动机（如电动机、内燃机）的机械能转换成被输送液体的静压能和动能，使被输送液体获得能量后，输送至一定压力、高度或距离的场合。泵是一种通用机械，广泛应用于国民经济建设的各个领域，如化工、石油、矿山、冶金、电力、国防、农业的灌溉和排涝、城市的供水和排水等。

化工生产的原料、半成品和成品大多是液体，在整套连续化的化工生产过程中，液体的输送和增压必不可少，必须使用泵。有人把化工生产过程中的泵比喻为人的心脏，而化工管路如同人的血管。

在化工生产中，被输送的液体是多种多样的。有的液体易燃、易爆、有毒性，有的液体具有高黏度、易腐蚀，有的液体是高温、高压，有的液体是低温、低压（高真空），有的液体含有固体悬浮物，有的是清洁液体等。为了适应这些情况，就要求采用不同结构、不同材质的泵。

要正确地选用、维护和运转泵，除了明确输送任务、掌握被输送液体的性质之外，还必须了解各类泵的结构、工作原理和性能。

泵的种类很多，分类方法也各不相同。泵按作用原理可分为叶片式泵、容积式泵、其他类型泵三类。叶片式泵依靠工作叶轮的高速旋转运动将能量传递给被输送液体，如离心泵、轴流泵、旋涡泵等；容积式泵依靠连续或间歇地改变工作容积来压送液体，一般使工作室容积改变的方式有往复运动和旋转运动，如往复泵、计量泵、螺杆泵等；其他类型泵如磁力泵、喷射泵、真空泵等，它们的作用原理各不相同（磁力泵是利用电磁力的作用来输送液体；喷射泵是依靠高速流体的动能转变为静压能的作用，达到输送流体的目的；真空泵是利用机械、物理、化学、物理化学等方法对容器进行抽气，以获得和维持真空的装置）。

8.2.2　离心泵的类型与特点

离心泵的类型很多，依据不同的结构特点可以有以下分类。

（1）按工作叶轮数目分类

① 单级泵（图 8-1）：即在泵轴上只有一个叶轮。

② 多级泵（图 8-2）：即在泵轴上有两个或两个以上的叶轮，这时泵的总扬程为 n 个叶轮产生的扬程之和。

（2）按叶轮进液方式分类

① 单侧进液式泵（又称为单吸泵），即叶轮上只有一个进液口，如图 8-1 所示。

② 双侧进液式泵（又称为双吸泵），即叶轮两侧都有一个进液口，如图 8-3 所示。它的

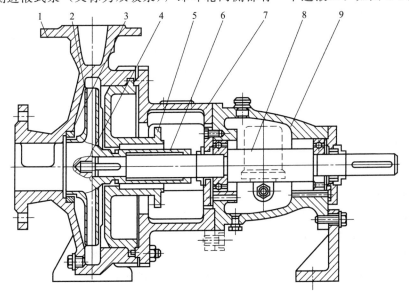

图 8-1　典型离心泵的结构图

1—泵壳；2—叶轮；3—密封环；4—叶轮螺母；5—泵盖；6—密封部件；7—中间支承；8—轴；9—悬架部件

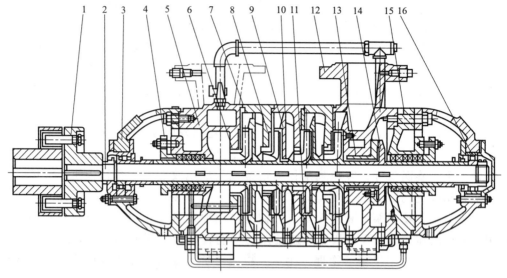

图 8-2　D 型多级离心水泵

1—销弹性轴器部件；2—轴；3—滚动轴承；4—填料压盖；5—吸入段；6—密封环；7—中段；8—叶轮；9—导叶；
10—导叶套；11—拉紧螺栓；12—吐出段；13—平衡套（环）；14—平衡盘；15—填料函体；16—轴

流量比单吸泵大一倍，可以近似看作是两个单吸泵叶轮背靠背地放在了一起。

图 8-4 是单吸泵与双吸泵介质流动示意图。

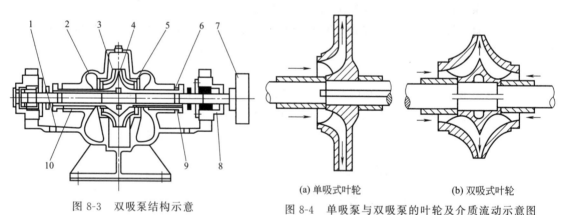

(a) 单吸式叶轮　　　　(b) 双吸式叶轮

图 8-3　双吸泵结构示意

1—泵体常；2—泵盖；3—叶轮；4—轴；
5—双吸密封环；6—轴套；7—联轴器；
8—轴承体；9—填料压盖；10—填料

图 8-4　单吸泵与双吸泵的叶轮及介质流动示意图

（3）按泵轴位置分类

① 卧式泵：泵轴位于水平位置。

② 立式泵：泵轴位于垂直位置。

一台泵可以有多种特征，例如多级泵是指叶轮有两个或两个以上，而按照其他结构特征，它又有可能是卧式泵、垂直结合面泵、导叶式泵、高压泵、单面进液式泵等。所以依据不同，叫法就不一样。另外，泵根据用途也可进行分类，如油泵、水泵、凝结水泵、排灰泵、循环水泵等。表 8-1 中例举出离心泵常见几种分类的特点。

表 8-1　离心泵的分类方式、类型和特点一览表

分类方式	类　型	离心泵的特点
按吸入方式	单吸泵	液体从一侧流入叶轮,存在轴向力
	双吸泵	液体从两侧流入叶轮,不存在轴向力,泵的流量几乎比单吸泵增加一倍
按级数	单级泵	泵轴上只有一个叶轮
	多级泵	同一根泵轴上装两个或多个叶轮,液体依次流过每级叶轮,级数越多,扬程越高
按泵轴方位	卧式泵	轴水平放置
	立式泵	轴垂直于水平面
按壳体型式	分段式泵	壳体按与轴垂直的平面部分,节段与节段之间用长螺栓连接
	中开式泵	壳体在通过轴心线的平面上剖分
	蜗壳泵	装有螺旋形压水室的离心泵,如常用的端吸式悬臂离心泵
	透平式泵	装有导叶式压水室的离心泵
特殊结构	管道泵	泵作为管路一部分,安装时无须改变管路
	潜水泵	泵和电动机制成一体浸入水中
	液下泵	泵体浸入液体中
	屏蔽泵	叶轮与电动机转子连为一体,并在同一个密封壳体内;不需采用密封结构,属于无泄漏泵
	磁力泵	除进、出口外,泵体全封闭,泵与电动机的连接采用磁钢互吸而驱动
	自吸式泵	泵启动时无须灌液
	高速泵	由增速箱使泵轴转速增加,一般转速可达 10000r/min 以上,也可称部分流泵或切线增压泵
	立式筒型泵	进、出口接管在上部同一高度上,有内、外两层壳体,内壳体由转子、导叶等组成,外壳体为进口导流通道,液体从下部吸入

用户选择泵类产品时,可查阅泵产品目录。表 8-2 为部分离心泵的基本形式及其代号。

表 8-2　离心泵的基本形式及其代号

泵的形式	形式代号	泵的形式	形式代号
单级单吸离心泵	IS,IB	卧式凝结水泵	NB
单级双吸离心泵	S,Sh	立式凝结水泵	NL
分段式多级离心泵	D	立式筒袋形离心凝结水泵	LDTN
分段式多级离心泵(首级为双吸)	DS	卧式疏水泵	NW
分段式多级锅炉给水泵	DG	单级离心油泵	Y
卧式圆筒形双壳体多级离心泵	YG	筒式离心油泵	YT
中开式多级离心泵	DK	单级单吸卧式离心灰渣泵	PH
多级前置泵(离心泵)	DQ	长轴离心深井泵	JC
热水循环泵	R	单级单吸耐腐蚀离心泵	IH

　　清水泵是化工生产中普遍使用的一种离心泵（包括 IS 型、IH 型、D 型和 S 型），适用于输送水及性质与水相似的液体。

　　IS 型离心泵和IH 型离心泵代表单级单吸离心泵，是应用最广的离心泵。IS 型输送清水或类似介质，轴采用碳钢，其余部件材质多为铸铁；IH 型考虑介质的腐蚀问题，叶轮、轴、泵体等过流部件采用不锈钢。

8.2.3　离心泵的主要零部件

　　离心泵的主要构件有叶轮、泵壳、泵轴和轴封装置，有些还有导轮。

8.2.3.1　叶轮

　　叶轮是离心泵的核心构件，是在一圆盘上设置 4～12 个叶片构成的。叶轮的主要功能是将原动机械的机械能传给液体，使液体的动能与静压能均有所增加。

　　根据叶轮是否有盖板，可以将叶轮分为三种形式，即开式、半开（闭）式和闭式，如图8-5 所示。通常采用闭式叶轮，其效率比开式叶轮高；在输送含有固体的液体时，多使用开式叶轮或半开式叶轮，以减小输送阻力。

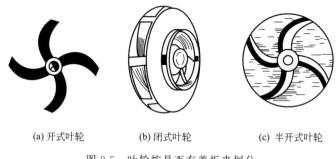

(a) 开式叶轮　　　　　(b) 闭式叶轮　　　　　(c) 半开式叶轮

图 8-5　叶轮按是否有盖板来划分

　　叶轮的吸液方式可以有两种，即单吸式叶轮与双吸式叶轮，如图 8-4 所示。显然，双吸式叶轮完全消除了轴向推力，而且具有相对较大的吸液能力。叶轮上的叶片有前弯叶片、径向叶片和后弯叶片三种（叶片是一种转能装置）。但工业生产中主要为后弯叶片，因为后弯叶片相对于另外两种叶片的效率高，更有利于动能向静压能的转换。由于两叶片间的流动通道是逐渐扩大的，因此能使液体的部分动能转化为静压能。

8.2.3.2　泵壳

　　由于泵壳的形状像蜗牛，因此又称为蜗壳。这种特殊的结构，使叶轮与泵壳之间的流动通道沿着叶轮旋转的方向逐渐增大，并将液体导向排入管路。因此，泵壳的作用就是汇集被叶轮甩出的液体，并在将液体导向排出泵体的过程中实现部分动能向静压能的转换。泵壳是一种转能装置，为了减少液体离开叶轮时直接冲击泵壳而造成的能量损失，常常在叶轮与泵壳之间安装一个固定不动的导轮，如图 8-6 所示。导轮带有前弯叶片，叶片间逐渐扩大的通道使进入泵壳的液体流动方向逐渐改变，从而减少了能量损失，使动能向静压能的转换更加有效。导轮也是一个转能装置，通常多级离心泵均安装导轮。

8.2.3.3　泵轴

　　泵轴的作用是利用联轴器和电动机相连接，将电动机的转矩传给叶轮，是传递机械能的主要部件。

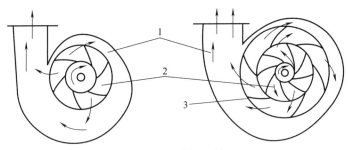

图 8-6　泵壳与导轮

1—泵壳；2—叶轮；3—导轮

8.2.3.4　轴封装置

由于泵壳固定而泵轴转动，因此在泵轴与泵壳之间存在一定空隙。为了防止泵内液体沿空隙漏出泵外或空气沿相反方向进入泵内，需要对空隙进行密封处理。用来实现泵轴与泵壳之间密封的装置称为轴封装置。常用的密封方式有两种，即填料密封与机械密封。

填料密封装置的结构如图 8-7 所示，由填料箱、填料、水封环和填料压盖等组成。填料密封主要是靠轴的外表面与填料紧密接触，阻止泵内液体向外泄漏，从而实现密封。填料又称盘根，常用的填料是黄油浸透的棉织物或编织的石棉绳，有时还在其中加入石墨、二硫化钼等固体润滑剂。密封高温液体用的填料，常采用金属箔包扎石棉芯子等材料。密封的严密性可用增加填料厚度和拧紧填料压盖来调节。

机械密封是无填料的密封装置，其结构如图 8-8 所示。它由动环、静环、弹簧和密封圈等组成。动环随轴一起旋转，并作轴向移动；静环装在泵体上静止不动。在弹簧的压力和密封腔中液体的压力作用下，使动环端面贴合在静环端面上实现密封（又称端面密封）。为了保证动、静环的正常工作，轴向间隙的端面上需保持一层液膜，起冷却和润滑作用。这种密

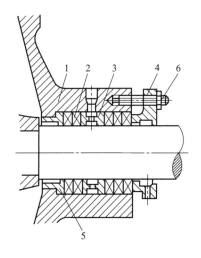

图 8-7　填料密封装置

1—填料箱；2—填料；3—水封环；

4—填料压盖；5—底衬套；6—螺栓

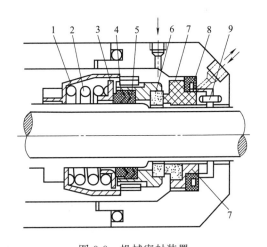

图 8-8　机械密封装置

1—传动座；2—弹簧；3—推环；4—密封垫圈；5—动环密

封圈；6—动环；7—静环；8—静环密封圈；9—防转销

封的优点：在安装正确后能自动调整，使转子转动或静止时，密封效果都好；轴向尺寸较小，摩擦功耗较少；使用寿命长等。因此，在高温、高压和高转速的泵上得到了广泛应用。这种密封的缺点是：结构较复杂，制造精度要求高，价格偏贵，安装技术要求高等。

通过两种方式相比较，前者结构简单，价格低，但密封效果差；后者结构复杂，精密，造价高，但密封效果好。因此，机械密封主要用在一些密封要求较高的场合，如输送酸、碱、易燃、易爆、有毒、有害等液体时。但随着时代进步和技术发展，机械密封的使用越来越多。

8.3　IS、IH 型单级单吸离心泵拆装与维护要点

本项目主要任务是对图 8-9 所示结构进行拆装与调试，泵的类型采用 IS 和 IH 两种常见类型，这两种泵拆装要点如下。

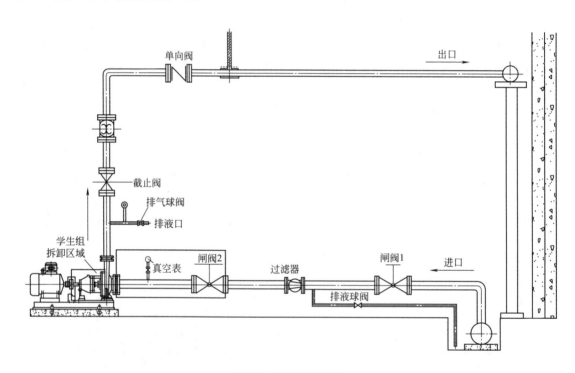

图 8-9　装置流程简图

8.3.1　IS 型泵的结构要点

该泵是根据 ISO 2858 所规定的性能和尺寸设计的，主要由泵体、泵盖、叶轮、轴、密封和悬架等部件组成。

泵采取后开门的结构形式，即泵体与泵盖的分界面在叶轮的背面，其优点是便于检修。泵体和泵盖构成泵的工作室。叶轮、轴和滚动轴承内圈等组成泵的转子。悬架和轴承外圈支承着泵的转子。为平衡泵的轴向力，大多数的叶轮前、后均设有密封环，并在叶轮的后盖板上开有平衡孔。

轴承：两个单列向心球轴承装在悬架内，支承泵轴及轴上零件的重力，承受泵的轴向力和径向力。

轴封：采用填料密封以防止进气或漏液。在轴的轴封处装有可更换的轴套，以保护泵轴。在轴套与轴之间装有O形密封圈，防止沿配合表面进气或漏液。

传动：泵通过联轴器由电动机直接驱动。从电动机端看，泵沿顺时针方向旋转。

IS型系列单级单吸（轴向吸入式）泵，适用于工业和城市给排水及农业排灌。输送介质为温度不高于80℃的水或物理、化学性质类似于水的其他液体。

8.3.1.1 IS型泵的装配与拆卸

在装配前应首先检查零件有无损坏或缺陷，并擦干净后方可进行装配。

① 先将O形密封圈、纸垫、毛毡等放置在相应的零件上。

② 将后密封环、填料、填料环、填料压盖等依次装到泵盖上，将前密封环装到泵体上。

③ 将滚动轴承装到轴上，然后装到悬架上，合上轴承盖，并在轴上套上挡水圈。

④ 将轴套装到轴上，接着将泵盖装到悬架上，然后将叶轮、弹簧垫圈、叶轮螺母等装上并拧紧，最后将上述组件装到泵体内。

IS型泵的拆卸顺序与装配顺序相反。

8.3.1.2 IS型泵的安装

泵的安装质量对泵的运行和寿命有重要影响，所以安装和校正时必须仔细。

① 把底座水平地安装在地基上，用地脚螺栓锁死。

② 检查和调整水泵与电动机轴心线的重合度。

③ 泵的出口管径应适当扩大，并以锥管与泵法兰相接，管路重量不得直接加在泵上。

8.3.1.3 IS型泵的使用与保养

① 检查泵的转向。

② 启动前应向泵与吸入管路灌满水，吸入管路不准有存气或漏气现象。

③ 水泵初运行100h后，更换润滑脂，以后每40h清洗换脂。

④ 泵运转时，填料不得压得过紧或过松，应以每分钟60滴的漏量为宜。

⑤ 轴承使用温度不超过80℃。

⑥ 泵运转中，如发现有异常声响，应立即停车检查。

⑦ 对于水泵，如环境温度低于0℃，停车后应将泵内水放出。

⑧ 若长期停止使用泵，应将泵拆洗上油，并妥善保管。

8.3.2 IH型泵的拆装与维护要点

IH型化工泵的主要零部件有泵体、叶轮、密封环、叶轮螺母、泵盖、密封部件、中间支架、轴、悬架等。泵的旋转方向从驱动端看，为顺时针方向旋转。

泵体是轴向吸入、径向排出、脚支承式，可直接固定在底座上。悬架部件通过止口固定在中间支架上，并用悬架支架支承于底座上。为方便拆卸，设计了加长联轴器。检修时可以不动进出口连接管路、泵体和电动机，只要拆下加长联轴器的中间连接件，即可取出转子组件进行检修。

8.3.2.1 IH型泵的拆卸顺序

① 拧下泵体上的放液管堵和悬架上的放油管堵，放净泵内的液体及悬架内储油室的存

油，如有外引液密封管路的，应拆下。

② 拆开泵体与中间支架的连接螺栓，将中间支架、悬架部件等全部转子组件从泵体中取出。

③ 松开叶轮螺母，取出叶轮和键。

④ 将泵盖连同轴套、机械密封端盖及机械密封等组件一起从轴上取下，此时应注意勿使轴套与泵盖相对滑动。

⑤ 拆下中间支架和悬架支架。

⑥ 拆下悬架两端的轴承前、后盖，再把轴连同轴承一起从悬架中取出。

⑦ 拆开轴承与轴。

8.3.2.2　IH 型泵的装配

泵的装配顺序基本上可按照拆卸顺序的反方向进行。但装配时要检测各密封面垫片应完好，并注意切勿漏装垫片并且要更换不完整的垫片。

8.3.2.3　新泵的安装

① 用于化工企业等生产单位的 IH 泵，一般都是 24h 连续运转，生产周期不间断，泵就长期连续运转，故开箱后检查泵和电动机，如没有任何因运输过程造成的损坏，出口封盖完好，则不必重新拆卸和装配，直接送到现场去安装。

② 按照泵的安装图纸要求进行泵的混凝土基础施工，应用水平仪找平安装泵的基础平面，待基础混凝土凝固后，将泵安装放在基础上，并用水平仪检查泵和电动机轴的水平情况。

③ 为保证地脚螺栓安装位置准确，一般需要进行二次灌浆，即在泵的安装位置确定后再用混凝土固定地脚螺栓。在二次灌浆混凝土干固后，检查底座和地脚螺栓孔眼是否松动，合适后拧紧地脚螺栓。

④ 在电动机、泵和底座重新安装的情况下，严查泵轴和电动机轴的同心度。

⑤ 泵的吸入管路和排出管路应有各自的支架，不允许管路的重量直接由泵来承受，以免把泵压坏或使泵的轴线产生移位。

⑥ 泵的安装位置高于液面时，应在吸入管路的吸液端装上底阀（一种单向阀）。并在排出管路上设置灌液口和阀门，供启动前灌泵使用。

8.3.2.4　IH 型泵的运行维护

（1）启动

① 准备必要的工具。

② 检查悬架体储油室之油位，控制在油位计中心线 2mm 左右的位置。

③ 检查电动机的转动方向是否正确，严禁反转。

④ 用手转动联轴器，应感到轻松且轻重均匀。

⑤ 如泵的安装位置低于液面，启动前应打开吸入管路的闸阀，使液体充满泵内；如泵的安装位置高于液面，启动前要灌泵或抽空气，使泵内和吸入管内充满液体，排净泵内空气。

⑥ 关闭进、出口压力计及出口管路闸阀，启动电动机开进出口压力表，打开出口管路闸阀到所需要的位置。

（2）运转

① 经常检查泵和电动机的温升情况，轴承的温升不应大于 75℃。

② 经常注意悬架体中储油室油位的变化，控制在规定范围内。为保持油的清洁和良好的润滑，应根据现场使用的实际情况，定期更换新油。

③ 运转过程中，发现有不正常的声音或其他故障时应立即停车检查，待排出故障后才能继续运行。

④ 不允许用吸入管路上的闸阀来调节流量，以免产生汽蚀。

⑤ 泵不能在低于30％设计流量下长期运行，如必须在该条件下使用，应在出口管路上安装旁通管，使泵的流量达到使用范围。

（3）停车

① 慢慢关闭出口管路闸阀，停止电动机。

② 关闭进、出口压力计，对于启动前要灌泵的还要关闭吸入管路闸阀。

③ 如环境温度低于液体凝固温度，要放净泵内液体，以防冻裂。

④ 对于长时间停止使用的泵，要用清水冲洗干净，并将泵的进、出口密封后妥善保存。

8.3.2.5 IH 型泵使用机械密封时的注意事项

① 一般机械密封适用于清洁、无悬浮颗粒的介质中。对安装的管路系统和储液罐，应认真冲洗干净严防固体杂质进入机械密封端面而使密封失效。

② 在易结晶的介质中，使用机械密封时要注意经常冲洗。

③ 拆卸机械密封时应仔细，不许动用手锤、铁器敲击，以免破坏动、静环密封面。

④ 如有污垢拆不下来，不要勉强去拆，应设法清除污垢，冲洗干净。

⑤ 安装机械密封前应检查所有密封元件，如果有失效和损坏的，应重新更换。

⑥ 严格检查动环与静环的对磨密封端面，不允许有任何划伤、碰破等缺陷。

⑦ 装配中要注意偏差，紧固螺钉要均匀拧紧避免发生偏斜，使密封失效。

⑧ 正确调整弹簧的压缩量，使其不致太紧或太松（改进后新型号的 IH 型泵往往用轴套上的阶梯进行弹簧座的轴向定位，一般不需要调整弹簧的压缩量）。

⑨ 对有外部冲洗的机械密封，启动前应先开启冲洗液使密封腔内充满密封液；停车时，先停车，后关闭密封冲洗液。

8.4　IH 泵的拆装与运行操作

8.4.1　拆卸

如果所拆卸的泵上安装有各种监测用的传感器，为保证传感器的完好，在拆卸泵之前必须先拆卸泵体上的传感器及其接口（此时可进行放油工作，也可在后续工作中放油）。

（1）管路与阀门拆卸（参见图 8-9）

① 关闭出口截止阀及进口第一个闸阀1，打开进口第二个闸阀2、排液球阀及排气球阀及排尽管路中残余液体（同时可进行泵拆卸中的1～3步骤，排液后可同步进行泵拆卸中的后续步骤）。

② 在进口管路上，从主管线进口第一个闸阀2进口处至泵进口法兰处，拆卸各连接法兰，取下管路与阀门（管路上压力表不拆卸，故管路应竖直摆放）。

③ 阀门拆卸。铜棒敲击锁母并卸下，后取下手轮；卸下铜套，并打开填料压盖（由于

压盖螺栓是销连接，为避免销损耗，故连接螺栓不用取下）。拆分阀体与阀盖，利用阀杆取出阀芯（此项工作也可在阀门拆卸最初进行）。用铜棒轻敲阀杆顶部，卸下阀杆；用一字螺丝刀小心逐个取出若干填料。

④ 检查零件。

（2）泵的拆卸

① 打开联轴器外罩。

② 拆下联轴器并取出。

③ 拆下悬架体上的放油管堵，并排尽润滑油。

④ 拆下进、出口连接螺栓及支架螺栓，用顶起螺栓（M10×50）打开泵盖，取出泵主体结构。

⑤ 从叶轮处依次拆下锁紧螺母、叶轮、泵盖（含机封）、悬臂支架、轴承端盖，从联轴器处依次拆下联轴器、轴承端盖。

⑥ 用套筒垫在轴承内圈上（或可拧上锁紧螺母垫上铜棒）敲击，将轴承连同主轴一起从轴承箱中取出。

⑦ 机封拆卸时，轴套上除调节弹簧比压的定位环与紧定螺钉外，其余均需卸下（此项可在①至⑤之后即可随时进行）。

⑧ 检查零件。

拆卸操作中注意事项如下。

① 扳手使用基本原则：在梅花扳手、套筒扳手或活动扳手等扳手都可以使用时，应优先选用梅花扳手。

② 泵体与泵盖拆分时应使用启盖螺钉。

③ 拆卸叶轮锁紧螺母时应一端用小 F 扳固定联轴器，另一端用套筒扳手旋下。

④ 拆卸叶轮时应使用两斜铁插入叶轮与泵盖背隙，两侧同时敲击，在叶轮松动时将其撬出。

⑤ 使用机械拉马拆卸联轴器。

（3）填写零件检查记录表

如果是技能考核，则在泵、阀拆卸完毕后向考评员举手示意完成，考评员停止计时，随后检查，并收回零件检查记录表；之后可示意考生进行第二阶段工作，并继续计时。如果是技能竞赛，选手应在泵、阀拆卸完毕后向裁判员举手示意已经完成，裁判员停止计时，随后检查，并收回零件检查记录表；之后可示意考生进行第二阶段工作，并继续计时。

8.4.2　装配

管路、阀门的组装可与泵装配安装同步进行。

（1）管路与阀门组装

① 阀门组装。阀杆套入阀盖内并逐个装入填料；压上填料压盖并锁紧；阀盖与阀体组装；旋入铜套，安装手轮，锁紧螺母。

② 将管路与泵进口连接。

③ 将阀门与管路连接。

（2）泵装配

① 将轴承连同主轴一起装入轴承座中。

② 两侧轴承端盖安装。

③ 机封安装（多人合作时可在此之前随时进行）。

④ 从叶轮处依次安装泵盖（含机封）、叶轮、锁紧螺母，另一端安装联轴器。

⑤ 将泵主体结构与泵壳连接，最后拧紧进、出口连接螺栓及支架螺栓。

（3）装配检查

泵、阀安装完毕后向考评员（裁判员）举手示意完成（考评员或裁判员停止计时，随后检查，之后可示意考生进行第三阶段工作，并继续计时）。

8.4.3　联轴器找正

① 目测联轴器偏移是否过大，若偏移较大，可预先进行初步调整。

② 安装百分表架，并固定好百分表。

③ 测量、画图、计算、调整（在此项过程中，主要对电动机一端进行上下左右调整。另外，铜皮必须剪成 U 形或凹槽状，矩形铜皮易使电动机基础应力过大造成断裂）。

④ 找正完毕后向考评员（裁判员）举手示意完成（考评员或裁判员停止计时，随后检查，然后示意考生进行第四阶段工作）。

8.4.4　试车与停车

① 手动盘车，检查泵轴运转灵活度。

② 罩上联轴器外罩。

③ 对于进口管路，打开进口两个闸阀，关闭排液球阀；对于出口管路，关闭截止阀，打开排气球阀，随即开始灌泵；排气球阀出水稳定后关闭该阀（此项工作可与前两项同步进行）。

④ 向控制室（或现场指挥）发出开泵信号，并等待控制室（或现场指挥）给出许可指令。

⑤ 待控制室（或现场指挥）给出许可后，点动泵检查泵运转方向。

⑥ 泵运行并逐渐打开出口阀直至开满（运行时间在 1min 左右；若安装有在线运行监测系统，则启动振动测量程序，3min 后振动测量结束）。

⑦ 等待考评员（或裁判员）给出关泵指示，逐渐关闭出口截止阀，随后关闭泵，最后关闭两个进口闸阀。

运行结束后，收拾工具，清理现场。如果是技能考核，则通过考评员清点核对工具，并领取"工具归还回执单"；如果是技能竞赛，按照竞赛规则完成工具归还。然后离开鉴定（或竞赛）现场。

注意：在整个拆装过程严禁将主轴两头着地或直接用工具敲击，否则视为工具使用不正确；各螺栓应对称拧紧，并由一人完成最后拧紧工作，否则视为装配工序错误；鉴定计时共3h，到时间未完成的考生所剩评分项目分值全部扣除；造成传感器损坏的，除照价赔偿外，扣除振动测量 5 分分值。

8.5　考核评分细则（检查与评估）

8.5.1　评分细则表

工位号：＿＿＿＿＿＿＿＿　鉴定总耗时：＿＿＿＿＿＿＿＿　考评员签字：＿＿＿＿＿＿＿＿

项目	考核内容	扣分标准	扣分	违规记录
拆卸检查与记录（33分）t_1:	拆卸顺序正确（8分）	拆卸顺序不合理,每错一次扣2分,直至扣完		
	记录与检查项目齐全(14分)	未检查、记录阀门两密封面是否完好扣1分		
		未检查、记录阀门垫片与填料完好各扣1分(共2分)		
		未检查、记录法兰密封垫圈完好扣1分		
		未检查、记录轴承是否完好,滚动是否灵活各扣1分(共2分)		
		未检查、记录机封密封面扣1分		
		未检查、记录其他机封件完好情况扣2分		
		未检查、记录泵体上各垫片完好情况分别扣0.5分,直至扣完(共2分)		
		未检查、记录叶轮是否完好扣1分		
		未检查、记录泵轴是否完好扣2分		
	零部件的清洗（6分）	轴承未清洗扣1分		
		机封件未清洗扣1分		
		轴承座未清理扣1分		
		其他轴上各配合面未清理各扣1分(联轴器、轴套、叶轮共3分)		
	工具使用正确合理(2分)	不正确合理使用工具每次扣0.5分,直至扣完		
	零部件摆放整齐干净(2分)	摆放杂乱扣1分		
		无垫层扣1分		
	工具摆放整齐（1分）	摆放杂乱扣1分		
装配与检查（22分）t_2:	安装工序正确（16分）	机封面未加油扣2分		
		轴承内、外圈及滚子未加油扣2分		
		装配工序不合理每错一次扣2分,直至扣完(共8分)		
		最终每漏装或装错一件零件扣2分,直至扣完(共4分)		
	工具使用正确（2分）	工具使用不合理每次扣0.5分,直至扣完		
	装配结束整机检查(4分)	运转不灵活扣2分		
		有摩擦声扣2分		

项目	考核内容	扣分标准	扣分	违规记录
泵联轴器的找正（20分）t_3：	架表正确牢固（2分）	安装不牢固扣1分		
		表量程调节不合理扣1分		
	画联轴器计算图（4分）	记录不正确每处扣2分，直至扣完（共4分）		
	计算垫片调整量（6分）	无计算公式或公式不全扣1分		
		计算不正确扣1分		
		调整不达标每处扣1分（共4分）		
	读数准确，记录正确（6分）	每错一处扣2分，直至扣完		
	垫片使用合理（2分）	垫片大小、形状不合理扣1分		
		垫片数量不合理扣1分		
开车前准备、试车与停车（20分）	油位检查（3分）	未加润滑油全部扣除		
		不检查油位扣1分，油位不正确扣1分		
	盘车（2分）	开车前不盘车扣2分		
	灌水（2分）	不排气全部扣除		
		灌泵不完全扣1分		
	检查阀门开闭情况（2分）	除出口阀其余未检查、未打开，扣1分		
		开车前出口阀未检查、未关闭，扣1分		
	试转向（1分）	未点动泵试正反转扣1分		
	开车（8分）	阀门泄漏扣1分		
		管路法兰连接处泄漏扣1分		
		开车后未及时打开出口阀，扣1分		
		泵体振动异常扣1分		
		泵体响声异常扣1分		
		泵体漏油扣1分，漏水扣1分		
		压力表、真空表显示异常扣1分		
	停车（2分）	停车前未关闭出口阀扣1分		
		停车后未关闭其余阀门扣1分		
设备在运行状态下振动分析（5分）	径向振动（5分）	按监测图谱对照标准值通过百分比值确定		

8.5.2　考核评分表说明

项目	考核内容	扣分标准	说　明
拆卸检查与记录	拆卸顺序正确	每错一次扣2分,直至扣完	
	记录与检查项目齐全	未检查、记录阀门两密封面是否完好	阀体与阀芯两对接触面
		未检查、记录阀门垫片与填料是否完好	包括阀盖垫圈与填料两方面
		未检查、记录法兰密封垫圈是否完好	四个法兰橡胶密封垫
		未检查、记录轴承是否完好、滚动是否灵活	包括轴承完整,轴、径向无松动,转动灵活
		未检查、记录机封密封面	密封面有无划伤或划痕
		未检查、记录其他机封件完好情况	包括动环、静环、弹簧、O形圈
		未检查、记录泵体上各垫片完好情况	含叶轮垫圈、锁母垫圈、机封盖垫圈、泵盖垫圈
		未检查、记录叶轮是否完好	包括叶轮是否完整、有无变形
		未检查、记录泵轴是否完好	轴两端有无变形或损伤、轴有无弯曲
	工具使用正确合理	不正确合理使用工具	在保护好零部件的基础上,能否方便拆卸
	零部件摆放整齐干净	摆放杂乱	零件应摆放整齐有序
		无垫层	应垫上一层白棉布
	工具摆放整齐	摆放杂乱	工具应整齐有序地摆放在垫层或工具箱内
	零部件的清洗	机封件未清洗	包括动环、静环、弹簧、O形圈
		轴承未清洗	包括轴承内、外圈及滚子的清洗
		轴承座未清理	尤其是与轴承配合的两个面孔的清洗
		其他轴上各配合面未清理	包括轴与联轴器、轴套、叶轮之间的配合
装配与检查	安装工序正确	机封面未加油	指动环与静环的接触面
		轴承内外圈及滚子未加油	整个轴承应有润滑油的浸泡过程
		装配工序不合理	
		最终没漏装或装错零件	在考评员检查时发现的,同时要求考生返工修复,并计入鉴定时间
	工具使用正确	工具使用不合理	在保护好零部件的基础上,能否方便装配
	装配结束整机检查	运转不灵活	在考评员检查时发现的,同时要求考生返工修复,并计入鉴定时间
		有摩擦声	在考评员检查时发现的,同时要求考生返工修复,并计入鉴定时间

续表

项目	考核内容	扣分标准		说　明
泵联轴器的找正	架表正确牢固	安装不牢固扣 1 分		卡环不紧、表定位不够、表松动、表旋转脱离支架
		表量程调节不合理扣 1 分		表应调节 1.5mm 左右,便于有 ±1.5mm 偏差
	画联轴器计算图	图形不正确每处扣 2 分,直至扣完		
	计算垫片调整量	无计算公式或公式不全扣 1 分		
		计算不正确扣 1 分		
		调整不达标每处扣 1 分	按考评员表读数:径向偏移≤0.1mm,轴向偏移≤0.1mm;以 a_1、s_1 为 0 基准: $\|a_1-a_3\|\leqslant0.1$mm, $\|a_2-a_4\|\leqslant0.1$mm;同时,$a_2\leqslant\pm0.1$mm,$a_4\leqslant\pm0.1$mm $\|s_1-s_3\|\leqslant0.1$mm, $\|s_2-s_4\|\leqslant0.1$mm;同时,$s_2\leqslant\pm0.1$mm,$s_4\leqslant\pm0.1$mm	
	读数准确,记录正确	每错一处扣 2 分,直至扣完		a_2:1分　　a_4:1分　　a_3:1分 s_2:1分　　s_4:1分　　s_3:1分
	垫片使用合理	垫片大小、形状不合理扣 1 分		垫片呈 U 形或凹槽状分别垫在电动机地脚螺栓两侧
		垫片数量不合理扣 1 分		垫片数量≤4 片
开车前准备、试车与停车	油位检查	未加润滑油全部扣除		在考生举手申请启动前,考评员应及时提醒考生,除扣分外还应完成所有准备工作,并同时计入鉴定时间
		不检查油位,油位不正确		
	盘车	开车前不盘车		
	灌水	不排气全部扣除		
		灌泵不完全		
	检查阀门开闭情况	除出口阀其余未检查、未打开		
		开车前出口阀未检查、未关闭		
	试转向	未点动泵试正反转		可通过联轴器或电动机散热叶片转向判定
	开车	开车后未及时打开出口阀		除扣分外提醒考生完成此项工作,并通过现场工作人员对其重新进行振动监测评分,同时计入鉴定时间
		管路法兰连接处泄漏		①扣分不修复 ②若考生要求修复,则必须按规范进行,修复好后不扣分,并计入鉴定时间;若超时则必须停止工作,停止后未完成工作的分值全部扣除 ③进口真空表数值在出口阀未打开时为 5~15kPa,在出口阀打开时为 -10~-20kPa ④出口压力表数值在出口阀未打开时为 0.08~0.09MPa,在出口阀打开时为 0.17~0.18MPa
		阀门泄漏		
		泵体振动异常		
		泵体响声异常		
		泵体漏油、漏水		
		压力表、真空表显示异常		
	停车	停车前未关闭出口阀		出口有一个截止阀
		停车后未关闭其余阀门		进口有两个闸阀
设备在运行状态下振动分析	径向振动	按监测图谱对照标准值通过百分比值确定		无须考评员评定

8.5.3 零部件检查记录表

工位号：_____   鉴定时间：_____年_____月_____日_____～_____时

检查记录：

缺陷处理方法（简）：

8.6 泵检修能力的学习提高

泵经过一段时间使用以后，其运行状态有可能改变，例如表现在现象上扬程有所下降、温度有上升、振动感觉有增强、有可能出现噪声等，是单纯出现磨损还是故障？所以需要进行检修。那么，问题来了：第一类问题是泵的常见故障有哪些？如何从运转时泵出现的某种现象判断分析可能是哪一种故障？第二类问题是如何检修？用何方法克服故障，并恢复正常状态？这是需要我们进一步学习、进一步在实践中增长技能和经验的。在已经经历的学习（包括实训）中，已经能够通过拆装、清洗、检查、重新正确地安装以及正确地进行联轴器找正等工作，来消除一部分故障。但是在拆卸、检查的过程中，要不要检查叶轮进口处密封的间隙（即口环检测）？要不要检测泵轴是否有弯曲？如何检查？要用到哪些检测工具或量具？若有问题如何修复？这些都需要经过进一步的学习实践来提升应对能力和提高技能水平。这里有两方面的能力需要提高，一方面是拆检和修复能力，例如口环间隙的检查和安装时口环间隙的调控，再例如泵轴是否有弯曲的检测（同轴度检测）和泵轴的校直（此两例技能可以在本实训的后续延伸训练中练习解决）；另一方面是面对运转时的不良现像预判可能是什么故障的能力。这需要不断磨炼增长实际经验。表 8-3 给出了离心泵常见故障及处理方法。

表 8-3 离心泵常见故障及处理方法

序号	故障现象	故障原因	处理方法
1	流量扬程降低	①泵内或进液管内存有气体 ②泵内或管路有杂物堵塞 ③泵的旋转方向不对 ④叶轮流道不对中	①重新灌泵，排除气体 ②检查清理杂物 ③改变旋转方向 ④检查、修正使流道对中
2	电流升高	转子与定子碰擦	解体修理
3	振动增大	①泵转子或驱动机转子不平衡 ②泵轴与原动机轴对中不良 ③轴承磨损严重，间隙过大 ④地脚螺栓松动或基础不牢固 ⑤泵抽空 ⑥转子零部件松动或损坏 ⑦支架不牢引起管线振动 ⑧泵内部摩擦	①转子重新平衡 ②重新找正 ③修理或更换 ④紧固螺栓或加固基础 ⑤进行工艺调整 ⑥紧固松动部件或更换 ⑦管线支架加固 ⑧拆泵检查消除摩擦
4	密封泄漏严重	①泵轴与原动机对中不良或轴弯曲 ②轴承或密封环磨损过多形成转子偏心 ③机械密封损坏或安装不当 ④密封液压力不当 ⑤填料过松 ⑥操作波动大	①重新校正 ②更换并校正轴线 ③更换检查 ④比密封腔前压力大 0.05~0.15MPa ⑤重新调整 ⑥稳定操作
5	轴承温度过高	①轴承安装不正确 ②转动部分平衡被破坏 ③轴承箱内油过少、过多或太脏变质 ④轴承磨损或松动 ⑤轴承冷却效果不好	①按要求重新装配 ②检查消除 ③按规定添放油或更换油 ④修理更换或紧固 ⑤检查调整

*9

管阀加工与安装

管道是化工装备的重要组成部分，原料及其他辅助物料从不同的管路进入生产装置，加工成产品，然后进入罐区，最后外输或外运，所以保持管路的畅通是保证化工生产正常进行的重要环节。阀门是一种通用机械产品，也是化工管道中常用的重要附件，在管路中起切断或连通管内介质的流动、调节其流量和压力、改变或控制其流动方向等作用。对管路进行加工、安装，对管路中的阀门进行安装和维修，是化工生产需要的工作。

9.1 管阀加工与安装实训项目的主要要求

9.1.1 实训内容要求

① 要求学员在规定时间内完成若干阀门（如球阀、闸阀、截止阀、旋塞阀、安全阀等）的拆装。

② 要求学员在规定时间内完成管子加工与管路的安装。

③ 要求学员在规定时间内完成管路的试压。

④ 学员根据给定的管子加工和阀门拆装用工具、管子、管件、阀门、管架等，根据管路加工图要求，按加工图列出领料清单，并到货架处选择正确的规格和数量。

⑤ 管路加工及质量要求：管子与弯头、三通、异径管、阀门等采用螺纹连接，各连接部分必须连接密封可靠；采用皮管对管路进行试压，试压步骤正确，操作无误。

9.1.2 实训技能要求

要求学员在规定时间内完成阀门拆装及管路加工、安装与试压，具体要求如下。

① 能根据现场提供的管路加工图和阀门拆装要求，准确列出所需的工具、耗材、阀门等清单，并能按清单要求正确领取物件。

② 能按要求对各种不同的阀门进行拆装，动作熟练，工具选用正确。

③ 能按加工图正确进行管子的加工，尺寸误差限制在允许的范围内。

④ 能对组装好的管路进行试压。

⑤ 能遵守阀门拆装和管路加工过程中的安全规范。

9.1.3 职业素质要求

① 具有团队协同合作精神、全局观念、协作观念。

② 遵守纪律，爱护实训工具和设备。

③ 具有爱岗敬业、钻研精业、系统思考的品质。

④ 符合 7S 操作规范。

9.2 管 子 加 工

9.2.1 管子的切割

切割管子可采用往复式锯床、圆盘锯床、各种手动工具等，也可采用气割或砂轮切割。用手动工具切割时，把管子夹紧在龙门式管虎钳上（图 9-1）。小直径的管子可用切管器来进行切割（图 9-2）。切割前，先按管子直径调整滑动支座上的两只压紧滚轮和弯臂上的一只切割滚轮之间的距离。切割时，向旋紧方向旋转切管器手柄一定角度，此时通过螺杆、滑动支座，由压紧滚轮对管壁产生压紧作用，并能切入管壁一定深度，然后将整个切管器绕管子旋转切割，使管子四周壁上都切至同一深度。重复上述操作，直到管子切断为止。用此法切断的管子，在其内壁上易起毛刺，必须用锉刀进行修整。对于大直径的管子，可用普通的手锯来切割。手工切管效率较低，只适用于少量管子的切割；在大批量管子切割时，往往采用往复式锯床、圆盘锯床、气割或砂轮来切割。

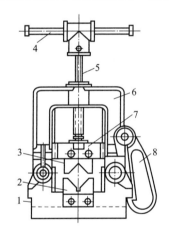

图 9-1 龙门式管虎钳

1—底座；2—下虎牙；3—上虎牙；4—手把；
5—丝杠；6—龙门钳；7—滑动块；8—弯钩

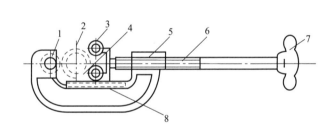

图 9-2 切管器

1—切割滚轮；2—被割管子；3—压紧滚轮；4—滑动
支座；5—螺母；6—螺杆；7—手柄；8—滑道

9.2.2 管子的套螺纹

管子的套螺纹是指在管子端头切割管螺纹的操作。一般水煤气钢管都制有圆柱管螺纹，这种螺纹比普通螺纹细而浅，所以不至于明显降低管壁的强度。

对于直径为 1/8″～6″ 的管子，除了可用圆柱管螺纹接合外，也可用圆锥管螺纹。

圆锥管螺纹的直径从外端到里端是逐渐增大的，它有 1/16 的锥度。圆锥管螺纹中直径等于相同公称直径的圆柱管螺纹的截面称为基面。基面将圆锥管螺纹分成两部分，第一部分的直径小于圆柱管螺纹的直径，而第二部分的直径则大于圆柱管螺纹的直径。由此可见，假如把带有内圆柱管螺纹的内牙管拧在具有圆锥管螺纹的管子上，则用手可以自由地把内牙管拧上，直到内牙管的端面与基面吻合为止，再用手拧就不可能拧入了。

带有内圆锥管螺纹的内牙管的基面位于其端面上。因此，假如把它拧在具有圆锥管螺纹的管子上，则该内牙管的端面仅可用手自由地拧到与基面吻合的地方为止。当继续用管子扳手拧内牙管时，则所有的螺纹将成为带过盈的配合（落尾除外），因此可以得到绝对严密的连接，而无须密封填料。由于圆锥管螺纹具有这些优点，所以被广泛应用。圆锥管螺纹只能在车床上进行切割。

在管子上用手动工具套圆柱管螺纹时，多半是采用嵌有活络板牙的管子板牙架（图9-3），它主要由具有手柄的板牙架体和四块平板牙组成。这种板牙架可以切削直径为 $1/2''\sim2''$（13～50mm）的圆柱管螺纹。它有三副平板牙，一副切削直径为 $1/2''\sim3/4''$（13～19mm）的管子，一副切削直径 $1/4''\sim5/4''$（25～32mm）的管子，一副切削直径 $3/2''\sim2''$（40～50mm）的管子。

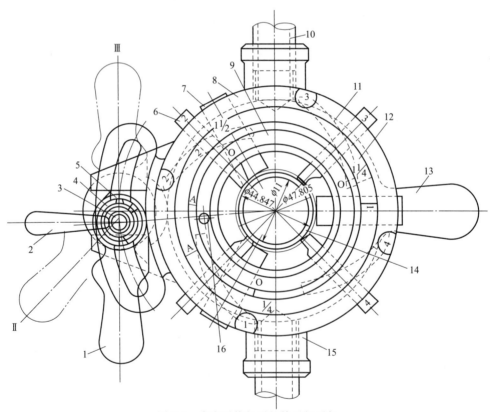

图 9-3 嵌有活络板牙的管子板牙架

1—合拢和撑开四块平板牙用的手把；2—夹紧面板用的手把；3—带有夹紧螺栓的偏心滑块；4—垫圈；5—定位钢珠（一只）；6—平板牙；7—定心与导向用的滑动支撑；8—面板；9—固定刻度环（刻有四条基准线）；10—手柄（3/4″的钢管）；11—面板反面四条阿基米德螺旋线形的导轨（供调节四块平板牙之用）；12—面板上的刻度环（刻有 1/2″、3/4″、1″、5/4″、3/2″、2″六种管螺纹的刻度线）；13—合拢和撑开三块滑动支承用的手把；14—被套螺纹的管子；15—板牙架体；16—紧固螺钉

板牙架的结构特点是板牙架体内的四块平板牙既能同时向中心合拢，又能同时撑开。在板牙架内有专用的回转部分——面板，借助于面板反面的四条平面（阿基米德）螺旋线形成

的导轨，可以使四块平板牙作径向移动。

在板牙架内除了有四块平板牙以外，还有三块可调节的用来确定中心以及导向用的滑动支承，套丝时用以保证板牙架在管子上的正确位置（即板牙架中心线与管子中心线重合）。这三块滑动支承是靠手把来调节位置的，因为手把与一个带有平面（阿基米德）螺旋线的圆环铸成一个整体，而这一个圆环借助于三块滑动支承上的牙齿相啮合，所以手柄作正向或反向旋转时，就能使三块滑动支承同时向中心合拢或撑开（这与车床上的三爪卡盘的工作原理相同）。

套丝前先应精确地调整好平板牙的位置。调整时必须首先将手把放置在"Ⅰ"位置，然后松开手把，并根据所需的圆柱管螺纹的直径转动面板，使面板刻度环上所需的刻度线对准固定刻度线上的基准线（0线）。最后，拧紧手柄，使面板与带有夹紧螺栓的偏心滑块固结在一起。平板牙的位置调整好后，将手把由"Ⅰ"的位置旋转到"Ⅲ"的位置，则通过带有夹紧螺栓的偏心滑块带动面板旋转，使四块平板牙从正常工作位置上退出来（撑开），以便套丝时能将板牙架套入到管端。

套丝时，把管子的一端夹紧于龙门式管虎钳内，并用废机械油或润滑脂润滑管子需要套丝的部分。然后，在管端套上板牙架，并利用手把来定中心的位置（即用三块滑动支承夹持管子），同时使平板牙上带有15°倒角的两三个切削牙齿对准管端，再将手把由"Ⅲ"的位置转到"Ⅱ"的位置，使平板合拢，以便进行第一遍套丝（其切削深度为1/2~2/3牙形高）。第一遍套好后，不可将板牙从管子上旋下，应该将手把转到"Ⅲ"的位置，使四块平板牙撑开，这样便可很方便地从管子上取下板牙架。然后，将手把从"Ⅲ"的位置转到"Ⅰ"的位置，使板牙合拢，以便进行第二遍套丝（其切削深度约为全牙形高）。手把的位置可以用钢珠来定位。

凡直径在1″以下的管螺纹必须套第二遍，直径在1″以上的管螺纹必须套三遍，才可以套出良好的螺纹。如果板牙磨钝，则必须套四遍甚至五遍，才能套出好的螺纹。

在每次重复套丝之前，必须用刷子仔细地清除套丝表面和平板牙螺纹内的切屑，重新用废机械油或润滑脂来润滑。板牙架绕管子旋转一周，一般分为四个动作，即每个动作最多转90°。若采用带棘轮手柄的管子板牙架，则手柄只要在一定的位置上作小角度的摆动即可。凡直径在3/2″以下的管螺纹，只要一人套丝，要是直径较大就得用两人套丝。

当需要更换平板牙时，必须将面板刻度环上的刻度线对准固定环上的基准线，此时螺旋线导轨正好脱离平板牙上的缺口，所以四块平板牙可以从板牙架内的凹槽中取出，然后换上所需要的一副平板牙，但是要注意这四块平板牙的号码要与面板上的号码相符合，否则就不能套出合格的螺纹。

工作完毕后，必须仔细地揩擦板牙架和平板牙，洗去油污，用新的润滑油润滑板牙架。

9.2.3 管子的弯曲

管子的弯曲是管子加工中的一项重要工作。管子在弯曲时，其外侧管壁因受拉伸而变薄，其内侧管壁因受压缩而变厚，但中性层 $M—M$ 处不受力，因此长度和厚度都不改变。由于拉伸和压缩作用的结果，在弯管过程中管子截面有改变，其圆形有成为椭圆的趋势。此时椭圆的短轴是位于管子的弯曲平面 $B—B$ 上，而长轴在 $A—A$（图9-4）。从力学观点来看，管子的椭圆截面对内压力的抵抗能力是较劣于圆形截面的，因此在弯管时不许可有显著的椭圆变形。

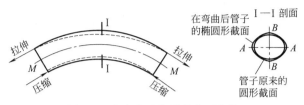

图 9-4   在弯曲时管子的截面变化

管子弯曲后，应达到的基本要求是：弯曲角度要准确；在弯曲处的外表面要平正、圆滑、没有皱纹；在弯曲处的横截面中要没有显著的椭圆变形。

弯管的加工方法可分为热弯和冷弯两种。

9.2.3.1   管子热弯

管子在加热状态下进行弯曲加工就称为热弯。管子热弯可分为无皱折热弯和有皱折热弯两种。

（1）无皱折热弯

无皱折热弯适用于公称直径为 400mm 以下的管子，其弯曲半径：中低压管路 $R \geqslant 3.5D$，高压管路 $R \geqslant 5D$。用沙子充满需弯曲的管内，以保证管子不被弯扁弯瘪了。主要操作包括划线、充沙、加热、弯曲、冷却和热处理等步骤。

（2）有皱折热弯

有皱折热弯适用于公称直径为 $100 \sim 600$mm 的管子，其弯曲半径 $R \geqslant 2.5D$。此法不适用于高压管的弯管。

有皱折热弯不需要充沙和加热炉，而只需要有弯管平台和氧乙炔焰焊炬等设备就可进行弯制。有皱折热弯的主要操作包括划线、加热和弯曲等步骤，现分述如下。

① 管子的划线。先根据管子的公称直径和弯曲半径可以查出皱折弯管的各项尺寸和皱折个数，然后在管子上进行划线，定出皱折的加热界限。

② 管子的加热和弯曲。管子划好线后，用氧乙炔焰焊炬将管子的皱折处局部加热到800℃，然后在弯管平台上弯曲。弯管时，其外侧应用水冷却。每加热好一个应弯成皱折的部位，就立即弯这个皱折，已弯好的皱折也应用水冷却。依此办法，直到全部的皱折弯完为止。

管子的每一皱折的弯角，是由皱折个数除总弯曲的角度而定的。例如，弯管的总弯曲角度为90°，皱折个数为6，则每一个皱折压缩的角度为15°。这个角度可用样板来检验。

9.2.3.2   管子冷弯

管子在室温状态下进行弯曲加工称为冷弯。冷弯适用于外径在 108mm 以内的管子，其弯曲半径 $R \geqslant 4D$。一般情况下，管子冷弯是不充沙的，可以在手动或机动的弯管机上进行弯管。

弯管机的种类很多，根据驱动方式的不同，可以分为手动弯管机、机动弯管机、液压弯管机几种。

对于细小管子，用图 9-5 所示的手动弯管机即可。对于一般小直径管子，用图 9-6 所示固定在工作台上的弯管机，扳转活动板进行弯管。这种手动弯管机能够弯制外径在 32mm 左右的无缝钢管和公称直径在 1″左右的水煤气钢管。

弯管的操作过程如下：把管子插入两轮模中间，使其一端放入台钳并夹住。然后拉手柄转动活动板，一直到弯到所需的弯曲角度为止。管子的最大弯曲角度可达180°。

机动弯管的原理和手动弯管一样，用机械力转动图 9-6 所示的活动板即可；或反之，将活动板固定，将固定管头的构件（在图 9-6 中是台钳）固定在轮模上和轮模一起转动。图 9-7 是一种普通的机动弯管机。液压弯管机及其工作原理如图 9-8 所示。

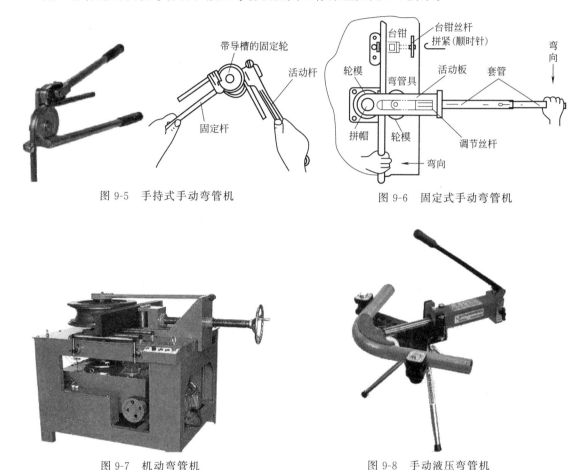

图 9-5　手持式手动弯管机　　　　　　图 9-6　固定式手动弯管机

图 9-7　机动弯管机　　　　　　图 9-8　手动液压弯管机

9.3　管路安装

　　管路的安装工作主要包括管路的连接、管架的安装、补偿器的安装、阀门的安装与研磨、管路的试压等工作。

9.3.1　管路的连接

　　管路上的管子与管子或管子与管件和阀门等之间的连接方法常用的有螺纹（丝扣）连接、法兰（突缘）连接、承插（插套）连接和焊接（熔焊、钎焊和胶合）连接等。

9.3.1.1　螺纹连接

　　螺纹连接只适用于水煤气钢管 [0.3～0.5MPa（表压）的水、蒸汽和压缩空气管路]。在水煤气钢管的两端外部都割有圆柱管螺纹，通过内牙管可以使管子与管子或管子与管路附件连接起来，并达到严密不渗漏的目的。

　　为了要使螺纹连接处严密不漏，必须在螺纹连接处加填料。若采用内牙管连接，在拆装时必须逐管逐件进行，故颇为不便。采用活管连接可以不转动两端的直管而能将连接处分开。活管接俗称"油令或活接头"，它是由两个主要环节、一个套合节和一个软垫圈组成的。两端主节各具有管螺纹，借以连接两段公称直径相同的管子，两主节之间放入软垫圈，并借中间的套合将两主节结合起来压紧垫圈，形成密封。

9.3.1.2　法兰连接

法兰连接在化工管路中的应用非常广泛，其优点是结合强度高、拆卸方便。化工管路中的法兰连接可适用的压力和温度条件比较宽泛，如由真空至数百个大气压、由低温至300～400℃。法兰的种类很多，且已标准化，使用时可按管子的公称直径和公称压力进行选择。

法兰连接在中低压管路和高压管路中的技术要求是有区别的。

（1）中低压管路的法兰连接

中低压管路上的法兰多采用焊接式法兰。法兰与管子连接时的技术如下。

① 法兰连接面与管子中心线要垂直。其垂直度可用法兰尺来进行检查。检查时，用塞尺测量法兰尺和法兰端面之间的间隙。此间隙即为法兰端面与中心线之间垂直度偏差，其值一般应≤0.5mm。

② 两个对接面的端面之间应互相平行。其平行度可以用塞尺来检查。

③ 法兰的密封表面必须加工光滑，不允许有辐射方向的沟槽或砂眼等缺陷。

安装带法兰的管路时，必须在两个对接法兰的密封面之间放置垫圈。该垫圈的内径不能小于管子的内径，其外径不应大于法兰螺栓孔里圈的直径，并在垫圈外侧留一把柄以便于安装。

常用垫圈的材料有橡胶板、石棉橡胶板、石棉板、纸板、金属缠绕式垫片、金属包式垫片等。

橡胶板有普通橡胶板（用于3个大气压、40℃以下的水管路）、耐酸碱橡胶板（用于−30～＋60℃、20％酸碱液管路），耐油橡胶板（用于−30～＋100℃的机械油、汽油、变压器油管路），耐热橡胶板（用于−30～＋100℃、压力不大的蒸汽、热空气管路）。橡胶板的厚度（单位为mm）有1、1.5、2、3、4、5、6、8、10等。

石棉橡胶板有高压、中压、低压、耐油四类（俗称红纸箔、灰纸箔、黑纸箔、油纸箔）。

石棉板适用于最大工作压力为1.5个大气压的蒸汽和热气体管路。纸板适用于油类管路。

金属缠绕式垫片和金属包式垫片系密封性能很好的新型垫片，填料为石棉橡胶板、石棉板等，缠绕钢带或包壳为镀锌铁皮，适用于压力不高于6MPa、温度不高于450℃的设备和管路的密封。

聚四氟乙烯垫片可用于−180～＋250℃的各种腐蚀性介质中。

垫片装入法兰间后，便可安装连接螺栓。拧螺栓螺母时，应对称成十字交叉式地进行，以便使垫圈各处受力均匀，保证法兰连接的紧密性。工作温度高于100℃的管路，螺栓的螺纹上应涂机械油与石墨粉的调和物，以免日久锈牢难以拆卸。

（2）高压管路的法兰连接

高压管路的法兰连接多用钢制的螺纹连接法兰，其连接螺纹应具有两级精密度，不应有伤痕、毛刺和裂纹。

高压管管端的密封面有平面型和锥面型两种。

高压法兰的连接螺栓一般用双头螺柱连接。两个高压法兰的端面要保证互相平行，其平行度偏差应小于 0.3mm；两个高压法兰的轴向中心线要保证同轴，其同轴度偏差在 0.3～0.5mm。

9.3.1.3　承插连接

承插连接已较多用于塑料管路上，部分取代了以前的铸铁管、陶瓷管、玻璃管管路。

承插连接时，插口和承口接头处要有密封措施，并留有一定的轴向间隙，用来补偿管路的热伸长。

承插连接常用于下水管路上，其特点是：难于拆卸，不便修理；相邻两管稍有弯曲时，仍可维持不漏；连接不甚可靠，压力不宜过高。

9.3.1.4　焊接连接（对焊）

焊接连接在化工管路中的应用十分广泛，其优点是连接强度高、气密性好。焊接连接可用于各种压力和温度条件下的管路上，特别是在高压管路中焊接连接已日益增多。

碳钢管中低压管路的焊接一般采用电弧焊接。焊接前，坡口及其周围 10～15mm 范围内的内、外表面，应除净铁锈、泥垢和油污等，直到露出金属光泽，然后组对管子，以保证两段管子在同一中心线上。焊接时，首先用点焊定位，焊点在圆周均布，然后经检查其位置正确方可正式焊接。高压管路中应尽可能以焊接来代替法兰连接，其电弧焊接需用直流电焊机反极连接（即管子接负极），以减小焊接时的热影响区。管壁厚度为 5～12mm 时，加强焊缝高度为 2mm，加强焊缝宽度每侧应比管口外部边缘宽 2～3mm。

在冬季，高压管路焊接应避风，温度不能低于 5℃，焊后用石棉将焊缝处盖住让焊缝缓慢冷却。焊缝应进行外观检查和射线探伤检验。此外，高压管路弯曲部分不能进行焊接，焊接处应距离弯曲部分 50～100mm，且 1m 长度范围内不允许有两个焊接接头。

9.3.1.5　承插＋焊接连接（搭焊）

先承插再焊接连接是一种较新的连接方式，例如塑料管采用热熔焊，不锈钢材料采用氩弧焊搭焊连接。

9.3.2　阀门的选用与安装

9.3.2.1　阀门的种类

（1）按用途分类

① 通用阀门。通用阀门是工业企业中各类管道上普遍采用的阀门。

a. 启闭用：用来启闭管路用的阀门，此类阀门称为闭路阀门，如截止阀、闸阀、球阀、旋塞阀、碟阀等。

b. 止回用：用于防止介质倒流的阀门，如止回阀。

c. 调节用：用于调节管内的介质压力和流量，如减压阀、节流阀等。

d. 分配用：用于改变管路的介质流动方向和分配介质用，如三通旋塞阀等。

e. 疏水隔气用：用于排除凝结水，防止蒸汽跑漏，如疏水阀。

f. 安全用：用于超压安全保护，排放多余介质，防止压力超过规定数值，如安全阀、溢流阀等。

② 专用阀门。它用作专门用途的阀门，如计量阀、放空阀、排污阀等。

（2）按结构特征分类

阀门按结构特征（即根据启闭件相对于阀座的移动方向）可分为截门形、闸门形、旋塞和球形、旋启形、蝶形和滑阀形，如图 9-9 所示。

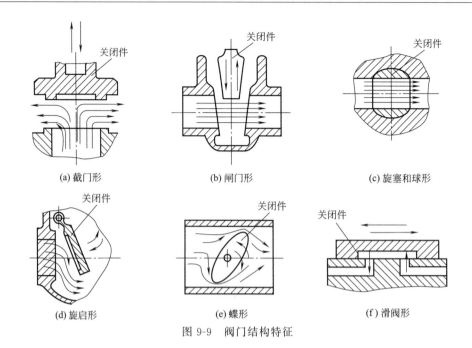

图 9-9　阀门结构特征

（3）按压力分类

① 真空阀：工作压力低于标准大气压力的阀门。

② 低压阀：公称压力 $PN<1.6$MPa 的阀门。

③ 中压阀：公称压力 PN 在 2.5～6.4MPa 的阀门。

④ 高压阀：公称压力 PN 在 10.0～80.0MPa 的阀门。

⑤ 超高压阀：公称压力 $PN>100$MPa 的阀门。

另外，阀门还可按工作温度、连接方式及阀体的材料等进行分类。

9.3.2.2　阀门的选用原则

阀门种类繁多，常用的阀门有闸阀、截止阀、蝶阀、旋塞阀、球阀、止回阀等，其结构特点见本教材第 2.7 章节。选用阀门时应考虑介质的性质、工作压力和工作温度及变化范围、管道的直径及工艺上特殊要求（如节流、减压、放空、止回等）、阀门的安装位置等因素，本着"满足工艺要求、安全可靠、经济合理、操作与维护方便"的基本原则选择相应的阀门。

① 对双向流的管道应选用无方向性的阀门，如闸阀、球阀、蝶阀；对只允许单向流的管道应选用止回阀，对需要调节流量的地方多选用截止阀。

② 要求启闭迅速的管道应选用球阀或蝶阀，要求密封性好的管道应选用闸阀或球阀。

③ 对受压容器及管道，视具体情况设置安全阀，对各种气瓶应在出口处设置减压阀。

④ 蒸汽加热设备及蒸汽管道上应设置疏水阀。

⑤ 在油品及石油气体管道上就连接形式而言，应多选法兰连接的阀门，当公称直径小于等于 25mm 的管道中才选螺纹连接的阀门；就阀门的材料而言，尽量少选公称压力小于等于 1.0MPa 的闸阀或公称压力小于等于 1.6MPa 的截止阀，因为这两种阀材料为铸铁，对安全生产不利。

9.3.2.3　阀门的安装

（1）阀门安装前的检查工作

① 根据阀门型号和出厂证明书，检查它们是否可以在所要求的条件下应用，并进行水压强度和密封实验。

② 检查垫片、填料及紧固零件（如螺栓）是否适合用于介质性质的要求。

③ 检查阀杆是否灵活，有无卡住和歪斜现象，启闭件必须严密关闭，不合格的应进行研磨修理。

（2）阀门安装时应注意的事项

① 阀门应安装在维护和检修最方便的地方。

② 在水平管路上安装阀门时，阀杆应垂直向上，或者是倾斜某一角度，不要将阀杆向下安装。如果阀门安装在难于接近的地方或者较高的地方，为了操作方便，可以将阀杆装成水平，同时再安装一个带有传动链条的手轮或远距离操作装置。

③ 安装截止阀门时，应使介质自盘下面流向上面。

④ 安装旋塞阀、球阀、闸阀和隔膜阀时，允许介质从任意一端流入或流出。

⑤ 安装止回阀时，应特别注意介质的正确流向，以保证盘阀能自动开启。对于升降式止回阀，应保证阀盘中心线与水平面互相垂直；对于旋启式止回阀，应保证摇板的旋转枢轴装成水平。

⑥ 安装杠杆式安全阀时，必须使阀盘中心线与水平面互相垂直。

⑦ 安装用法兰连接的阀门时，应保证两法兰端面互相平行和中心线同轴；同时，在拧紧螺栓时，应均匀对称成十字交叉式地进行。高温阀门上的连接螺栓和螺母，应在螺纹上涂黑铅粉，以便检修时容易拆开。

⑧ 安装螺纹连接的阀门时，应保证螺纹完整无缺，并涂以密封胶合剂。拧紧时，必须用扳手咬牢要拧入管子的一端的六角体上，以保证阀体不被拧变形或损坏。

9.3.2.4　阀门密封面的研磨

阀门的研磨是阀门在安装和修理过程中的一项主要工作。一般研磨时，可以消除零件表面上 0.05mm 的不平度及沟纹。若要加工大于 0.05mm 的厚度，则要先用砂轮磨削或车床切削削去一大部分后再进行研磨加工。

研磨时，必须在研磨表面上涂上一层研磨剂（俗称凡尔砂），最常用的是碳化硅。

按照粒度号数研磨剂可分为三组：磨粒 10～90（研磨时不用）；研磨粉 100～320；细研磨粉 M28～M5。

研磨铸铁、青铜、黄铜制的密封圈时，应采用不同的研磨剂；研磨碳钢、合金钢和不锈钢制的密封圈时，应采用人造刚玉粉和刚玉粉；研磨氮化处理的钢制密封圈时，应采用人造刚玉粉；研磨硬质合金制的密封圈时，应采用碳化硅和碳化硼粉。

研磨工具的硬度应比工件软一些，以便于嵌入磨料，又有一定的耐磨性。最好的研具材料是生铁，其次是软钢、铜和硬木等。

研磨截止阀、升降式止回阀和安全阀时（图 9-10），可以直接将阀盘上的密封圈与阀座上的密封圈互相研磨，也可以分开来研磨。

研磨闸阀时（图 9-11），一般都是将闸板和阀座分开来研磨的。

研磨旋塞阀时，只能利用柱塞和阀体相互研磨。

研磨还可分为干磨和湿磨两种，湿磨比干磨的效果好。对于不同的研磨工具，要求不同种类的润滑剂。例如，生铁研磨工具用煤油或汽油作润滑剂；软钢研磨工具用机油作润滑剂；铜研磨工具用机油、酒精、碳酸钠水作润滑剂。把选定的润滑剂和研磨粉混合，然后就

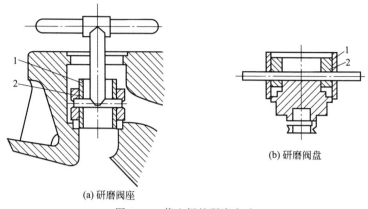

(a) 研磨阀座

(b) 研磨阀盘

图 9-10　截止阀的研磨方法

1—导向套筒；2—研磨导向

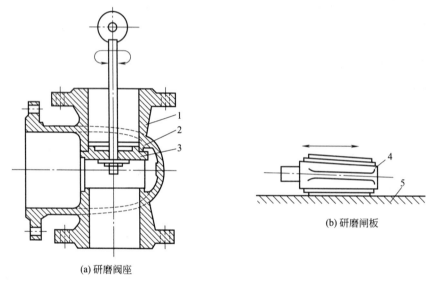

(a) 研磨阀座

(b) 研磨闸板

图 9-11　闸阀的研磨方法

1—阀体；2—密封圈；3—研磨盘；4—闸板；5—研磨平台

可以用来研磨。

　　为了得到精密的密封表面，一般把研磨分为粗研磨、中研磨和细研磨三个工序。

　　对于一般的密封表面，粗研时用 120 号研磨粉，中研时用 220 号研磨粉，细研时用 320 号研磨粉。每次更换研磨剂时，必须将原有的研磨剂擦净。

　　研磨密封圈的操作过程如下：在生铁的研磨工具（或阀盘与闸板的密封圈）上涂以用润滑剂调好的研磨剂，以轻微的压力按着研磨盘（或闸盘与闸板）沿着被研磨的阀座密封圈（研磨平台）的表面转动（或往复移动），一般正反转动 90°的弧度 6~7 次后，再将研磨工具旋转 180°，同样正反转动 6~7 次，如此重复进行，一直到肉眼所能见到的痕线全部磨掉为止，此时整个表面呈现出均匀的色泽（灰白色）。

　　研磨时，压在研磨工具上的力不应太大，一般粗研时为 0.15MPa，中研时为 0.1MPa，细研时为 0.05MPa。

　　当阀门中阀座和阀芯的密封面磨损严重无法用研磨法修理时，可首先将磨损部分车去或磨平，接着堆焊一层金属，然后车削和研磨成为新的密封面。

除了研磨密封圈以外，有时还要修理阀杆，一般用细砂布磨去阀杆表面上的铁锈和脏物即可。此外，还应挖去填料函中的旧填料，铲去已损坏的垫料，清洗各零件上的脏物和铁锈。

阀门研磨和清洗好后，就可装配。装配时，首先将阀杆插入盖内，并装上新填料，然后装配其他零件。装配好后，在未装到管路上之前，阀门应进行水压密封实验，实验压力等于或高于工作压力，保持压力 3～5min，以不漏为合格。

9.3.3 管路试压

管路安装完毕后，在未进行保温工作以前都应进行试压，其目的是检查管路的连接处及焊缝的严密性。管路过长时，可以分段试压。由于管路的工作压力不同，因而试压的方法也有所不同。

9.3.3.1 中低压管路的试压

中低压管路的工作压力为 0.25～6.4MPa（表压），其实验压力为工作压力的 1.5 倍。实验时，将管路升压至实验压力并维持 20min，以便查出漏水的地方。然后将压力降至工作压力，用质量为 0.8～1.0kg 的光头小锤敲击焊缝。假使压力维持不降，焊缝、管子及管件等处都未发现漏水和"出汗"等现象，则水压实验即为合格。对于动力蒸汽管道的水压实验的压力为工作压力的 1.25 倍。中低压管路的气压实验的压力等于工作压力的 1.05 倍。

9.3.3.2 高压管路的试压

高压管路的工作压力为 10～100MPa（表压），其实验压力为工作压力的 1.5 倍。实验时，将管路升压至实验压力并维持 20min，以便查出漏水的地方。然后将压力降至工作压力，并用质量为 0.8～1.0kg 的光头小锤敲击管路。管路全部敲击之后，再将压力升至实验压力，并保持 5min。然后重新降至工作压力，并在此压力下保持足以查出全部缺陷的时间。当管内有压力时，不允许对其上的缺陷进行任何的修理工作。

高压管路的气压实验的压力等于工作压力。

管路试压后，在未开工之前，必须用压缩空气吹洗管路中的灰沙及残留的其他物质，吹除时间为 10～15min。

9.4　实际操作练习与考评

9.4.1 管路加工和安装实操练习

按照图 9-12 要求完成管子加工。使用工具及耗材：龙门式管子钳、切管器、管子板牙架、扳手、管子、阀门、弯头、三通等。管子直径为 3/4″。

9.4.2 化工管路与阀门操作评分细则

9.4.2.1 管路加工操作

（1）考评要求

操作分 70 分，操作耗时 120min，超时视为不合格；尺寸最大误差 ±5mm，超过

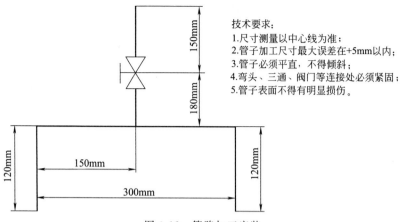

技术要求:
1. 尺寸测量以中心线为准;
2. 管子加工尺寸最大误差在+5mm以内;
3. 管子必须平直,不得倾斜;
4. 弯头、三通、阀门等连接处必须紧固;
5. 管子表面不得有明显损伤。

图 9-12　管路加工安装

±5mm 视为不合格。现场问答 30 分,时间 5min。

（2）考评形式

现场加工和安装一段管路,如图 9-12 所示。考评评分细则如下。

设备	考核内容	考核要点	重点检查	得分
化工管路与阀门	实际操作 70 分 （120min）	正确使用工具 8 分	①龙门式管子钳的正确使用 2 分 ②切管器的正确使用 3 分 ③管子板牙架的正确使用 3 分	
		尺寸自由设计部分的合理性 6 分	①管件与阀门的位置是否合理 4 分 ②管件的选择是否正确 2 分	
		牙螺纹的制造 8 分	①牙螺纹的形状是否标准 6 分 ②重复套丝时是否清除了切屑 2 分	
		工具与材料的保护措施 4 分	①割管与套丝时的润滑与冷却 2 分 ②加工成型的管子表面是否有损伤 2 分	
		密封措施 6 分	①密封材料是否安装 2 分 ②密封材料安装的正确性 2 分 ③活接中的密封圈是否安装 2 分	
		阀门安装 8 分	①是否注意到部分阀门的安装方向 6 分 ②阀门安装是否考虑到操作的方便性 2 分	
		有无损坏管路的操作 10 分	①有无因安装不当造成管件的破损 5 分 ②有无因安装不当造成阀门的破损 5 分	
		装入检测系统 20 分	①阀兰连接处是否加入了垫圈 2 分 ②阀兰连接时螺栓的安装顺序 2 分 ③打开所有阀门试漏 8 分 ④逐个关闭阀门试漏 8 分	
	现场提问与实操问卷的笔试 30 分 （30min）	现场的部分提问 20 分 （20min）	管路作用;管路常用材料及如何正确选择;管件的选择;温差应力的产生与消除方法;常见故障的产生原因与消除方法;板牙如何正确安装等	
			注:后附化工管路现场提问实例,可任抽 3～6 题	
		实操问卷的笔试 10 分 （10min）		

（3）化工管路现场提问实例

① 化工管路的作用是什么？由哪些部分组成？可从哪些方面分类？

② 管路安装的工作主要包括哪些？

③ 常用金属管与非金属管的材料有哪些？

④ 管子加工的工具有哪些？各有什么作用？

⑤ 管径大小与管壁厚是如何确定的？

⑥ 常用管件有哪些？各用于什么场合？

⑦ 管路的连接方法有哪些？各有什么特点？

⑧ 板牙更换应注意的问题有哪些？

⑨ 中低压法兰连接的要求有哪些？

⑩ 高压法兰连接的形式及其特点有哪些？

⑪ 管螺纹的形式有哪些？各用于什么场合？

⑫ 如何判定螺纹加工合格？

⑬ 加工螺纹时如不注意润滑，会发生怎样的问题？

⑭ 怎样计算管路中的温差应力？

⑮ 常用温差补偿装置有哪些？各有何特点？

⑯ 在工作完成后，板牙架应如何保管？

⑰ 螺纹连接适用于哪些场合？

⑱ 对于不同的温度，螺纹连接处的密封填料怎样选择？

⑲ 在高温状态下，管路常用的保温材料有哪些？具体保温过程又是如何？

⑳ 管路的常见故障有哪些？产生的原因是什么？可采取哪些措施排除故障？

9.4.2.2 阀门拆装操作

（1）考评要求

操作分 70 分，操作耗时 120min，超时视为不合格。现场提问及应会问卷笔试 30min，时间另计。

（2）考评形式

现场拆装与检修，评分细则如下。

设备	考核内容	考核要点	重点检查	得分
各种类型的阀门	实际操作 70 分（120min）	正确使用工具 5 分	①工具选择是否得当 2 分 ②工具使用是否得当 3 分	
		安装零件到位 8 分	①阀杆安装 2 分 ②填料安装 2 分 ③阀芯安装 2 分 ④安全阀（减压阀）弹簧安装 2 分	
		工具与零件摆放 2 分	①工具摆放是否凌乱 1 分 ②零件是否有序地装入油盆 1 分	
		正确安装 10 分	要求能熟练安装，安装顺序正确 10 分	
		正确解体 10 分	要求能熟练装配、拆卸，且顺序正确 10 分	
		装配精度 5 分	在图纸中有安装精度要求的是否考虑 5 分	
		有无损坏或遗漏零件的操作 10 分	①较难拆卸的部件是否使用铜棒或软质材料敲击 2 分 ②是否有损坏零件的操作 5 分 ③有无遗漏零部件 3 分	

设备	考核内容	考核要点	重点检查	得分
各种类型的阀门	实际操作 70 分 （120min）	故障排除及装入管路系统的检测 20 分	①查看阀门零件是否齐全 2 分 ②查看零部件位置装配是否正确 4 分 ③查看密封装置是否完好 4 分 ④装入管路中是否注意阀门的进出口 2 分 ⑤启动后有无泄漏 3 分 ⑥能否正确开启、节流 5 分	
	现场提问与实操问卷的笔试 30 分 （30min）	现场的部分提问 10 分	各种阀门的工作原理；使用场合；所有零件名称及其作用；各阀门的特点及区别；常见故障及维修方法等	
		实操问卷的笔试 20 分 （10min）	注：后附阀门现场提问实例，可任抽 3～6 题	

（3）阀门现场提问实例

① 升降式止回阀安装时阀盘中心处于什么位置，为什么？

② 吊装阀门时，绳索应系在阀门何处，为什么？

③ 阀门安装时阀杆是否可以向下，为什么？

④ 旋启式止回阀安装时，摇板转轴是什么位置，为什么？

⑤ 安装法兰连接阀门为什么要对称拧紧螺栓？

⑥ 弹簧式安全阀的工作原理是什么？

⑦ 带固定密封阀座的球阀在关闭状态下，密封阀座是否起密封作用？

⑧ 热动力式疏水阀的工作原理是什么？

⑨ 截止阀阀座与阀杆采用何种连接方式，为什么？

⑩ 阀门的一般结构由哪些组成？阀门常分为哪几类？各有什么用途？

⑪ 截止阀安装时为什么要注意"低进高出"？

⑫ 造成阀门关闭不严的原因有哪些？如何处理？

⑬ 明杆式闸阀和暗杆式闸阀有何优、缺点？

⑭ 安全阀检修后除了要进行正常的压力实验外，还要进行何种实验？如何进行？

⑮ 截止阀与节流阀结构相似是否可以通用，为什么？

附录

压力容器与特种设备的安全管理

在我国，将压力容器纳入特种设备体系进行管理。我国的特种设备法规体系主要分以下五个层次：法律—行政法规—部门规章—安全技术规范—引用标准。

第一层次：法律。根据宪法和立法法的规定，由全国人民代表大会及其常委会制定法律。如《中华人民共和国安全生产法》、《中华人民共和国劳动法》、《中华人民共和国产品质量法》、《中华人民共和国计量法》、《中华人民共和国标准化法》、《中华人民共和国行政许可法》等；2012 年 8 月，十一届全国人大常委会第二十八次会议初次审议了《中华人民共和国特种设备安全法（草案）》。

第二层次：行政法规。由国家最高行政机关——国务院制定的行政法规《特种设备安全监察条例》（第 373 号国务院令），2003 年 3 月公布，自 2003 年 6 月 1 日起施行。2009 年 1 月 14 日《国务院关于修改（特种设备安监察条例）的决定》（第 549 号国务院令）公布。

第三层次：部规章。由国务院各部门制定的部门规章，如：《锅炉压力容器制造监督管理办法》（总局令第 22 号）自 2003 年 1 月 1 日起施行；《特种设备作业人员监督管理办法》（总局令第 140 号）自 2011 年 7 月 1 日起施行等。

第四层次：安全技术规范（规范性文件）。是政府对特种设备的安全性能和相应的设计、制造、安装、改造、维修、使用和检验检测等所作出的一系列规定，是必须强制执行的文件，安全技术规范是特种设备法规标准体系的主体，是在世界经济一体化中各国贸易性保护措施在安全方面的体现形式，其作用是把法律、法规和行政规章的原则规定具体化。

第五层次：标准。如 GB 150—2011《钢制压力容器等》。

压力容器与特种设备的安全管理相关条例、规程简介如下：

一、《特种设备安全监察条例》（第 373 号国务院令）

2003 年 3 月 11 日由中华人民共和国国务院令第 373 号公布，条例所称特种设备是指涉及生命安全、危险性较大的锅炉、压力容器（含气瓶，下同）、压力管道、电梯、起重机械、客运索道、大型游乐设施和场（厂）内专用机动车辆。特种设备的生产（含设计、制造、安装、改造、维修）、经营、使用、检验检测及其监督检查，应当遵守本条例，但本条例另有规定的除外。

军事装备、核设施、航空航天器、铁路机车、海上设施和船舶以及矿山井下使用的特种设备、民用机场专用设备的安全监察不适用本条例。

建筑工地和市政工程工地用起重机械、场（厂）内专用机动车辆的安装、使用的监督管理，由建设行政主管部门依照有关法律、法规的规定执行。

二、《固定式压力容器安全技术监察规程》(TSG 21—2016)

代替 TSG R0004—2009《固定式压力容器安全技术监察规程》，被称为《大容规》。《大容规》制定的基本原则是：

(1) 以原有的压力容器七个规范为基础，进行合并以及逻辑关系上的理顺，统一并且进一步明确基本安全要求，形成关于固定式压力容器的综合规范。

(2) 根据特种设备目录，调整适用范围，统一固定式压力容器的分类。

(3) 根据行政许可改革的情况，调整各环节有关的行政许可要求。

(4) 整理国家质检总局近年来针对压力容器安全监察的有关文件，汇总《固定式压力容器安全技术监察规程》宣传、实施中存在的具体问题，收集网上咨询意见，增补相应内容，重点解决当前存在的突出问题。

(5) 扩展材料范围，重点解决铸钢、铸铁压力容器材料技术要求（安全系数、化学成分、力学性能和适用范围），增加非焊接瓶式容器高强钢材料技术要求。

(6) 按照固定式压力容器各环节分章进行描述，每个环节的边界尽可能清晰，明确相应的主体责任（如明确耐压试验介质、压力、温度，无损检测方法、比例，热处理等技术要求由设计者提出并且放到相应设计章节）。

(7) 理顺法规与标准的关系，整合、凝练固定式压力容器基本安全要求，将一些详细的技术内容放到相应的产品标准中去规定。

主要内容有：①总则；②材料；③设计；④制造；⑤安装、改造与修理；⑥监督检验；⑦使用管理；⑧定期检验；⑨安全附件及仪表；⑩附则。

三、《移动式压力容器安全技术监察规程》(TSG R0005—2011)

根据《特种设备安全监察条例》等法律法规制定《移动式压力容器安全技术监察规程》(TSG R0005—2011)。移动式压力容器指罐体或者大容积钢质无缝气瓶与走行装置，或者框架采用永久性连接组成的运输装备，包括铁路、汽车罐车、长拖罐车、罐式集装箱和管束式集装箱等。其内容也是主要包括：①总则；②材料；③设计；④制造；⑤安装、改造与修理；⑥监督检验；⑦使用管理；⑧定期检验；⑨安全附件及仪表；⑩附则等。

四、《压力管道监督检验规则》(TSG D7006—2020)

国家市场监管总局 2020 年第 27 号公告如下：根据《中华人民共和国特种设备安全法》《特种设备安全监察条例》规定，结合压力管道安全技术规范实施情况，市场监管总局对《压力管道安装安全质量监督检验规则》(国质检锅〔2002〕83 号)、《压力管道元件制造监督检验规则（埋弧焊钢管与聚乙烯管）》(TSG D7001—2005) 等压力管道监督检验相关安全技术规范进行整合修订，形成《压力管道监督检验规则》(TSG D7006—2020)，现予批准发布，自 2020 年 9 月 1 日起实施。

参考文献

[1] 黄振仁，魏新利. 过程设备成套技术. 2版. 北京：化学工业出版社，2018.

[2] 郑津洋，桑芝富. 过程设备设计. 4版. 北京：化学工业出版社，2019.

[3] 王绍良. 化工设备基础. 2版. 北京：化学工业出版社，2009.

[4] 王奇. 化工生产基础. 北京：化学工业出版社，2006.

[5] 曾宗福. 机械基础. 2版. 北京：化学工业出版社，2015.

[6] 陈冠国. 机械设备维修. 北京：机械工业出版社，2000.

[7] 朱蓓丽. 环境工程概论. 北京：科学出版社，2001.

[8] 盛美萍，王敏庆，孙进才. 噪声与振动控制技术基础. 北京：科学出版社，2001.

[9] 崔维汉. 中国防腐蚀工程师实用技术大全. 太原：山西科学技术出版社，2001.

[10] 靳兆文. 化工检修钳工实操技能. 北京：化学工业出版社，2016.

[11] 仝源. 化工机械结构原理. 北京：化学工业出版社，2017.

[12] 唐晓莲，涂杰. 机械基础. 北京：电子工业出版社，2017.

[13] 国家标准委. 国家标准全文公开系统. 北京：国家标准化管理委员会，2021.

[14] 潘传九. 化工机械设备及维修基础. 北京：化学工业出版社，2018.

运行中的化工企业

投入使用的化工企业的罐区（球形储罐和筒形储罐）

现代化企业的中心控制室（日常操作中）

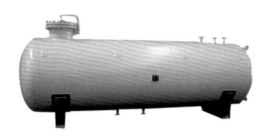

卧式储罐

立式容器

制造中的化工设备

釜式反应器

以釜式反应器为主要设备的生产车间及其传动部件

管壳式换热器

U型管式换热器的管束

矩形板式换热器

泵

双螺杆泵   三柱塞高压泵

风机

活塞式压缩机

离心式压缩机

离心机

阀门   管件

阀门

技能大赛

院校实训装置（局部）

离心泵检修（检查记录）

离心泵检修（零件清洗）